21世纪应用型本科教材
上海市教育委员会高校重点教材建设项目

线性代数及其应用

（第三版）

上海市教育委员会　组编
王建军　主编

上海交通大学出版社

内 容 提 要

本书介绍线性代数的基本理论及其应用，内容包括行列式、矩阵、向量组的线性相关性、线性方程组、二次型、常见的线性数学模型简介和数学软件(MATLAB)的应用等。本节尤为注重线性代数的应用，介绍并运用MATLAB软件进行线性代数运算，为应用型本科大学生线性代数应用能力培养提供了新的尝试。

图书在版编目（CIP）数据

线性代数及其应用/王建军主编. —3版. —上海：上海交通大学出版社，2012(2018重印)
ISBN 978-7-313-04035-0

Ⅰ.线… Ⅱ.王… Ⅲ.线性代数—高等职业教育—教材 Ⅳ.O151.2

中国版本图书馆CIP数据核字（2012）第126677号

线性代数及其应用
(第三版)
王建军 主编
上海交通大学出版社出版发行
(上海市番禺路951号 邮政编码200030)
电话:64071208
常熟市文化印刷有限公司 印刷 全国新华书店经销
开本:787mm×960mm 1/16 印张:12.5 字数:230千字
2005年1月第1版 2012年7月第3版 2019年1月第12次印刷
ISBN 978-7-313-04035-0/O 定价：37.00元

前　言

线性代数理论有着悠久的历史和丰富的内容。近年来，随着科学技术的发展，特别是电子计算机使用的日益普遍，作为重要的数学工具之一，线性代数的应用已经深入到自然科学、社会科学、工程技术、经济和管理等各个领域，以至于各大学许多院系都将线性代数作为必须开设的基础课程之一，同时向加强基础、计算与应用的方向推进，因而也对线性代数的教学内容和教学形式提出了更高的要求。

如何掌握好线性代数课程的基本理论知识，熟练掌握其方法，并能灵活应用到实践中去，是线性代数教学的主要任务。如何对线性代数这门工科数学中的重要课程实行改革是一个值得研究的课题。基于这些认识，我们编写了《线性代数及其应用》这本教材。经过2005年第一版、2009年第二版至今7年来的使用实践，总结经验修改成现在的第三版。本书既重视理论基础又注重应用，既适应于应用型本科大学生的发展要求，也可作为其他类型大学生或在职人员的参考用书。

本书前六章的内容涵盖了线性代数课程基本要求规定的全部内容；后两章介绍了线性代数中常见的应用问题，介绍并运用MATLAB软件进行线性代数运算，为应用型本科院校的学生培养提供了新的尝试。希望通过这些内容的学习，提高学生对已学过的知识在应用中分析、解决实际问题的能力。

本书由上海应用技术学院数理教学部工程数学教研室编写，主编王建军，副主编庄海根，周家华、朱军、黄煦艳、沈崇圣和许建强等参加编写，高璟、侯志芳两位教师对本书的习题作了解答。

岳荣先教授（上海师范大学）、许庆祥教授（上海师范大学）、刘剑平副教授（华东理工大学）对本书初稿作了仔细的审阅并提出许多宝贵意见，在此表示衷心感谢。

最后，我们要感谢上海市教委“十五”规划教材建设委员会、上海应用技术学院教材建设委员会、上海交通大学出版社对本书出版所给予的大力支持。

由于编者的见闻和水平有限，书中存在的不足和疏漏之处，敬请专家、读者批评指正。

编　者

2012年4月

目　录

第1章 行 列 式

行列式是线性代数中的一个基本概念，其理论起源于解线性方程组，它在自然科学的许多领域都有广泛的应用。

本章的学习要点：理解行列式的概念和性质；掌握行列式的计算方法；会用克莱姆法则求解系数行列式不为零的线性方程组。

1.1 行列式的定义与性质

1.1.1 二阶、三阶行列式

行列式的概念首先是在求解方程个数与未知量个数相同的一次方程组时提出来的(一次方程组通常称为线性方程组)。例如，用消元法解二元线性方程组

$$\begin{cases} a_{11}x_1 + a_{12}x_2 = b_1 \\ a_{21}x_1 + a_{22}x_2 = b_2 \end{cases} \tag{1.1}$$

当 $a_{11}a_{22}-a_{12}a_{21}\neq 0$ 时，得其解

$$x_1 = \frac{b_1a_{22}-a_{12}b_2}{a_{11}a_{22}-a_{12}a_{21}}, \quad x_2 = \frac{a_{11}b_2-b_1a_{21}}{a_{11}a_{22}-a_{12}a_{21}} \tag{1.2}$$

从式(1.2)中可发现，其分子、分母都是四个数分两对相乘再相减而得。其中分母 $a_{11}a_{22}-a_{12}a_{21}$ 是由方程组(1.1)的四个系数确定的，将这四个数按它们在方程组(1.1)中的位置，排成二行二列如式(1.3)所示的数表

$$\begin{matrix} a_{11} & a_{12} \\ a_{21} & a_{22} \end{matrix} \tag{1.3}$$

表达式 $a_{11}a_{22}-a_{12}a_{21}$ 称为数表(1.3)所确定的二阶行列式，它也称为线性方程组(1.1)的系数行列式，记作

$$D = \begin{vmatrix} a_{11} & a_{12} \\ a_{21} & a_{22} \end{vmatrix} \tag{1.4}$$

数 $a_{ij}(i=1,2;j=1,2)$ 称为二阶行列式(1.4)的元素。上述二阶行列式的定义，可用对角线法则来记忆。把 a_{11} 到 a_{22} 的实联线称为主对角线，a_{12} 到 a_{21} 的虚联线称为副对角线，则二阶行列式即为主对角线上的两元素之积减去副对角线上两元素之积所得的差(见图1.1)。

图1.1

由二阶行列式的概念，式(1.2) 可以表示为

$$x_1=\frac{\begin{vmatrix} b_1 & a_{12} \\ b_2 & a_{22} \end{vmatrix}}{\begin{vmatrix} a_{11} & a_{12} \\ a_{21} & a_{22} \end{vmatrix}},\quad x_2=\frac{\begin{vmatrix} a_{11} & b_1 \\ a_{21} & b_2 \end{vmatrix}}{\begin{vmatrix} a_{11} & a_{12} \\ a_{21} & a_{22} \end{vmatrix}}$$

定义 1.1 设有 9 个数排成 3 行 3 列的数表

$$\begin{matrix} a_{11} & a_{12} & a_{13} \\ a_{21} & a_{22} & a_{23} \\ a_{31} & a_{32} & a_{33} \end{matrix} \tag{1.5}$$

记

$$\begin{vmatrix} a_{11} & a_{12} & a_{13} \\ a_{21} & a_{22} & a_{23} \\ a_{31} & a_{32} & a_{33} \end{vmatrix}=a_{11}a_{22}a_{33}+a_{12}a_{23}a_{31}+a_{13}a_{21}a_{32}$$

$$-a_{11}a_{23}a_{32}-a_{12}a_{21}a_{33}-a_{13}a_{22}a_{31} \tag{1.6}$$

称式(1.6)为数表(1.5) 所确定的三阶行列式(横为行，竖为列)。数 a_{ij} ($i=1,2,3;j=1,2,3$)称为三阶行列式(1.6) 的元素。

式(1.6)中等号右端的 6 项也可以按对角线法则得到的(称为沙路法)（见图 1.2)。

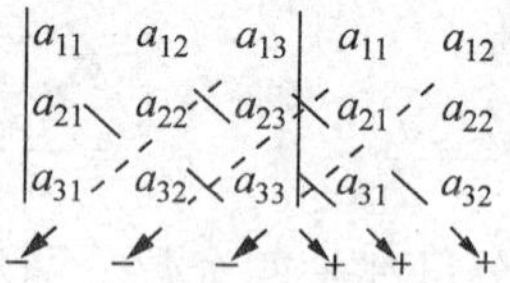

图 1.2

例 1.1 计算三阶行列式 $D=\begin{vmatrix} 1 & -2 & -3 \\ 2 & 2 & 4 \\ -4 & 1 & -2 \end{vmatrix}$

解 按对角线法则，有

$$D=1\times2\times(-2)+(-2)\times4\times(-4)+(-3)\times2\times1$$

$$-1\times4\times1-(-2)\times2\times(-2)-(-3)\times2\times(-4)=-14$$

对角线法则只适用于二阶与三阶行列式，对于四阶或更高阶的行列式又是如何的呢？为此，我们先观察二阶行列式与三阶行列式的特征：

(1) 有 2^2 和 3^2 个数(元素) 排成一个行数与列数相等的数表。

(2) 二阶行列式与三阶行列式最终得到的是一个数值。

(3) 每一个求和项为不同行，不同列元素的乘积。

上面分别从形式上和实质上分析了二阶行列式与三阶行列式。这是二阶行列式与三阶行列式最基本的特征。对于 n 阶行列式,它是否具有与二阶行列式或三阶行列式相同的基本特征?下面首先介绍全排列和逆序数的知识。

1.1.2 全排列及其逆序数

引例 将红、黄、绿三个信号灯排成一列,有多少种不同的排法?

解 这里可以列出所有的排法:红,黄,绿;黄,绿,红;绿,红,黄;红,绿,黄;黄,红,绿;绿,黄,红。

我们设想给 3 个信号灯编号:红灯为 1 号,黄灯为 2 号,绿灯为 3 号。这样上述不同的排法可以表示成

$$123, 231, 312, 132, 213, 321$$

在数学中,把考察的对象,如引例中的红、黄、绿信号灯称为元素。引例的问题即为:把 3 个不同的元素排成一列,共有几种不同的排法?

把上述这个问题进行推广:把 n 个不同的元素排成一列,称为这 n 个元素的全排列。显然共有 $n!$ 种排法。

每一种排法都规定了各个元素之间的先后次序,我们习惯上把正整数从小到大的排列次序称为标准次序。

对于 n 个不同的元素的任意一种排列,当某两个元素的先后次序与标准次序不同时,就说有 1 个逆序。一个排列中所有逆序的总数称为这个排列的逆序数。

逆序数为奇数的排列称为奇排列,逆序数为偶数的排列称为偶排列。

计算一个排列的逆序数一般有如下方法:

向前取大法。不失一般性,不妨设 n 个元素为 1 至 n 这 n 个正整数,并规定由小到大的排列次序为标准次序,如果 $p_1p_2\cdots p_n$ 为这 n 个正整数的一个排列,对于元素 $p_i(i=1,2,\cdots,n)$,若比 p_i 大的且排在 p_i 前面的元素有 t_i 个,就说 p_i 这个元素的逆序数是 t_i。全体元素的逆序数之总和

$$t = t_1 + t_2 + \cdots + t_n = \sum_{i=1}^{n} t_i$$

即是排列 $p_1p_2\cdots p_n$ 的逆序数。

例 1.2 求排列 642315 的逆序数。

解 在排列 642315 中,6 排在首位,逆序数为 0;4 的前面比 4 大的数有 1 个(6),逆序数为 1;2 的前面比 2 大的数有 2 个(4、6),逆序数为 2;3 的前面比 3 大的数有 2 个(4、6)逆序数为 2;1 的前面比 1 大的数有 4 个(4、6、2、3),逆序数为 4;5 的前面比 5 大的数有 1 个(6),逆序数为 1,所以该排列的逆序数为

$$t = 0 + 1 + 2 + 2 + 4 + 1 = 10$$

1.1.3 对换

为了更好地理解行列式的概念和进一步研究行列式的性质，下面讨论对换以及它与排列奇偶性的关系。

在排列中将任意两个元素对调，其余的元素不动，这种作出新排列的手续叫做对换。将相邻的两个元素对换，叫做相邻对换。

定理 1.1 一个排列中的任意两个元素对换，排列改变奇偶性。

证 先证相邻对换的情况。

设排列 $a_1a_2\cdots a_labb_1b_2\cdots b_m$，对换 a 和 b，得到排列 $a_1a_2\cdots a_lbab_1b_2\cdots b_m$。当 $a<b$ 时，经过对换后得到的排列比原来排列的逆序数增加了 1；当 $a>b$ 时，经过对换后得到的排列比原来排列的逆序数减少了 1。这样经过了相邻对换之后排列改变了奇偶性。

再证一般对换的情况。

设排列 $a_1a_2\cdots a_lab_1b_2\cdots b_mbc_1c_2\cdots c_n$，将 a 作 m 次相邻对换，得到排列 $a_1a_2\cdots a_lb_1b_2\cdots b_mabc_1c_2\cdots c_n$，再将 b 作 $m+1$ 次相邻对换，得到排列 $a_1a_2\cdots a_lbb_1b_2\cdots b_mac_1c_2\cdots c_n$，这样经过了 $2m+1$ 次相邻对换，排列 $a_1a_2\cdots a_lab_1b_2\cdots b_mbc_1c_2\cdots c_n$ 与排列 $a_1a_2\cdots a_lbb_1b_2\cdots b_mac_1c_2\cdots c_n$ 的奇偶性相反。

推论 奇排列对换成标准排列的对换次数为奇数，偶排列对换成标准排列的对换次数为偶数。

1.1.4 n 阶行列式

为了给出 n 阶行列式的定义，我们再一次分析三阶行列式。三阶行列式的定义为

$$\begin{vmatrix} a_{11} & a_{12} & a_{13} \\ a_{21} & a_{22} & a_{23} \\ a_{31} & a_{32} & a_{33} \end{vmatrix} = a_{11}a_{22}a_{33}+a_{12}a_{23}a_{31}+a_{13}a_{21}a_{32} -a_{11}a_{23}a_{32}-a_{12}a_{21}a_{33}-a_{13}a_{22}a_{31} \tag{1.6}$$

首先，式(1.6)右边每一项都恰好是三个元素的乘积，每一项的三个元素分别是取自不同行与不同列的元素。如果不考虑其正负号，则每一项都可以写成 $a_{1p_1}a_{2p_2}a_{3p_3}$，其行标排成标准次序，列标排成 $p_1p_2p_3$，它是数 1、2、3 的某个排列。由于这样的排列有 3！=6 种，故对应式(1.6)右边的和项共有 6 项。

其次，带正号的三项列标排列是：123，231，312；带负号的三项列标排列是：132，213，321。发现带正号的三项列标排列都是偶排列，带负号的三项列标排列都是奇排列。

因此,三阶行列式也可以定义为

$$\begin{vmatrix} a_{11} & a_{12} & a_{13} \\ a_{21} & a_{22} & a_{23} \\ a_{31} & a_{32} & a_{33} \end{vmatrix} = \sum (-1)^t a_{1p_1} a_{2p_2} a_{3p_3}$$

其中 t 为排列 $p_1p_2p_3$ 的逆序数,$\sum$ 表示对 1,2,3 三个数的所有排列 $p_1p_2p_3$ 取和。

仿此,可对一般 n 阶行列式定义如下:

定义 1.2 设有 n^2 个数,排成 n 行 n 列的数表

$$\begin{matrix} a_{11} & a_{12} & \cdots & a_{1n} \\ a_{21} & a_{22} & \cdots & a_{2n} \\ \vdots & \vdots & & \vdots \\ a_{n1} & a_{n2} & \cdots & a_{nn} \end{matrix}$$

作出表中位于不同行、不同列的 n 个数的乘积,并冠以符号 $(-1)^t$,得到形如

$$(-1)^t a_{1p_1} a_{2p_2} \cdots a_{np_n} \tag{1.7}$$

的项,其中 $p_1p_2\cdots p_n$ 为正整数 $1,2,\cdots,n$ 的一个排列,t 为这个排列的逆序数。由于这样的排列共有 $n!$ 个,因而形如式(1.7)的项共有 $n!$ 项。所有这 $n!$ 项的代数和

$$\sum (-1)^t a_{1p_1} a_{2p_2} \cdots a_{np_n}$$

称为 n 阶行列式,记作

$$D = \begin{vmatrix} a_{11} & a_{12} & \cdots & a_{1n} \\ a_{21} & a_{22} & \cdots & a_{2n} \\ \vdots & \vdots & & \vdots \\ a_{n1} & a_{n2} & \cdots & a_{nn} \end{vmatrix}$$

简记作 $\det(a_{ij})$。数 a_{ij} 称为行列式 $\det(a_{ij})$ 的位于第 i 行第 j 列的元素。

当 $n=1$ 时,一阶行列式 $|a|=a$,注意不要将行列式 $|a|$ 与绝对值相混淆。

我们需要对定义 1.2(即 n 阶行列式的定义) 给出解释。

$$D = \begin{vmatrix} a_{11} & a_{12} & \cdots & a_{1n} \\ a_{21} & a_{22} & \cdots & a_{2n} \\ \vdots & \vdots & & \vdots \\ a_{n1} & a_{n2} & \cdots & a_{nn} \end{vmatrix} = \sum (-1)^t a_{1p_1} a_{2p_2} \cdots a_{np_n}$$

t 是排列 $p_1p_2\cdots p_n$ 的逆序数。

上式左端所表达的是 n 阶行列式的形式,而右端表达的恰恰是 n 阶行列式的实质。右端表达式表明 n 阶行列式实质是一个 $n!$ 项的代数和,是一个数值。

上面给出了 n 阶行列式的定义,在此定义中行标排列是数 $1,2,\cdots,n$ 的标准排

列，列标排列是数 1,2,…,n 的一个排列 $p_1p_2\cdots p_n$。在 $D=\sum(-1)^t a_{1p_1}a_{2p_2}\cdots a_{np_n}$ 中，每一项使用乘法的交换律，将 $D=\sum(-1)^t a_{1p_1}a_{2p_2}\cdots a_{np_n}$ 换成 $D=\sum(-1)^s a_{q_1 1}a_{q_2 2}\cdots a_{q_n n}$，其中 s 是排列 $q_1q_2\cdots q_n$ 的逆序数。显然，由定理 1.1 的推论可知，排列 $p_1p_2\cdots p_n$ 与 $q_1q_2\cdots q_n$ 的奇偶性不变。由此，我们可以给出 n 阶行列式的另一种定义：

定义 1.3 n 阶行列式 $D=\det(a_{ij})=\sum(-1)^s a_{q_1 1}a_{q_2 2}\cdots a_{q_n n}$，其中 n 是排列 $q_1q_2\cdots q_n$ 的逆序数。

例 1.3 根据行列式的定义，计算

$$D_1=\begin{vmatrix}\lambda_1 & 0 & \cdots & 0\\ 0 & \lambda_2 & \cdots & 0\\ \vdots & \vdots & & \vdots\\ 0 & 0 & \cdots & \lambda_n\end{vmatrix},\quad D_2=\begin{vmatrix}0 & \cdots & 0 & \lambda_1\\ 0 & \cdots & \lambda_2 & 0\\ \vdots & \vdots & & \vdots\\ \lambda_n & \cdots & 0 & 0\end{vmatrix}$$

解 D_1 中可能不为零的只有一项 $(-1)^t a_{11}a_{22}\cdots a_{nn}$，其中 $t=0$。又 $a_{ii}=\lambda_i(i=1,2,\cdots,n)$，所以得 $D_1=\lambda_1\lambda_2\cdots\lambda_n$。

若记 $\lambda_i=a_{i,n-i+1}(i=1,2,\cdots,n)$，则由行列式定义

$$D_2=\begin{vmatrix}0 & \cdots & 0 & \lambda_1\\ 0 & \cdots & \lambda_2 & 0\\ \vdots & \vdots & & \vdots\\ \lambda_n & \cdots & 0 & 0\end{vmatrix}=\begin{vmatrix}0 & \cdots & 0 & a_{1n}\\ 0 & \cdots & a_{2,n-1} & 0\\ \vdots & \vdots & & \vdots\\ a_{n1} & \cdots & 0 & 0\end{vmatrix}=(-1)^t a_{1n}a_{2,n-1}\cdots a_{n1}$$

其中 t 为排列 $n(n-1)\cdots 21$ 的逆序数，而且

$$t=0+1+2+\cdots+(n-1)=\frac{1}{2}n(n-1)$$

所以 $D_2=(-1)^{\frac{1}{2}n(n-1)}\lambda_1\lambda_2\cdots\lambda_n$。

形如例 1.3 中的行列式称为对角行列式（其中对角线上的元素为 λ_i，而其余元素都为 0）。

对角线之下（上）的元素都为 0 的行列式叫做上（下）三角形行列式。这是行列式计算中非常重要的一类行列式。

例 1.4 证明：上三角形行列式

$$D=\begin{vmatrix}a_{11} & a_{12} & \cdots & a_{1n}\\ 0 & a_{22} & \cdots & a_{2n}\\ \vdots & \vdots & & \vdots\\ 0 & 0 & \cdots & a_{nn}\end{vmatrix}=a_{11}a_{22}\cdots a_{nn}$$

证 当 $i>j$ 时,$a_{ij}=0$,故 D 中可能不为零的元素 a_{ip_i},其下标应有 $p_i \geqslant i$,即 $p_1 \geqslant 1, p_2 \geqslant 2, \cdots, p_n \geqslant n$。

在所有排列 $p_1 p_2 \cdots p_n$ 中,能满足上述关系的排列只有一个标准排列 $12\cdots n$,这样 D 中可能不为 0 的项只有一项 $(-1)^t a_{11} a_{22} \cdots a_{nn}$,其逆序数为 0,所以

$$D = a_{11} a_{22} \cdots a_{nn}$$

1.1.5 行列式的性质

记

$$D = \begin{vmatrix} a_{11} & a_{12} & \cdots & a_{1n} \\ a_{21} & a_{22} & \cdots & a_{2n} \\ \vdots & \vdots & & \vdots \\ a_{n1} & a_{n2} & \cdots & a_{nn} \end{vmatrix}, \quad D^{\mathrm{T}} = \begin{vmatrix} a_{11} & a_{21} & \cdots & a_{n1} \\ a_{12} & a_{22} & \cdots & a_{n2} \\ \vdots & \vdots & & \vdots \\ a_{1n} & a_{2n} & \cdots & a_{nn} \end{vmatrix}$$

称 D^{T} 为行列式 D 的转置行列式。

换一个角度看,也可以把 D 看成 D^{T} 的转置行列式。

性质 1.1 行列式与它的转置行列式相等。

证 记 $D=\det(a_{ij})$ 的转置行列式

$$D^{\mathrm{T}} = \begin{vmatrix} b_{11} & b_{12} & \cdots & b_{1n} \\ b_{21} & b_{22} & \cdots & b_{2n} \\ \vdots & \vdots & & \vdots \\ b_{n1} & b_{n2} & \cdots & b_{nn} \end{vmatrix}$$

即 $b_{ij}=a_{ji}(i,j=1,2,\cdots,n)$,由行列式的定义

$$D^{\mathrm{T}} = \sum (-1)^t b_{1p_1} b_{2p_2} \cdots b_{np_n} = \sum (-1)^t a_{p_1 1} a_{p_2 2} \cdots a_{p_n n} = D$$

性质 1.1 表明行列式中的行与列具有同等的地位,凡是有关行列式中行的性质对列也同样成立。

性质 1.2 互换行列式的任意两行(或两列),行列式改变符号。

证 设行列式

$$D = \begin{vmatrix} a_{11} & a_{12} & \cdots & a_{1n} \\ \vdots & \vdots & & \vdots \\ a_{i1} & a_{i2} & \cdots & a_{in} \\ \vdots & \vdots & & \vdots \\ a_{j1} & a_{j2} & \cdots & a_{jn} \\ \vdots & \vdots & & \vdots \\ a_{n1} & a_{n2} & \cdots & a_{nn} \end{vmatrix} = \sum (-1)^t a_{1p_1} \cdots a_{ip_i} \cdots a_{jp_j} \cdots a_{np_n}$$

其中 t 是排列 $p_1\cdots p_i\cdots p_j\cdots p_n$ 的逆序数。

互换行列式 D 中第 i,j 两行，得行列式

$$D_1=\begin{vmatrix} a_{11} & a_{12} & \cdots & a_{1n} \\ \vdots & \vdots & & \vdots \\ a_{j1} & a_{j2} & \cdots & a_{jn} \\ \vdots & \vdots & & \vdots \\ a_{i1} & a_{i2} & \cdots & a_{in} \\ \vdots & \vdots & & \vdots \\ a_{n1} & a_{n2} & \cdots & a_{nn} \end{vmatrix}=\sum(-1)^s a_{1p_1}\cdots a_{jp_j}\cdots a_{ip_i}\cdots a_{np_n}$$

其中 s 是排列 $p_1\cdots p_j\cdots p_i\cdots p_n$ 的逆序数。

而排列 $p_1\cdots p_j\cdots p_i\cdots p_n$ 可看作是由排列 $p_1\cdots p_i\cdots p_j\cdots p_n$ 中的两个元素 p_i，p_j 对换而得到，由定理 1.1 可知它们的奇偶性相反，即 s 与 t 的奇偶性相反。所以

$$D_1=-D$$

以 r_i 表示行列式的第 i 行，$r_i\leftrightarrow r_j$ 表示交换行列式的第 i 行与第 j 行。以 c_i 表示行列式的第 i 列，$c_i\leftrightarrow c_j$ 表示交换行列式的第 i 列与第 j 列。

推论 如果行列式的任意两行(或两列)元素完全相同，则此行列式的值为零。

证 互换元素相同的两行，利用性质 1.2，有 $D=-D$，故 $D=0$。

性质 1.3 行列式的某一行(或列)中所有元素都乘以同一个数 k，等于用数 k 乘以此行列式。

kr_i 表示行列式的第 i 行所有元素乘以 k，kc_i 表示行列式的第 i 列所有元素乘以 k。

推论 若行列式的某一行(或列)的所有元素有公因子，则公因子可以提到行列式符号外面。

$r_i\div k$ 表示行列式的第 i 行提出公因子 k，$c_i\div k$ 表示行列式的第 i 列提出公因子 k。

性质 1.4 行列式中如果有任意两行(或两列)元素对应成比例，则此行列式的值等于零。

性质 1.5 若行列式的某一列(或行)的元素都是两数之和，例如第 i 列的元素都是两数之和

$$D=\begin{vmatrix} a_{11} & \cdots & a_{1i}+b_{1i} & \cdots & a_{1n} \\ a_{21} & \cdots & a_{2i}+b_{2i} & \cdots & a_{2n} \\ \vdots & & \vdots & & \vdots \\ a_{n1} & \cdots & a_{ni}+b_{ni} & \cdots & a_{nn} \end{vmatrix}$$

则 D 等于下列两个行列式之和，即

$$D=\begin{vmatrix} a_{11} & \cdots & a_{1i} & \cdots & a_{1n} \\ a_{21} & \cdots & a_{2i} & \cdots & a_{2n} \\ \vdots & & \vdots & & \vdots \\ a_{n1} & \cdots & a_{ni} & \cdots & a_{nn} \end{vmatrix}+\begin{vmatrix} a_{11} & \cdots & b_{1i} & \cdots & a_{1n} \\ a_{21} & \cdots & b_{2i} & \cdots & a_{2n} \\ \vdots & & \vdots & & \vdots \\ a_{n1} & \cdots & b_{ni} & \cdots & a_{nn} \end{vmatrix}$$

对于行的情况也类似可得。

性质 1.6 把行列式某一行(或列)的各元素乘以同一个数 k 然后加到另一行(或列)的对应元素上去，行列式的值不变。

r_j+kr_i 表示第 i 行所有元素乘以 k 加到第 j 行上去(此时行列式第 i 行不变，变化的是第 j 行)。

$$D=\begin{vmatrix} a_{11} & a_{12} & \cdots & a_{1n} \\ \vdots & \vdots & & \vdots \\ a_{i1} & a_{i2} & \cdots & a_{in} \\ \vdots & \vdots & & \vdots \\ a_{j1} & a_{j2} & \cdots & a_{jn} \\ \vdots & \vdots & & \vdots \\ a_{n1} & a_{n2} & \cdots & a_{nn} \end{vmatrix}$$

$$\xlongequal{r_j+kr_i}\begin{vmatrix} a_{11} & a_{12} & \cdots & a_{1n} \\ \vdots & \vdots & & \vdots \\ a_{i1} & a_{i2} & \cdots & a_{in} \\ \vdots & \vdots & & \vdots \\ a_{j1}+ka_{i1} & a_{j2}+ka_{i2} & \cdots & a_{jn}+ka_{in} \\ \vdots & \vdots & & \vdots \\ a_{n1} & a_{n2} & \cdots & a_{nn} \end{vmatrix}$$

同样，c_j+kc_i 表示第 i 列所有元素乘以 k 加到第 j 列上去(此时行列式第 i 列不变，变化的是第 j 列)。

性质 1.3 至性质 1.6 的证明请读者自己完成。下面举例说明怎样使用行列式的性质计算行列式。常用的一种方法就是利用行列式的性质先把行列式化成三角形行列式从而计算得到行列式的值。

例 1.5 计算行列式 $D=\begin{vmatrix} 3 & 1 & -1 & 2 \\ -5 & 1 & 3 & -4 \\ 2 & 0 & 1 & -1 \\ 1 & -5 & 3 & -3 \end{vmatrix}$

解 $D \xlongequal{c_1 \leftrightarrow c_2} -\begin{vmatrix} 1 & 3 & -1 & 2 \\ 1 & -5 & 3 & -4 \\ 0 & 2 & 1 & -1 \\ -5 & 1 & 3 & -3 \end{vmatrix} \xlongequal[r_4+5r_1]{r_2-r_1} -\begin{vmatrix} 1 & 3 & -1 & 2 \\ 0 & -8 & 4 & -6 \\ 0 & 2 & 1 & -1 \\ 0 & 16 & -2 & 7 \end{vmatrix}$

$$\xlongequal{r_2 \leftrightarrow r_3} \begin{vmatrix} 1 & 3 & -1 & 2 \\ 0 & 2 & 1 & -1 \\ 0 & -8 & 4 & -6 \\ 0 & 16 & -2 & 7 \end{vmatrix} \xlongequal[r_4-8r_2]{r_3+4r_2} \begin{vmatrix} 1 & 3 & -1 & 2 \\ 0 & 2 & 1 & -1 \\ 0 & 0 & 8 & -10 \\ 0 & 0 & -10 & 15 \end{vmatrix}$$

$$\xlongequal[r_4 \div 5]{r_3 \div 2} 10\begin{vmatrix} 1 & 3 & -1 & 2 \\ 0 & 2 & 1 & -1 \\ 0 & 0 & 4 & -5 \\ 0 & 0 & -2 & 3 \end{vmatrix} \xlongequal{r_4+\frac{1}{2}r_3} 10\begin{vmatrix} 1 & 3 & -1 & 2 \\ 0 & 2 & 1 & -1 \\ 0 & 0 & 4 & -5 \\ 0 & 0 & 0 & \frac{1}{2} \end{vmatrix} = 40$$

例 1.6 计算行列式 $D=\begin{vmatrix} 1 & 1 & 1 & 2 \\ 1 & 1 & 2 & 1 \\ 1 & 2 & 1 & 1 \\ 2 & 1 & 1 & 1 \end{vmatrix}$

解 这个行列式的特点是各列的 4 个数之和都是 5。将 2、3、4 行依次加到第 1 行，提取公因子 5，然后各行减去第 1 行，可以得到

$$D=\begin{vmatrix} 5 & 5 & 5 & 5 \\ 1 & 1 & 2 & 1 \\ 1 & 2 & 1 & 1 \\ 2 & 1 & 1 & 1 \end{vmatrix} \xlongequal{r_1 \div 5} 5\begin{vmatrix} 1 & 1 & 1 & 1 \\ 1 & 1 & 2 & 1 \\ 1 & 2 & 1 & 1 \\ 2 & 1 & 1 & 1 \end{vmatrix} \xlongequal[\substack{r_3+(-1)r_1 \\ r_4+(-2)r_1}]{r_2+(-1)r_1} 5\begin{vmatrix} 1 & 1 & 1 & 1 \\ 0 & 0 & 1 & 0 \\ 0 & 1 & 0 & 0 \\ 0 & -1 & -1 & -1 \end{vmatrix}$$

$$\xlongequal[r_2 \leftrightarrow r_3]{r_4 \div (-1)} 5\begin{vmatrix} 1 & 1 & 1 & 1 \\ 0 & 1 & 0 & 0 \\ 0 & 0 & 1 & 0 \\ 0 & 1 & 1 & 1 \end{vmatrix} \xlongequal[r_4+(-1)r_3]{r_4+(-1)r_2} 5\begin{vmatrix} 1 & 1 & 1 & 1 \\ 0 & 1 & 0 & 0 \\ 0 & 0 & 1 & 0 \\ 0 & 0 & 0 & 1 \end{vmatrix} = 5$$

例 1.7 计算行列式 $D_n=\begin{vmatrix} 1 & n & n & \cdots & n \\ n & 2 & n & \cdots & n \\ n & n & 3 & \cdots & n \\ \vdots & \vdots & \vdots & & \vdots \\ n & n & n & \cdots & n \end{vmatrix}$

解 将第 n 行乘以 -1 依次加到前面各行可得一个下三角形行列式

$$D_n=\begin{vmatrix}1 & n & n & \cdots & n\\ n & 2 & n & \cdots & n\\ n & n & 3 & \cdots & n\\ \vdots & \vdots & \vdots & & \vdots\\ n & n & n & \cdots & n\end{vmatrix}=\begin{vmatrix}1-n & 0 & 0 & \cdots & 0\\ 0 & 2-n & 0 & \cdots & 0\\ 0 & 0 & 3-n & \cdots & 0\\ \vdots & \vdots & \vdots & & \vdots\\ n & n & n & \cdots & n\end{vmatrix}=(-1)^{n-1}n!$$

例 1.8 设 $D=\begin{vmatrix}a_{11} & \cdots & a_{1m} & 0 & \cdots & 0\\ \vdots & & \vdots & \vdots & & \vdots\\ a_{m1} & \cdots & a_{mm} & 0 & \cdots & 0\\ c_{11} & \cdots & c_{1m} & b_{11} & \cdots & b_{1n}\\ \vdots & & \vdots & \vdots & & \vdots\\ c_{n1} & \cdots & c_{nm} & b_{n1} & \cdots & b_{nn}\end{vmatrix}$，记 $D_1=\det(a_{ij})=$ $\begin{vmatrix}a_{11} & \cdots & a_{1m}\\ \vdots & & \vdots\\ a_{m1} & \cdots & a_{mm}\end{vmatrix}$，$D_2=\det(b_{ij})=\begin{vmatrix}b_{11} & \cdots & b_{1n}\\ \vdots & & \vdots\\ b_{n1} & \cdots & b_{nn}\end{vmatrix}$，证明 $D=D_1D_2$

证 用数学归纳法不难证明(这里不证)：任何 n 阶行列式总能利用运算 r_j+kr_i 化为下三角形(或上三角形)行列式。

对 D_1 作运算 r_j+kr_i，把 D_1 化为下三角形行列式，设

$$D_1=\begin{vmatrix}p_{11} & & 0\\ \vdots & \ddots & \\ p_{m1} & \cdots & p_{mm}\end{vmatrix}=p_{11}\cdots p_{mm}$$

对 D_2 作运算 c_j+kc_i，把 D_2 化为下三角形行列式，设

$$D_2=\begin{vmatrix}q_{11} & & 0\\ \vdots & \ddots & \\ q_{n1} & \cdots & q_{nn}\end{vmatrix}=q_{11}\cdots q_{nn}$$

对 D 的前 m 行作运算 r_j+kr_i，再对 D 的后 n 列作运算 c_j+kc_i，将 D 化为下三角形行列式

$$D=\begin{vmatrix}p_{11} & \cdots & 0 & 0 & \cdots & 0\\ \vdots & \ddots & \vdots & \vdots & & \vdots\\ p_{m1} & \cdots & p_{mm} & 0 & \cdots & 0\\ c_{11} & \cdots & c_{1m} & q_{11} & \cdots & 0\\ \vdots & & \vdots & \vdots & \ddots & \vdots\\ c_{n1} & \cdots & c_{nm} & q_{n1} & \cdots & q_{nn}\end{vmatrix}$$

故 $$D=p_{11}\cdots p_{mm}q_{11}\cdots q_{nn}=D_1D_2$$

对于例 1.8 中 D 的转置行列式,也有相同的结论。

1.2 行列式的展开定理与克莱姆法则

在行列式的计算中,一般来说,低阶行列式的计算要比高阶行列式的计算简便,从而探讨怎样用一个或若干个低阶行列式来表示一个高阶行列式这个问题就很有价值。为了搞清楚这个问题,我们首先给出余子式和代数余子式的概念。

1.2.1 余子式和代数余子式

在 n 阶行列式中,把元素 a_{ij} 所在的第 i 行和第 j 列元素划去后,留下的 $n-1$ 阶行列式叫做元素 a_{ij} 的余子式,记作 M_{ij};记 $A_{ij}=(-1)^{i+j}M_{ij}$,A_{ij} 叫做元素 a_{ij} 的代数余子式。

当 $i+j$ 是偶数时 $A_{ij}=M_{ij}$,当 $i+j$ 是奇数时 $A_{ij}=-M_{ij}$。

以四阶行列式为例,在 $D=\begin{vmatrix} a_{11} & a_{12} & a_{13} & a_{14} \\ a_{21} & a_{22} & a_{23} & a_{24} \\ a_{31} & a_{32} & a_{33} & a_{34} \\ a_{41} & a_{42} & a_{43} & a_{44} \end{vmatrix}$ 中,元素 a_{23} 的余子式与代数余子式分别为

$$M_{23}=\begin{vmatrix} a_{11} & a_{12} & a_{14} \\ a_{31} & a_{32} & a_{34} \\ a_{41} & a_{42} & a_{44} \end{vmatrix},A_{23}=(-1)^{2+3}\begin{vmatrix} a_{11} & a_{12} & a_{14} \\ a_{31} & a_{32} & a_{34} \\ a_{41} & a_{42} & a_{44} \end{vmatrix}$$

1.2.2 行列式按行(列)展开定理

引理 一个 n 阶行列式,如果其中第 i 行所有元素除 a_{ij} 外都为零,那么这行列式等于 a_{ij} 与它的代数余子式的乘积,即 $D=a_{ij}A_{ij}$。

证 先证 $a_{ij}=a_{11}$ 的情形(即第 1 行除 a_{11} 外全为零),此时

$$D=\begin{vmatrix} a_{11} & 0 & \cdots & 0 \\ a_{21} & a_{22} & \cdots & a_{2n} \\ \vdots & \vdots & & \vdots \\ a_{n1} & a_{n2} & \cdots & a_{nn} \end{vmatrix}$$

利用例 1.8 的结论,即有 $D=a_{11}M_{11}$。又 $A_{11}=(-1)^{1+1}M_{11}=M_{11}$,所以 $D=a_{11}A_{11}$。

再证一般情形，此时 $D=\begin{vmatrix} a_{11} & \cdots & a_{1j} & \cdots & a_{1n} \\ \vdots & & \vdots & & \vdots \\ 0 & \cdots & a_{ij} & \cdots & 0 \\ \vdots & & \vdots & & \vdots \\ a_{n1} & \cdots & a_{nj} & \cdots & a_{nn} \end{vmatrix}$

将 D 的第 i 行依次与第 $i-1$ 行、第 $i-2$ 行、…、第 1 行对换，共作 $i-1$ 次换行；再将 D 的第 j 列依次与前 $j-1$ 列、第 $j-2$ 列、…、第 1 列对换，共作 $j-1$ 次换列，得到

$$D_1=\begin{vmatrix} a_{ij} & 0 & \cdots & 0 & 0 & \cdots & 0 \\ a_{1j} & a_{11} & \cdots & a_{1,j-1} & a_{1,j+1} & \cdots & a_{1n} \\ \vdots & \vdots & & \vdots & \vdots & & \vdots \\ a_{i-1,j} & a_{i-1,1} & \cdots & a_{i-1,j-1} & a_{i-1,j+1} & \cdots & a_{i-1,n} \\ a_{i+1,j} & a_{i+1,1} & \cdots & a_{i+1,j-1} & a_{i+1,j+1} & \cdots & a_{i+1,n} \\ \vdots & \vdots & & \vdots & \vdots & & \vdots \\ a_{nj} & a_{n1} & \cdots & a_{n,j-1} & a_{n,j+1} & \cdots & a_{nn} \end{vmatrix}$$

由于 a_{ij} 位于 D_1 的左上角，利用前面的结果，有 $D_1=a_{ij}M_{ij}$，于是

$$D=(-1)^{i+j-2}D_1=(-1)^{i+j}a_{ij}M_{ij}=a_{ij}A_{ij}$$

定理 1.2 （行列式的展开定理）行列式等于它的任一行（或列）的各元素与其对应的代数余子式乘积之和，即

$$D=a_{i1}A_{i1}+a_{i2}A_{i2}+\cdots+a_{in}A_{in} \quad (i=1,2,\cdots,n)$$

或

$$D=a_{1j}A_{1j}+a_{2j}A_{2j}+\cdots+a_{nj}A_{nj} \quad (j=1,2,\cdots,n)$$

利用行列式的性质 1.5 与引理即可证明本定理（请读者自己完成）。

有了行列式的展开定理之后，我们在计算行列式时又多了一种方法。实际上把行列式的性质和展开定理结合起来，可以简化行列式的计算。

例 1.9 计算行列式 $D=\begin{vmatrix} 1 & -9 & 13 & 7 \\ -2 & 5 & -1 & 3 \\ 3 & -1 & 5 & -5 \\ 2 & 8 & -7 & -10 \end{vmatrix}$

解 （方法 1）按第 1 行展开，可得

$$\begin{aligned} D=&1\times(-1)^{1+1}M_{11}+(-9)\times(-1)^{1+2}M_{12} \\ &+13\times(-1)^{1+3}M_{13}+7\times(-1)^{1+4}M_{14} \\ =&1\times\begin{vmatrix} 5 & -1 & 3 \\ -1 & 5 & -5 \\ 8 & -7 & -10 \end{vmatrix}+9\times\begin{vmatrix} -2 & -1 & 3 \\ 3 & 5 & -5 \\ 2 & -7 & -10 \end{vmatrix} \end{aligned}$$

$$+13\times\begin{vmatrix}-2&5&3\\3&-1&-5\\2&8&-10\end{vmatrix}+(-7)\times\begin{vmatrix}-2&5&-1\\3&-1&5\\2&8&-7\end{vmatrix}$$

$$=-312$$

（方法 2）保留 a_{11}，把第 1 列其余元素变为 0，然后按第 1 列展开，可得

$$D=\begin{vmatrix}1&-9&13&7\\-2&5&-1&3\\3&-1&5&-5\\2&8&-7&-10\end{vmatrix}\xlongequal[r_4+(-2)r_1]{\substack{r_2+2r_1\\r_3+(-3)r_1}}\begin{vmatrix}1&-9&13&7\\0&-13&25&17\\0&26&-34&-26\\0&26&-33&-24\end{vmatrix}$$

$$=1\times(-1)^{1+1}\begin{vmatrix}-13&25&17\\26&-34&-26\\26&-33&-24\end{vmatrix}\xlongequal[r_3+2r_1]{r_2+2r_1}\begin{vmatrix}-13&25&17\\0&16&8\\0&17&10\end{vmatrix}$$

$$=-13\times(-1)^{1+1}\begin{vmatrix}16&8\\17&10\end{vmatrix}=-13\times24=-312$$

例 1.10　计算 n 阶行列式 $D_n=\begin{vmatrix}a_1&x&x&\cdots&x\\x&a_2&x&\cdots&x\\x&x&a_3&\cdots&x\\\vdots&\vdots&\vdots&&\vdots\\x&x&x&\cdots&a_n\end{vmatrix}$，其中 $a_i\neq x(i=1,2,\cdots,n)$，$x\neq0$。

解　从第 2 行开始，后面各行都减去第 1 行，可得到

$$D_n=\begin{vmatrix}a_1&x&x&\cdots&x\\x-a_1&a_2-x&0&\cdots&0\\x-a_1&0&a_3-x&\cdots&0\\\vdots&\vdots&\vdots&&\vdots\\x-a_1&0&0&\cdots&a_n-x\end{vmatrix}$$

从第 1 列提出 a_1-x，从第 2 列提出 a_2-x，…，从第 n 列提出 a_n-x，这样又可以得到

$$D_n=(a_1-x)(a_2-x)\cdots(a_n-x)\times\begin{vmatrix}\frac{a_1}{a_1-x}&\frac{x}{a_2-x}&\frac{x}{a_3-x}&\cdots&\frac{x}{a_n-x}\\-1&1&0&\cdots&0\\-1&0&1&\cdots&0\\\vdots&\vdots&\vdots&&\vdots\\-1&0&0&\cdots&1\end{vmatrix}$$

由于$\frac{a_1}{a_1-x}=1+\frac{x}{a_1-x}$，从第 2 列开始，后面各列都加到第 1 列，可得

$$D_n=(a_1-x)(a_2-x)\cdots(a_n-x)\begin{vmatrix} 1+\sum\limits_{i=1}^{n}\frac{x}{a_i-x} & \frac{x}{a_2-x} & \frac{x}{a_3-x} & \cdots & \frac{x}{a_n-x} \\ 0 & 1 & 0 & \cdots & 0 \\ 0 & 0 & 1 & \cdots & 0 \\ \vdots & \vdots & \vdots & & \vdots \\ 0 & 0 & 0 & \cdots & 1 \end{vmatrix}$$

$$=x(a_1-x)(a_2-x)\cdots(a_n-x)\left(\frac{1}{x}+\sum_{i=1}^{n}\frac{1}{a_i-x}\right)$$

本例的另一个解法是把右下角元素 a_n 表示成 $x+(a_n-x)$，这样可以把行列式

$$D_n=\begin{vmatrix} a_1 & x & \cdots & x & x \\ x & a_2 & \cdots & x & x \\ \vdots & \vdots & & \vdots & \vdots \\ x & x & \cdots & a_{n-1} & x \\ x & x & \cdots & x & x \end{vmatrix}+\begin{vmatrix} a_1 & x & \cdots & x & 0 \\ x & a_2 & \cdots & x & 0 \\ \vdots & \vdots & & \vdots & \vdots \\ x & x & \cdots & a_{n-1} & 0 \\ x & x & \cdots & x & a_n-x \end{vmatrix}$$

分解成两个行列式的和。在第一个行列式中，将最后 1 列乘上(−1)，依次加到前面各列中去，而第二个行列式按最后一列展开，这样可以得到

$$D_n=x(a_1-x)(a_2-x)\cdots(a_{n-1}-x)+(a_n-x)D_{n-1}$$

以此作为递推公式，即可得

$$\begin{aligned}D_n=&x(a_1-x)(a_2-x)\cdots(a_{n-1}-x)+x(a_1-x)(a_2-x)\cdots(a_{n-2}-x)(a_n-x)\\&+(a_{n-1}-x)(a_n-x)D_{n-2}\\=&x(a_1-x)(a_2-x)\cdots(a_{n-1}-x)+x(a_1-x)(a_2-x)\cdots(a_{n-2}-x)(a_n-x)\\&+\cdots+x(a_2-x)\cdots(a_n-x)+(a_1-x)(a_2-x)\cdots(a_n-x)\\=&x(a_1-x)(a_2-x)\cdots(a_n-x)\left(\frac{1}{x}+\sum_{i=1}^{n}\frac{1}{a_i-x}\right)\end{aligned}$$

（注意到这里 $D_1=a_1=x+(a_1-x)$）。

上述两种做法的结果完全相同。

例 1.11 证明范德蒙(Vandermonde) 行列式

$$D=V_n=\begin{vmatrix}1&1&\cdots&1\\x_1&x_2&\cdots&x_n\\x_1^2&x_2^2&\cdots&x_n^2\\\vdots&\vdots&&\vdots\\x_1^{n-1}&x_2^{n-1}&\cdots&x_n^{n-1}\end{vmatrix}=\prod_{n\geqslant i>j\geqslant 1}(x_i-x_j)$$

其中连乘积 $\prod\limits_{n\geqslant i>j\geqslant 1}(x_i-x_j)$是满足条件 $n\geqslant i>j\geqslant 1$ 的所有因子(x_i-x_j)的乘积。

证 用数学归纳法证明。当 $n=2$ 时，有

$$V_2=\begin{vmatrix}1&1\\x_1&x_2\end{vmatrix}=x_2-x_1=\prod_{2\geqslant i>j\geqslant 1}(x_i-x_j)$$

结论成立。假设结论对 $n-1$ 阶范德蒙行列式成立，下面证明对 n 阶范德蒙行列式结论也成立。

在 V_n 中，从第 n 行起，依次将前一行乘 $-x_1$ 加到后一行，得

$$V_n=\begin{vmatrix}1&1&\cdots&1\\0&x_2-x_1&\cdots&x_n-x_1\\0&x_2(x_2-x_1)&\cdots&x_n(x_n-x_1)\\\vdots&\vdots&&\vdots\\0&x_2^{n-2}(x_2-x_1)&\cdots&x_n^{n-2}(x_n-x_1)\end{vmatrix}$$

按第1列展开，并分别提取公因子，得

$$V_n=(x_2-x_1)(x_3-x_1)\cdots(x_n-x_1)\begin{vmatrix}1&1&\cdots&1\\x_2&x_3&\cdots&x_n\\x_2^2&x_3^2&\cdots&x_n^2\\\vdots&\vdots&&\vdots\\x_2^{n-2}&x_3^{n-2}&\cdots&x_n^{n-2}\end{vmatrix}$$

上式右端的行列式是 $n-1$ 阶范德蒙行列式，根据归纳假设，得

$$V_n=(x_2-x_1)(x_3-x_1)\cdots(x_n-x_1)\prod_{n\geqslant i>j\geqslant 2}(x_i-x_j)$$

故

$$V_n=\prod_{n\geqslant i>j\geqslant 1}(x_i-x_j)$$

推论 行列式的某一行(或列)的元素与另一行(或列)的对应元素的代数余子式乘积之和等于零，即

$$a_{i1}A_{j1}+a_{i2}A_{j2}+\cdots+a_{in}A_{jn}=0,(i\neq j)$$

或
$$a_{1i}A_{1j}+a_{2i}A_{2j}+\cdots+a_{ni}A_{nj}=0,(i\neq j)$$

证 将行列式 $D=\det(a_{ij})$按 j 行展开，得

$$a_{j1}A_{j1}+a_{j2}A_{j2}+\cdots+a_{jn}A_{jn}=\begin{vmatrix} a_{11} & \cdots & a_{1n} \\ \vdots & & \vdots \\ a_{i1} & \cdots & a_{in} \\ \vdots & & \vdots \\ a_{j1} & \cdots & a_{jn} \\ \vdots & & \vdots \\ a_{n1} & \cdots & a_{nn} \end{vmatrix}$$

将上式中 a_{jk} 换成 $a_{ik}(k=1,2,\cdots,n)$，得

$$a_{i1}A_{j1}+a_{i2}A_{j2}+\cdots+a_{in}A_{jn}=\begin{vmatrix} a_{11} & \cdots & a_{1n} \\ \vdots & & \vdots \\ a_{i1} & \cdots & a_{in} \\ \vdots & & \vdots \\ a_{i1} & \cdots & a_{in} \\ \vdots & & \vdots \\ a_{n1} & \cdots & a_{nn} \end{vmatrix}=0$$

同理可证关于列的式子。

将定理 1.2 及推论结合起来，即得有关代数余子式的重要性质：

$$\sum_{k=1}^{n}a_{ki}A_{kj}=D\delta_{ij}=\begin{cases} D & (i=j) \\ 0 & (i\neq j) \end{cases}$$

或

$$\sum_{k=1}^{n}a_{ik}A_{jk}=D\delta_{ij}=\begin{cases} D & (i=j) \\ 0 & (i\neq j) \end{cases}$$

其中

$$\delta_{ij}=\begin{cases} 1 & (i=j) \\ 0 & (i\neq j) \end{cases}$$

1.2.3 克莱姆法则(Cramer,1704—1752,瑞士数学家)

下面利用 n 阶行列式讨论含有 n 个未知量 $x_1,x_2,\cdots,x_n$ 和 n 个方程的线性方程组的解法。设线性方程组

$$\begin{cases} a_{11}x_1+a_{12}x_2+\cdots+a_{1n}x_n=b_1 \\ a_{21}x_1+a_{22}x_2+\cdots+a_{2n}x_n=b_2 \\ \vdots \qquad \vdots \qquad \vdots \qquad \vdots \\ a_{n1}x_1+a_{n2}x_2+\cdots+a_{nn}x_n=b_n \end{cases} \tag{1.8}$$

定理 1.3 （克莱姆法则）如果线性方程组(1.8)的系数行列式不等于零，即

$$D=\begin{vmatrix}a_{11}&a_{12}&\cdots&a_{1n}\\a_{21}&a_{22}&\cdots&a_{2n}\\\vdots&\vdots&&\vdots\\a_{n1}&a_{n2}&\cdots&a_{nn}\end{vmatrix}\neq 0$$

那么,方程组(1.8) 有唯一解

$$x_1=\frac{D_1}{D},x_2=\frac{D_2}{D},\cdots,x_n=\frac{D_n}{D} \tag{1.9}$$

其中 $D_j(j=1,2,\cdots,n)$是把系数行列式 D 中的第 j 列的元素用方程组右端的常数项代替后所得到的 n 阶行列式,即

$$D_j=\begin{vmatrix}a_{11}&\cdots&a_{1,j-1}&b_1&a_{1,j+1}&\cdots&a_{1n}\\a_{21}&\cdots&a_{2,j-1}&b_2&a_{2,j+1}&\cdots&a_{2n}\\\vdots&&\vdots&\vdots&\vdots&&\vdots\\a_{n1}&\cdots&a_{n,j-1}&b_n&a_{n,j+1}&\cdots&a_{nn}\end{vmatrix}$$

证 首先证明线性方程组(1.8) 有解,并且式(1.9) 表示的就是方程组(1.8) 的一个解,即证明

$$a_{i1}\frac{D_1}{D}+a_{i2}\frac{D_2}{D}+\cdots+a_{in}\frac{D_n}{D}=b_i \quad (i=1,2,\cdots,n)$$

为此,在方程组(1.8) 的系数行列式 D 的基础上,构造有两行相同的 $n+1$ 阶行列式

$$D^*=\begin{vmatrix}b_i&a_{i1}&a_{i2}&\cdots&a_{in}\\b_1&a_{11}&a_{12}&\cdots&a_{1n}\\\vdots&\vdots&\vdots&&\vdots\\b_i&a_{i1}&a_{i2}&\cdots&a_{in}\\\vdots&\vdots&\vdots&&\vdots\\b_n&a_{n1}&a_{n2}&\cdots&a_{nn}\end{vmatrix}$$

由行列式的性质,可知 $D^*=0$。

把 D^* 按第 1 行展开。由于第 1 行中元素 a_{ij} 的代数余子式是

$$(-1)^{1+j+1}\begin{vmatrix}b_1&a_{11}&\cdots&a_{1,j-1}&a_{1,j+1}&\cdots&a_{1n}\\\vdots&\vdots&&\vdots&\vdots&&\vdots\\b_i&a_{i1}&\cdots&a_{i,j-1}&a_{i,j+1}&\cdots&a_{in}\\\vdots&\vdots&&\vdots&\vdots&&\vdots\\b_n&a_{n1}&\cdots&a_{n,j-1}&a_{n,j+1}&\cdots&a_{nn}\end{vmatrix}$$

把第 1 列依次与第 2、第 3、…、第 j 列交换,可得元素 a_{ij} 的代数余子式为

$$(-1)^{j+2}(-1)^{j-1}D_j=-D_j \quad (j=1,2,\cdots,n)$$

所以 D^* 按第一行展开可以得到

$$D^* = b_i D - a_{i1}D_1 - a_{i2}D_2 - \cdots - a_{in}D_n = 0$$

由于 $D\neq 0$,即

$$a_{i1}\frac{D_1}{D} + a_{i2}\frac{D_2}{D} + \cdots + a_{in}\frac{D_n}{D} = b_i \quad (i = 1,2,\cdots,n)$$

上式说明线性方程组(1.8)有解,并且式(1.9) 表示的就是方程组(1.8) 的一个解。

其次证明方程组(1.8) 的解就是式(1.9) ,即解是唯一的。

$$Dx_1 = \begin{vmatrix} a_{11}x_1 & a_{12} & \cdots & a_{1n} \\ a_{21}x_1 & a_{22} & \cdots & a_{2n} \\ \vdots & \vdots & & \vdots \\ a_{n1}x_1 & a_{n2} & \cdots & a_{nn} \end{vmatrix} \xlongequal[j=2,3,\cdots,n]{c_1 + x_j c_j} \begin{vmatrix} \sum\limits_{i=1}^{n} a_{1i}x_i & a_{12} & \cdots & a_{1n} \\ \sum\limits_{i=1}^{n} a_{2i}x_i & a_{22} & \cdots & a_{2n} \\ \vdots & \vdots & & \vdots \\ \sum\limits_{i=1}^{n} a_{ni}x_i & a_{n2} & \cdots & a_{nn} \end{vmatrix}$$

$$= \begin{vmatrix} b_1 & a_{12} & \cdots & a_{1n} \\ b_2 & a_{22} & \cdots & a_{2n} \\ \vdots & \vdots & & \vdots \\ b_n & a_{n2} & \cdots & a_{nn} \end{vmatrix} = D_1$$

同理可证 $Dx_2=D_2, Dx_3=D_3, \cdots, Dx_n=D_n$,又 $D\neq 0$,所以线性方程组(1.8) 有解,并且只能是 $x_1=\frac{D_1}{D}, x_2=\frac{D_2}{D}, \cdots, x_n=\frac{D_n}{D}$。

这样我们证明了克莱姆法则。

克莱姆法则是线性代数中具有重大理论价值的一个法则,它给出了方程组(1.8)的解与系数、常数项之间的重要关系。

如果线性方程组(1.8) 右端常数项 $b_1, b_2, \cdots, b_n$ 不全为零,方程组(1.8) 称为非齐次线性方程组;当 $b_1, b_2, \cdots, b_n$ 全为零时,则称方程组(1.8) 为齐次线性方程组。

对于齐次线性方程组

$$\begin{cases} a_{11}x_1 + a_{12}x_2 + \cdots + a_{1n}x_n = 0 \\ a_{21}x_1 + a_{22}x_2 + \cdots + a_{2n}x_n = 0 \\ \quad\vdots \qquad\quad \vdots \qquad\qquad\quad \vdots \qquad \vdots \\ a_{n1}x_1 + a_{n2}x_2 + \cdots + a_{nn}x_n = 0 \end{cases} \tag{1.10}$$

若系数行列式 $D\neq 0$，则使用克莱姆法则，知齐次线性方程组只有零解。

定理 1.4 如果齐次线性方程组(1.10)的系数行列式不等于零，则齐次线性方程组(1.10)只有零解。

定理 1.5 如果齐次线性方程组(1.10)有非零解，则它的系数行列式必等于零。

注意到上面两个定理实际上互为逆否命题。

例 1.12 解线性方程组 $\begin{cases}3x_1+x_2-x_3+2x_4=1,\\-5x_1+x_2+3x_3-4x_4=0,\\2x_1+x_3-x_4=2,\\x_1-5x_2+3x_3-3x_4=1。\end{cases}$

解 这是一个含有 4 个未知量 4 个方程的线性方程组，它的系数行列式

$$D=\begin{vmatrix}3&1&-1&2\\-5&1&3&-4\\2&0&1&-1\\1&-5&3&-3\end{vmatrix}=40\neq 0$$

故可以使用克莱姆法则。经计算知，

$$D_1=\begin{vmatrix}1&1&-1&2\\0&1&3&-4\\2&0&1&-1\\1&-5&3&-3\end{vmatrix}=25,\quad D_2=\begin{vmatrix}3&1&-1&2\\-5&0&3&-4\\2&2&1&-1\\1&1&3&-3\end{vmatrix}=15,$$

$$D_3=\begin{vmatrix}3&1&1&2\\-5&1&0&-4\\2&0&2&-1\\1&-5&1&-3\end{vmatrix}=10,\quad D_4=\begin{vmatrix}3&1&-1&1\\-5&1&3&0\\2&0&1&2\\1&-5&3&1\end{vmatrix}=-20$$

根据克莱姆法则，可得方程组的唯一解

$$x_1=\frac{D_1}{D}=\frac{5}{8},x_2=\frac{D_2}{D}=\frac{3}{8},x_3=\frac{D_3}{D}=\frac{2}{8},x_4=\frac{D_4}{D}=-\frac{4}{8}$$

对于线性方程组的系数行列式等于零时解的情况，我们将在后面的章节中加以讨论。

例 1.13 问 λ 取何值时，齐次线性方程组 $\begin{cases}\lambda x_1+3x_2+x_3=0,\\3x_1+x_2+2x_3=0,\\3x_1+2x_2+x_3=0\end{cases}$ 有非零解？

解 由定理 1.5，若齐次线性方程组有非零解，则其系数行列式 $D=0$，即

$$D=\begin{vmatrix}\lambda & 3 & 1\\ 3 & 1 & 2\\ 3 & 2 & 1\end{vmatrix}=0$$

可解得 $\lambda=4$。所以，当 $\lambda=4$ 时，齐次线性方程组有非零解。

习题 1

1. 利用对角线法则计算下列三阶行列式：

(1) $\begin{vmatrix}2 & 0 & 1\\ 1 & -4 & -1\\ -1 & 8 & 3\end{vmatrix}$；　　(2) $\begin{vmatrix}a & b & c\\ b & c & a\\ c & a & b\end{vmatrix}$；

(3) $\begin{vmatrix}1 & 1 & 1\\ x & y & z\\ x^2 & y^2 & z^2\end{vmatrix}$；　　(4) $\begin{vmatrix}a & b & a+b\\ b & a+b & a\\ a+b & a & b\end{vmatrix}$。

2. 计算下列排列的逆序数：

(1) 241357869；(2) 895643721；(3) 542781936；

(4) $12\cdots n(2n)(2n-1)\cdots(n+1)$；(5) $(n+1)(n+2)\cdots(2n)n(n-1)\cdots 21$。

3. 求排列 $x_1x_2\cdots x_6$ 与排列 $x_6\cdots x_2x_1$ 逆序数的和。

4. 选择 i 和 j 使排列 $1274i56j9$ 为偶排列。

5. 确定四阶行列式中两项 $a_{11}a_{32}a_{23}a_{44}$，$a_{14}a_{43}a_{21}a_{32}$ 的符号。

6. 根据行列式的定义，计算行列式 $\begin{vmatrix}5x & 1 & 2 & 3\\ x & x & 1 & 2\\ 1 & 2 & x & 3\\ x & 1 & 2 & 2x\end{vmatrix}$ 展开式中 x^3 与 x^4 的系数。

7. 计算下列行列式：

(1) $\begin{vmatrix}2 & -5 & 1 & 2\\ -3 & 7 & -1 & 4\\ 5 & -9 & 2 & 7\\ 4 & -6 & 1 & 2\end{vmatrix}$；　　(2) $\begin{vmatrix}-3 & 9 & 3 & 6\\ -5 & 8 & 2 & 7\\ 4 & -5 & -3 & -2\\ 7 & -8 & -4 & -5\end{vmatrix}$；

(3) $\begin{vmatrix}7 & 3 & 2 & 6\\ 8 & -9 & 4 & 9\\ 7 & -2 & 7 & 3\\ 5 & -3 & 3 & 4\end{vmatrix}$；　　(4) $\begin{vmatrix}3 & 6 & 5 & 6 & 4\\ 5 & 9 & 7 & 8 & 6\\ 6 & 12 & 13 & 9 & 7\\ 4 & 6 & 6 & 5 & 4\\ 2 & 5 & 4 & 5 & 3\end{vmatrix}$。

8. 计算下列行列式：

(1) $D=\begin{vmatrix} x+1 & 1 & 1 & 1 \\ 1 & x+1 & 1 & 1 \\ 1 & 1 & x+1 & 1 \\ 1 & 1 & 1 & x+1 \end{vmatrix}$；

(2) $D_{n+1}=\begin{vmatrix} 1 & 1 & 1 & \cdots & 1 \\ 1 & 2-x & 1 & \cdots & 1 \\ 1 & 1 & 3-x & \cdots & 1 \\ \vdots & \vdots & \vdots & & \vdots \\ 1 & 1 & 1 & \cdots & n+1-x \end{vmatrix}$；

(3) $D_n=\begin{vmatrix} 1 & 1 & \cdots & 1 & -n \\ 1 & 1 & \cdots & -n & 1 \\ \vdots & \vdots & & \vdots & \vdots \\ 1 & -n & \cdots & 1 & 1 \\ -n & 1 & \cdots & 1 & 1 \end{vmatrix}$；

(4) $D_n=\begin{vmatrix} 2 & 2 & \cdots & 2 & 2 & 1 \\ 2 & 2 & \cdots & 2 & 2 & 2 \\ 2 & 2 & \cdots & 3 & 2 & 2 \\ \vdots & \vdots & & \vdots & \vdots & \vdots \\ 2 & n-1 & \cdots & 2 & 2 & 2 \\ n & 2 & \cdots & 2 & 2 & 2 \end{vmatrix}$；

(5) $D_n=\begin{vmatrix} a & b & \cdots & b & b \\ b & a & \cdots & b & b \\ \vdots & \vdots & & \vdots & \vdots \\ b & b & \cdots & a & b \\ b & b & \cdots & b & a \end{vmatrix}$；

(6) $D_{n+1}=\begin{vmatrix} a^n & (a-1)^n & \cdots & (a-n)^n \\ a^{n-1} & (a-1)^{n-1} & \cdots & (a-n)^{n-1} \\ \vdots & \vdots & & \vdots \\ a & a-1 & \cdots & a-n \\ 1 & 1 & \cdots & 1 \end{vmatrix}$。

提示：利用范德蒙行列式的结果。

9. 用克莱姆法则解下列线性方程组：

(1) $\begin{cases}2x_1+2x_2-x_3+x_4=4\\4x_1+3x_2-x_3+2x_4=6\\8x_1+5x_2-3x_3+4x_4=12\\3x_1+3x_2-2x_3+2x_4=16\end{cases}$； (2) $\begin{cases}2x_1+3x_2+11x_3+5x_4=2\\x_1+x_2+5x_3+2x_4=1\\2x_1+x_2+3x_3+2x_4=-3\\x_1+x_2+3x_3+4x_4=-3\end{cases}$；

(3) $\begin{cases}2x_1+5x_2+4x_3+x_4=20\\x_1+3x_2+2x_3+x_4=11\\2x_1+10x_2+9x_3+7x_4=40\\3x_1+8x_2+9x_3+2x_4=37\end{cases}$。

10. 求三次多项式 $f(x)$，使 $f(x)$ 满足：$f(-1)=0, f(1)=4, f(2)=3, f(3)=16$。

11. 当 λ 为何值时，齐次线性方程组 $\begin{cases}2x_1+\lambda x_2-x_3=0,\\\lambda x_1-x_2+x_3=0,\\4x_1+5x_2-5x_3=0\end{cases}$ 有非零解？

第 2 章 矩 阵

矩阵是数学中重要的基本概念之一，在很多问题中的一些数量关系要用矩阵来描述。矩阵是代数学的一个重要研究对象，它在数学的很多分支和其他学科中有着广泛的应用。

本章的学习要点：理解矩阵的概念，掌握矩阵的基本运算——加法、数量乘法、乘法、转置、可逆矩阵的逆矩阵、矩阵的初等变换以及利用初等变换求矩阵的秩，并知道矩阵的分块及分块矩阵的运算。

2.1 矩阵的概念及其运算

2.1.1 矩阵的概念

定义 2.1 由 $m\times n$ 个数 $a_{ij}\,(i=1,2,\cdots,m;j=1,2,\cdots,n)$ 排列成的一个 m 行 n 列，并括以圆括弧(或方括弧)的数表，称为一个 $m\times n$ 的矩阵，记作

$$\begin{pmatrix} a_{11} & a_{12} & \cdots & a_{1n} \\ a_{21} & a_{22} & \cdots & a_{2n} \\ \vdots & \vdots & & \vdots \\ a_{m1} & a_{m2} & \cdots & a_{mn} \end{pmatrix} \tag{2.1}$$

其中 a_{ij} 称为矩阵(2.1)的第 i 行第 j 列的元素。

一般情况下，用大写字母 $\boldsymbol{A},\boldsymbol{B},\boldsymbol{C},\cdots$ 表示矩阵，有时为了标明矩阵的行数 m 和列数 n，也常用 $\boldsymbol{A}_{m\times n}$ 表示，或写作 $\boldsymbol{A}=(a_{ij})_{m\times n}$。

为什么要引入矩阵？它与第 1 章的行列式有何不同？随着学习的深入，我们不难看出它们的区别与联系。

例 2.1 某物理实验室中有四组同学分别对五个电阻的阻值作了测量，情况如下：

组别＼电阻值	R_1	R_2	R_3	R_4	R_5
G_1	1.40	0.98	4.95	2.41	5.10
G_2	1.32	1.04	4.98	2.38	5.00

（续表）

组别＼电阻值	R_1	R_2	R_3	R_4	R_5
G_3	1.51	1.04	5.01	2.29	5.14
G_4	1.44	1.01	5.11	2.54	5.08

那么，可将此四组同学实验数据列成一个 4×5 的矩阵

$$\begin{pmatrix} 1.40 & 0.98 & 4.95 & 2.41 & 5.10 \\ 1.32 & 1.04 & 4.98 & 2.38 & 5.00 \\ 1.51 & 1.04 & 5.01 & 2.29 & 5.14 \\ 1.44 & 1.01 & 5.11 & 2.54 & 5.08 \end{pmatrix}$$

事实上，从形式上看，矩阵即是除去了框线的表格而已！当然从其中你也可以很容易地看到第 i 组的第 j 个电阻的测量值 a_{ij} $(i=1,2,3,4;j=1,2,3,4,5)$。

两个矩阵的行数相等、列数也相等时，就称它们是同型矩阵。

定义 2.2 如果两个矩阵 $\boldsymbol{A}$ 与 $\boldsymbol{B}$ 是同型矩阵，并且对应位置上的元素均相等，则称矩阵 $\boldsymbol{A}$ 与矩阵 $\boldsymbol{B}$ 相等，记作 $\boldsymbol{A}=\boldsymbol{B}$。

这就是说，如果 $\boldsymbol{A}=(a_{ij})_{m\times n}$，$\boldsymbol{B}=(b_{ij})_{m\times n}$，且 $a_{ij}=b_{ij}$ $(i=1,2,\cdots,m;j=1,2,\cdots,n)$，则 $\boldsymbol{A}=\boldsymbol{B}$。即矩阵的相等有两个要素：① 同型矩阵；② 对应元素相等。

下面介绍几个常见的特殊矩阵：设 $\boldsymbol{A}=(a_{ij})_{m\times n}$，

(1) 若 $m=1$，称 $\boldsymbol{A}=(a_1 \quad a_2 \quad \cdots \quad a_n)$ 为行矩阵，又称为行向量。为避免元素间的混淆，行矩阵也记作 $\boldsymbol{A}=(a_1,a_2,\cdots,a_n)$。

(2) 若 $n=1$，称 $\boldsymbol{B}=\begin{pmatrix} b_1 \\ b_2 \\ \vdots \\ b_m \end{pmatrix}$ 为列矩阵，又称为列向量。

(3) 若矩阵 $\boldsymbol{A}=(a_{ij})_{m\times n}$ 的所有元素均为零，即 $a_{ij}=0$ $(i=1,2,\cdots,m;j=1,2,\cdots,n)$，称这样的矩阵为零矩阵，记作 $\boldsymbol{O}=(0)_{m\times n}$。这里要特别注意的是零矩阵与数 0 的区别。（它是一个 m 行 n 列的所有元素为 0 的数表）。另外，任意两个零矩阵不一定相等。

(4) 若 $a_{ij}\geqslant0$ $(i=1,2,\cdots,m;j=1,2,\cdots,n)$，这样的矩阵称为非负（矩）阵。

(5) 若 $m=n$，称这样的矩阵 $\boldsymbol{A}$ 为 n 阶方矩阵，简称 n 阶方阵，记为 $\boldsymbol{A}_n$。这是矩阵中最有用的矩阵之一。

注意：方阵与行列式是两个不同的概念，不要相互混淆。

2.1.2 矩阵的线性运算

矩阵的两个最基本的线性运算是加法与数乘。

定义 2.3 （矩阵的加法）设有两个矩阵 $\boldsymbol{A}=(a_{ij})_{m\times n}$，$\boldsymbol{B}=(b_{ij})_{m\times n}$，规定

$$\boldsymbol{A}+\boldsymbol{B}=(a_{ij}+b_{ij})=\begin{pmatrix} a_{11}+b_{11} & a_{12}+b_{12} & \cdots & a_{1n}+b_{1n} \\ a_{21}+b_{21} & a_{22}+b_{22} & \cdots & a_{2n}+b_{2n} \\ \vdots & \vdots & & \vdots \\ a_{m1}+b_{m1} & a_{m2}+b_{m2} & \cdots & a_{mn}+b_{mn} \end{pmatrix}$$

并称 $\boldsymbol{A}+\boldsymbol{B}$ 为矩阵 $\boldsymbol{A}$ 与 $\boldsymbol{B}$ 的和。

应当注意:两个矩阵必须是同型矩阵方可相加;而且相加后得到的新矩阵与原矩阵同型,其元素是原来两矩阵对应元素之和。

例 2.2 设 $\boldsymbol{A}=\begin{pmatrix} 3 & 5 & 7 & 1 \\ 2 & 0 & 4 & 8 \\ 1 & 2 & 4 & 1 \end{pmatrix}$，$\boldsymbol{B}=\begin{pmatrix} 1 & 4 & 3 & 1 \\ 5 & 1 & 2 & 1 \\ 8 & 6 & 3 & 2 \end{pmatrix}$，则

$$\boldsymbol{A}+\boldsymbol{B}=\begin{pmatrix} 3 & 5 & 7 & 1 \\ 2 & 0 & 4 & 8 \\ 1 & 2 & 4 & 1 \end{pmatrix}+\begin{pmatrix} 1 & 4 & 3 & 1 \\ 5 & 1 & 2 & 1 \\ 8 & 6 & 3 & 2 \end{pmatrix}$$

$$=\begin{pmatrix} 3+1 & 5+4 & 7+3 & 1+1 \\ 2+5 & 0+1 & 4+2 & 8+1 \\ 1+8 & 2+6 & 4+3 & 1+2 \end{pmatrix}=\begin{pmatrix} 4 & 9 & 10 & 2 \\ 7 & 1 & 6 & 9 \\ 9 & 8 & 7 & 3 \end{pmatrix}$$

定义 2.4 （矩阵的数乘）设 $\boldsymbol{A}=(a_{ij})_{m\times n}$，$k$ 是一个数，规定

$$k\boldsymbol{A}=(ka_{ij})_{m\times n}=\begin{pmatrix} ka_{11} & ka_{12} & \cdots & ka_{1n} \\ ka_{21} & ka_{22} & \cdots & ka_{2n} \\ \vdots & \vdots & & \vdots \\ ka_{m1} & ka_{m2} & \cdots & ka_{mn} \end{pmatrix}$$

并称这个矩阵为数 k 与矩阵 $\boldsymbol{A}$ 的数量乘积(简称数乘）。

应当注意:数 k 乘一个矩阵 $\boldsymbol{A}$，需要把数 k 乘矩阵 $\boldsymbol{A}$ 的每一个元素，这与行列式的性质 3 是不同的。数乘得到的矩阵是与原矩阵同型的矩阵。

例 2.3 设 $\boldsymbol{A}=\begin{pmatrix} 1 & 4 & 1 & 9 \\ 2 & 3 & 0 & 4 \\ 5 & 0 & 2 & 1 \end{pmatrix}$，则 $2\boldsymbol{A}=\begin{pmatrix} 2 & 8 & 2 & 18 \\ 4 & 6 & 0 & 8 \\ 10 & 0 & 4 & 2 \end{pmatrix}$

用数 -1 乘矩阵 $\boldsymbol{A}$ 得到 $(-1)\boldsymbol{A}$，称为矩阵 $\boldsymbol{A}$ 的负矩阵。由此可以定义两个同型矩阵的减法:$\boldsymbol{A}-\boldsymbol{B}=\boldsymbol{A}+(-1)\boldsymbol{B}$。

例 2.4 设 $\boldsymbol{A}=\begin{pmatrix}1&4&1\\2&3&0\end{pmatrix}$，$\boldsymbol{B}=\begin{pmatrix}3&0&2\\1&1&4\end{pmatrix}$，求 $\boldsymbol{A}-\boldsymbol{B}$，$3\boldsymbol{A}-2\boldsymbol{B}$。

解
$$\boldsymbol{A}-\boldsymbol{B}=\boldsymbol{A}+(-1)\boldsymbol{B}=\begin{pmatrix}1&4&1\\2&3&0\end{pmatrix}+(-1)\begin{pmatrix}3&0&2\\1&1&4\end{pmatrix}$$
$$=\begin{pmatrix}1&4&1\\2&3&0\end{pmatrix}+\begin{pmatrix}-3&0&-2\\-1&-1&-4\end{pmatrix}=\begin{pmatrix}-2&4&-1\\1&2&-4\end{pmatrix};$$
$$3\boldsymbol{A}-2\boldsymbol{B}=3\begin{pmatrix}1&4&1\\2&3&0\end{pmatrix}-2\begin{pmatrix}3&0&2\\1&1&4\end{pmatrix}=\begin{pmatrix}3&12&3\\6&9&0\end{pmatrix}+\begin{pmatrix}-6&0&-4\\-2&-2&-8\end{pmatrix}$$
$$=\begin{pmatrix}-3&12&-1\\4&7&-8\end{pmatrix}。$$

由前面定义的矩阵的加法及数乘，容易得到下面的运算规律：

设 $\boldsymbol{A}$，$\boldsymbol{B}$，$\boldsymbol{C}$ 均为 $m\times n$ 矩阵，$\boldsymbol{O}$ 为 $m\times n$ 的零矩阵，l，k 均为数，则

(1) $\boldsymbol{A}+\boldsymbol{B}=\boldsymbol{B}+\boldsymbol{A}$。

(2) $(\boldsymbol{A}+\boldsymbol{B})+\boldsymbol{C}=\boldsymbol{A}+(\boldsymbol{B}+\boldsymbol{C})$。

(3) $\boldsymbol{A}+\boldsymbol{O}=\boldsymbol{A}$。

(4) $\boldsymbol{A}+(-\boldsymbol{A})=\boldsymbol{O}$。

(5) $k(\boldsymbol{A}+\boldsymbol{B})=k\boldsymbol{A}+k\boldsymbol{B}$。

(6) $(k+l)\boldsymbol{A}=k\boldsymbol{A}+l\boldsymbol{A}$。

(7) $(kl)\boldsymbol{A}=k(l\boldsymbol{A})$。

(8) $1\boldsymbol{A}=\boldsymbol{A}$。

利用这样一些运算规则，我们可解一些简单的“矩阵方程”。

例 2.5 设 $\boldsymbol{A}$，$\boldsymbol{B}$，$\boldsymbol{x}$ 均为 2×3 的矩阵，其中 $\boldsymbol{A}=\begin{pmatrix}1&4&1\\2&3&0\end{pmatrix}$，$\boldsymbol{B}=\begin{pmatrix}3&0&2\\1&1&4\end{pmatrix}$，且满足 $2(\boldsymbol{B}+\boldsymbol{x})=3\boldsymbol{A}$，求未知矩阵 $\boldsymbol{x}$。

解 由 $2(\boldsymbol{B}+\boldsymbol{x})=3\boldsymbol{A}$，得 $2\boldsymbol{B}+2\boldsymbol{x}=3\boldsymbol{A}$，方程两边同时减去 $2\boldsymbol{B}$，可以得到 $2\boldsymbol{x}=3\boldsymbol{A}-2\boldsymbol{B}$，两边同时作数乘 $\frac{1}{2}(2\boldsymbol{x})=\frac{1}{2}(3\boldsymbol{A}-2\boldsymbol{B})$，即 $\boldsymbol{x}=\frac{1}{2}(3\boldsymbol{A}-2\boldsymbol{B})$。

利用例 2.4 的结果 $3\boldsymbol{A}-2\boldsymbol{B}=\begin{pmatrix}-3&12&-1\\4&7&-8\end{pmatrix}$，故 $\boldsymbol{x}=\begin{pmatrix}-\frac{3}{2}&6&-\frac{1}{2}\\2&\frac{7}{2}&-4\end{pmatrix}$。

2.1.3 矩阵的乘法

矩阵乘法是一种有关矩阵的极其特别的运算。在下面的例中可以看到乘法在坐标变换中的一些特别意义。矩阵运算中所具有的特殊规律，主要产生于矩阵的

乘法运算。

定义 2.5 设 $\boldsymbol{A}$ 是一个 $m\times l$ 矩阵，$\boldsymbol{B}$ 是一个 $l\times n$ 矩阵，即

$$\boldsymbol{A}=\begin{pmatrix}a_{11}&a_{12}&\cdots&a_{1l}\\a_{21}&a_{22}&\cdots&a_{2l}\\\vdots&\vdots&&\vdots\\a_{m1}&a_{m2}&\cdots&a_{ml}\end{pmatrix},\quad \boldsymbol{B}=\begin{pmatrix}b_{11}&b_{12}&\cdots&b_{1n}\\b_{21}&b_{22}&\cdots&b_{2n}\\\vdots&\vdots&&\vdots\\b_{l1}&b_{l2}&\cdots&b_{ln}\end{pmatrix}$$

规定矩阵 $\boldsymbol{A}$ 与 $\boldsymbol{B}$ 的乘积 $\boldsymbol{AB}$（记作 $\boldsymbol{C}=(c_{ij})_{m\times n}$）为一个 $m\times n$ 矩阵，且

$$c_{ij}=a_{i1}b_{1j}+a_{i2}b_{2j}+\cdots+a_{il}b_{lj}=\sum_{k=1}^{l}a_{ik}b_{kj}\quad(i=1,2,\cdots,m;j=1,2,\cdots,n)$$

即矩阵 $\boldsymbol{C}=\boldsymbol{AB}$ 的第 i 行第 j 列元素 c_{ij}，是 $\boldsymbol{A}$ 的第 i 行 l 个元素与 $\boldsymbol{B}$ 的第 j 列相应的 l 个元素分别相乘的乘积之和。

必须注意：写出 $\boldsymbol{AB}$ 首先有一个前提，即 $\boldsymbol{A}$ 的列数必须等于 $\boldsymbol{B}$ 的行数，且 $\boldsymbol{AB}$ 的行数与 $\boldsymbol{A}$ 相同而列数与 $\boldsymbol{B}$ 相同。

例 2.6 设 $\boldsymbol{A}=\begin{pmatrix}1&2\\3&1\\2&3\end{pmatrix}$，$\boldsymbol{B}=\begin{pmatrix}3&2&0\\1&2&1\end{pmatrix}$，求 $\boldsymbol{AB}$ 及 $\boldsymbol{BA}$。

解

$$\begin{aligned}\boldsymbol{AB}&=\begin{pmatrix}1&2\\3&1\\2&3\end{pmatrix}_{3\times2}\begin{pmatrix}3&2&0\\1&2&1\end{pmatrix}_{2\times3}\\&=\begin{pmatrix}1\times3+2\times1&1\times2+2\times2&1\times0+2\times1\\3\times3+1\times1&3\times2+1\times2&3\times0+1\times1\\2\times3+3\times1&2\times2+3\times2&2\times0+3\times1\end{pmatrix}\\&=\begin{pmatrix}5&6&2\\10&8&1\\9&10&3\end{pmatrix}_{3\times3};\end{aligned}$$

$$\begin{aligned}\boldsymbol{BA}&=\begin{pmatrix}3&2&0\\1&2&1\end{pmatrix}_{2\times3}\begin{pmatrix}1&2\\3&1\\2&3\end{pmatrix}_{3\times2}\\&=\begin{pmatrix}3\times1+2\times3+0\times2&3\times2+2\times1+0\times3\\1\times1+2\times3+1\times2&1\times2+2\times1+1\times3\end{pmatrix}\\&=\begin{pmatrix}9&8\\9&7\end{pmatrix}\end{aligned}$$

由例 2.6 的结果可知，$\boldsymbol{AB}\neq\boldsymbol{BA}$，即矩阵的乘法不满足交换律。而且一般的情况下，$\boldsymbol{AB}$ 有意义甚至不能保证 $\boldsymbol{BA}$ 有意义！即使 $\boldsymbol{AB}$ 与 $\boldsymbol{BA}$ 为同型矩阵，$\boldsymbol{AB}$ 与 $\boldsymbol{BA}$

也不一定相等。

例 2.7 设 $\boldsymbol{A}=\begin{pmatrix}-4 & -2\\ 2 & 1\end{pmatrix}$，$\boldsymbol{B}=\begin{pmatrix}1 & 2\\ 0 & 0\end{pmatrix}$，求 $\boldsymbol{AB}$ 与 $\boldsymbol{BA}$。

解
$$\boldsymbol{AB}=\begin{pmatrix}-4 & -2\\ 2 & 1\end{pmatrix}\begin{pmatrix}1 & 2\\ 0 & 0\end{pmatrix}$$
$$=\begin{pmatrix}(-4)\times 1+(-2)\times 0 & (-4)\times 2+(-2)\times 0\\ 2\times 1+1\times 0 & 2\times 2+1\times 0\end{pmatrix}$$
$$=\begin{pmatrix}-4 & -8\\ 2 & 4\end{pmatrix}$$
$$\boldsymbol{BA}=\begin{pmatrix}1 & 2\\ 0 & 0\end{pmatrix}\begin{pmatrix}-4 & -2\\ 2 & 1\end{pmatrix}=\begin{pmatrix}1\times(-4)+2\times 2 & 1\times(-2)+2\times 1\\ 0\times(-4)+0\times 2 & 0\times(-2)+0\times 1\end{pmatrix}$$
$$=\begin{pmatrix}0 & 0\\ 0 & 0\end{pmatrix}$$

这里尽管 $\boldsymbol{AB}$ 与 $\boldsymbol{BA}$ 均为 2×2 的矩阵，但 $\boldsymbol{AB}$ 与 $\boldsymbol{BA}$ 不相等，而且还可以发现在一般数的乘法中从未见过的结论，即 $\boldsymbol{A}$，$\boldsymbol{B}$ 均为非零矩阵，但它们的乘积 $\boldsymbol{BA}$ 可以为零矩阵。

例 2.8 设 $\boldsymbol{A}=\begin{pmatrix}a_{11} & a_{12} & \cdots & a_{1n}\\ a_{21} & a_{22} & \cdots & a_{2n}\\ \vdots & \vdots & & \vdots\\ a_{m1} & a_{m2} & \cdots & a_{mn}\end{pmatrix}_{m\times n}$，$\boldsymbol{E}_n=\begin{pmatrix}1 & 0 & \cdots & 0\\ 0 & 1 & \cdots & 0\\ \vdots & \vdots & & \vdots\\ 0 & 0 & \cdots & 1\end{pmatrix}_{n\times n}$

证明 $\boldsymbol{AE}_n=\boldsymbol{A}$

证 设 $\boldsymbol{AE}_n=\boldsymbol{B}=(b_{ij})_{m\times n}$，由矩阵乘法的运算规则，并注意到 E_n 的第 j 列元素为

$$\begin{pmatrix}0\\ \vdots\\ 1\\ \vdots\\ 0\end{pmatrix}\text{第 } j \text{ 个元素，}$$

则 $b_{ij}=a_{i1}\times 0+a_{i2}\times 0+\cdots+a_{ij}\times 1+\cdots+a_{in}\times 0=a_{ij}$，即 $b_{ij}=a_{ij}$ $(i=1,2,\cdots,m;\ j=1,2,\cdots,n)$。这样我们就证明了 $\boldsymbol{AE}_n=\boldsymbol{A}$。

这里的 $\boldsymbol{E}_n$（或记作 $\boldsymbol{E}$）通常称为 n 阶单位（方矩）阵。读者也可模仿此例证明 $\boldsymbol{E}_m\boldsymbol{A}=\boldsymbol{A}$。

关于矩阵的乘法常有下述的性质（假定矩阵都可进行相关运算）：

(1) $(\boldsymbol{AB})\boldsymbol{C}=\boldsymbol{A}(\boldsymbol{BC})$。

(2) $(\boldsymbol{A}+\boldsymbol{B})\boldsymbol{C}=\boldsymbol{AC}+\boldsymbol{BC}$。

(3) $\boldsymbol{C}(\boldsymbol{A}+\boldsymbol{B})=\boldsymbol{CA}+\boldsymbol{CB}$。

(4) $k(\boldsymbol{AB})=(k\boldsymbol{A})\boldsymbol{B}=\boldsymbol{A}(k\boldsymbol{B})$。

方阵的幂：若 $\boldsymbol{A}=(a_{ij})_{n\times n}$ 为 n 阶方(矩) 阵，一般情况下我们常写作 $\boldsymbol{AA}=\boldsymbol{A}^2$，因此 $\boldsymbol{A}^k=(\boldsymbol{A}^{k-1})\boldsymbol{A}$。

下面的例子说明矩阵乘法在解析几何中的实际意义。

例 2.9 设在解析几何中平面上的点 (x,y) 与 (x',y') 的坐标变换公式为

$$\begin{cases} x = a_{11}x' + a_{12}y' \\ y = a_{21}x' + a_{22}y' \end{cases} \qquad ①$$

而 (x',y') 与 (x'',y'') 之间的坐标变换公式为

$$\begin{cases} x' = b_{11}x'' + b_{12}y'' \\ y' = b_{21}x'' + b_{22}y'' \end{cases} \qquad ②$$

求 (x,y) 与 (x'',y'') 的坐标变换公式。

解 (1) 用你已学过的代入法非常容易地可解此题。

因为 $x=a_{11}x'+a_{12}y'$，而 $\begin{cases} x'=b_{11}x''+b_{12}y'', \\ y'=b_{21}x''+b_{22}y'', \end{cases}$ 那么

$$\begin{aligned} x &= a_{11}(b_{11}x''+b_{12}y'')+a_{12}(b_{21}x''+b_{22}y'') \\ &= (a_{11}b_{11}+a_{12}b_{21})x''+(a_{11}b_{12}+a_{12}b_{22})y'' \\ y &= a_{21}(b_{11}x''+b_{12}y'')+a_{22}(b_{21}x''+b_{22}y'') \\ &= (a_{21}b_{11}+a_{22}b_{21})x''+(a_{21}b_{12}+a_{22}b_{22})y'' \end{aligned}$$

即

$$\begin{cases} x = (a_{11}b_{11}+a_{12}b_{21})x''+(a_{11}b_{12}+a_{12}b_{22})y'' \\ y = (a_{21}b_{11}+a_{22}b_{21})x''+(a_{21}b_{12}+a_{22}b_{22})y'' \end{cases} \qquad ③$$

由式①，②得到的式③真是令人难以记忆。

用刚学过的矩阵乘法可以更方便地解决这一问题。

(2) 注意到式①可用矩阵的乘法写作

$$\begin{pmatrix} x \\ y \end{pmatrix} = \begin{bmatrix} a_{11} & a_{12} \\ a_{21} & a_{22} \end{bmatrix} \begin{pmatrix} x' \\ y' \end{pmatrix} \qquad ①'$$

同理

$$\begin{pmatrix} x' \\ y' \end{pmatrix} = \begin{bmatrix} b_{11} & b_{12} \\ b_{21} & b_{22} \end{bmatrix} \begin{pmatrix} x'' \\ y'' \end{pmatrix} \qquad ②'$$

则

$$\begin{aligned} \begin{pmatrix} x \\ y \end{pmatrix} &= \begin{bmatrix} a_{11} & a_{12} \\ a_{21} & a_{22} \end{bmatrix} \left[\begin{bmatrix} b_{11} & b_{12} \\ b_{21} & b_{22} \end{bmatrix} \begin{pmatrix} x'' \\ y'' \end{pmatrix} \right] \\ &= \begin{bmatrix} a_{11} & a_{12} \\ a_{21} & a_{22} \end{bmatrix} \begin{bmatrix} b_{11} & b_{12} \\ b_{21} & b_{22} \end{bmatrix} \begin{pmatrix} x'' \\ y'' \end{pmatrix} \end{aligned}$$

$$= \begin{pmatrix} a_{11}b_{11}+a_{12}b_{21} & a_{11}b_{12}+a_{12}b_{22} \\ a_{21}b_{11}+a_{22}b_{21} & a_{21}b_{12}+a_{22}b_{22} \end{pmatrix}\begin{pmatrix} x'' \\ y'' \end{pmatrix} \qquad ③'$$

将式③′还原也可得式③。你看这样是否容易记忆了！

在此例中，由式①到①′的记法是十分有用的，如我们常将线性方程组

$$\begin{cases} a_{11}x_1+a_{12}x_2+\cdots+a_{1n}x_n=b_1 \\ a_{21}x_1+a_{22}x_2+\cdots+a_{2n}x_n=b_2 \\ \quad\vdots \qquad\quad \vdots \qquad\qquad\quad \vdots \qquad\ \vdots \\ a_{m1}x_1+a_{m2}x_2+\cdots+a_{mn}x_n=b_m \end{cases}$$

写作 $\boldsymbol{Ax}=\boldsymbol{B}$，其中 $\boldsymbol{A}=\begin{pmatrix} a_{11} & a_{12} & \cdots & a_{1n} \\ a_{21} & a_{22} & \cdots & a_{2n} \\ \vdots & \vdots & & \vdots \\ a_{m1} & a_{m2} & \cdots & a_{mn} \end{pmatrix}$，$\boldsymbol{x}=\begin{pmatrix} x_1 \\ x_2 \\ \vdots \\ x_n \end{pmatrix}$，$\boldsymbol{B}=\begin{pmatrix} b_1 \\ b_2 \\ \vdots \\ b_m \end{pmatrix}$

上式中的 $\boldsymbol{A}$ 常被称为线性方程组的系数矩阵，$\boldsymbol{x}$ 被称为未知(n 维)向量，而 $\boldsymbol{B}$ 则称为(m 维)的自由向量。

2.1.4 矩阵的转置

在已经了解了行列式的转置的前提之下，矩阵的转置就不难理解，当然它们仍有差异。

定义 2.6 将 $m\times n$ 阶矩阵 $\boldsymbol{A}$ 的行换成同序数的列，得到的 $n\times m$ 的矩阵，称此矩阵为矩阵 $\boldsymbol{A}$ 的转置矩阵，记作 $\boldsymbol{A}^{\mathrm{T}}$(或 $\boldsymbol{A}'$)，即 $\boldsymbol{A}=(a_{ij})_{m\times n}$，则 $\boldsymbol{A}^{\mathrm{T}}=(a_{ji})_{n\times m}$或写作

$$\boldsymbol{A}=\begin{pmatrix} a_{11} & a_{12} & \cdots & a_{1n} \\ a_{21} & a_{22} & \cdots & a_{2n} \\ \vdots & \vdots & & \vdots \\ a_{m1} & a_{m2} & \cdots & a_{mn} \end{pmatrix},\boldsymbol{A}^{\mathrm{T}}=\begin{pmatrix} a_{11} & a_{21} & \cdots & a_{m1} \\ a_{12} & a_{22} & \cdots & a_{m2} \\ \vdots & \vdots & & \vdots \\ a_{1n} & a_{2n} & \cdots & a_{mn} \end{pmatrix}$$

关于矩阵的转置，有下述的性质：

(1) $(\boldsymbol{A}^{\mathrm{T}})^{\mathrm{T}}=\boldsymbol{A}$。

(2) $(\boldsymbol{A}+\boldsymbol{B})^{\mathrm{T}}=\boldsymbol{A}^{\mathrm{T}}+\boldsymbol{B}^{\mathrm{T}}$。

(3) $(k\boldsymbol{A})^{\mathrm{T}}=k\boldsymbol{A}^{\mathrm{T}}$。

(4) $(\boldsymbol{AB})^{\mathrm{T}}=\boldsymbol{B}^{\mathrm{T}}\boldsymbol{A}^{\mathrm{T}}$。

性质(1)，(2)，(3) 是显然成立的，下面证明(4)。

例 2.10 设 $\boldsymbol{A}=(a_{ik})_{m\times l}$，$\boldsymbol{B}=(b_{kj})_{l\times n}$，证明：$(\boldsymbol{AB})^{\mathrm{T}}=\boldsymbol{B}^{\mathrm{T}}\boldsymbol{A}^{\mathrm{T}}$。

证 设 $\boldsymbol{AB}=\boldsymbol{C}=(c_{ij})_{m\times n}$，其中 $c_{ij}=a_{i1}b_{1j}+a_{i2}b_{2j}+\cdots+a_{il}b_{lj}=\sum\limits_{k=1}^{l}a_{ik}b_{kj}$。故

$(\boldsymbol{AB})^{\mathrm{T}}=\boldsymbol{C}^{\mathrm{T}}$，其第 j 行第 i 列元素为 $c_{ij}=\sum\limits_{k=1}^{l}a_{ik}b_{kj}$。

又 $\boldsymbol{B}^{\mathrm{T}}=(b_{jk})_{n\times l}$，$\boldsymbol{A}^{\mathrm{T}}=(a_{ki})_{l\times m}$，故 $\boldsymbol{B}^{\mathrm{T}}\boldsymbol{A}^{\mathrm{T}}=\boldsymbol{D}=(d_{ij})_{n\times m}$，它的第 j 行第 i 列元素为 $d_{ji}=b_{1j}a_{i1}+b_{2j}a_{i2}+\cdots+b_{lj}a_{il}=\sum\limits_{k=1}^{l}b_{kj}a_{ik}$。由此 $(\boldsymbol{AB})^{\mathrm{T}}$ 与 $\boldsymbol{B}^{\mathrm{T}}\boldsymbol{A}^{\mathrm{T}}$ 的第 j 行第 i 列元素相等，这样我们就证明了 $(\boldsymbol{AB})^{\mathrm{T}}=\boldsymbol{B}^{\mathrm{T}}\boldsymbol{A}^{\mathrm{T}}$。

例 2.11 设 $\boldsymbol{x}=(a_1\quad a_2\quad\cdots\quad a_n)$，求 $\boldsymbol{xx}^{\mathrm{T}}$。

解 由 $\boldsymbol{x}=(a_1\quad a_2\quad\cdots\quad a_n)$，则

$$\boldsymbol{x}^{\mathrm{T}}=\begin{pmatrix}a_1\\a_2\\\vdots\\a_n\end{pmatrix},$$

$$\boldsymbol{xx}^{\mathrm{T}}=(a_1\quad a_2\quad\cdots\quad a_n)\begin{pmatrix}a_1\\a_2\\\vdots\\a_n\end{pmatrix}=a_1^2+a_2^2+\cdots+a_n^2=\sum_{i=1}^{n}a_i^2$$

注：此题中应得到一个 1 行 1 列的矩阵，我们将其写成了一个数，而这个数通常被称为 n 维向量 $\boldsymbol{x}$ 的内积。

对方阵来说，$\boldsymbol{A}=(a_{ij})_{n\times n}$，而 $\boldsymbol{A}^{\mathrm{T}}=(a_{ji})_{n\times n}$，即 n 阶方阵的转置矩阵仍为 n 阶方阵。有些特殊的方阵是极有用的。

(1) 设 $\boldsymbol{A}=(a_{ij})_{n\times n}$ 为 n 阶方阵，若 $\boldsymbol{A}=\boldsymbol{A}^{\mathrm{T}}$，称方（矩）阵为对称（矩）阵。如矩阵 $\boldsymbol{A}=\begin{pmatrix}1&3&4\\3&2&0\\4&0&1\end{pmatrix}$ 为对称矩阵。

(2) 如果 n 阶方阵 $\boldsymbol{A}=(a_{ij})_{n\times n}$ 中元素满足 $a_{ij}=0(i\neq j,i,j=1,2,\cdots,n)$，称此类矩阵为对角矩阵，即 $\boldsymbol{A}=\begin{pmatrix}a_{11}&&&\\&a_{22}&&\\&&\ddots&\\&&&a_{nn}\end{pmatrix}$（未写出的地方均为零）。

显然对角矩阵是一种对称阵。特别地，当 $a_{11}=a_{22}=\cdots=a_{nn}=1$ 时，得到了在例 2.8 中见过的 n 阶单位阵 $\boldsymbol{E}_n=\begin{pmatrix}1&&&\\&1&&\\&&\ddots&\\&&&1\end{pmatrix}$。

例 2.12 设 $\boldsymbol{A}$ 为 n 阶对称阵，$\boldsymbol{U}$ 为 n 阶方阵，$\boldsymbol{E}_n$ 为 n 阶单位阵，试证明：$\boldsymbol{M}=\boldsymbol{E}_n-\boldsymbol{U}\boldsymbol{A}\boldsymbol{U}^{\mathrm{T}}$ 为对称矩阵。

证 由
$$\begin{aligned}\boldsymbol{M}^{\mathrm{T}}&=(\boldsymbol{E}_n-\boldsymbol{U}\boldsymbol{A}\boldsymbol{U}^{\mathrm{T}})^{\mathrm{T}}\\&=\boldsymbol{E}_n^{\mathrm{T}}-(\boldsymbol{U}\boldsymbol{A}\boldsymbol{U}^{\mathrm{T}})^{\mathrm{T}}\\&=\boldsymbol{E}_n-(\boldsymbol{U}^{\mathrm{T}})^{\mathrm{T}}\boldsymbol{A}^{\mathrm{T}}\boldsymbol{U}^{\mathrm{T}}\\&=\boldsymbol{E}_n-\boldsymbol{U}\boldsymbol{A}^{\mathrm{T}}\boldsymbol{U}^{\mathrm{T}},\end{aligned}$$

由 $\boldsymbol{A}=\boldsymbol{A}^{\mathrm{T}}$ 知，$\boldsymbol{M}^{\mathrm{T}}=\boldsymbol{E}_n-\boldsymbol{U}\boldsymbol{A}\boldsymbol{U}^{\mathrm{T}}=\boldsymbol{M}$。

2.1.5 方阵的行列式

对 n 阶方阵 $\boldsymbol{A}=(a_{ij})_{n\times n}$，其形式上与 n 阶行列式有相似之处，因此

定义 2.7 若 $\boldsymbol{A}=\begin{pmatrix}a_{11}&a_{12}&\cdots&a_{1n}\\a_{21}&a_{22}&\cdots&a_{2n}\\\vdots&\vdots&&\vdots\\a_{n1}&a_{n2}&\cdots&a_{nn}\end{pmatrix}$，则 $\begin{vmatrix}a_{11}&a_{12}&\cdots&a_{1n}\\a_{21}&a_{22}&\cdots&a_{2n}\\\vdots&\vdots&&\vdots\\a_{n1}&a_{n2}&\cdots&a_{nn}\end{vmatrix}$ 称为方阵 $\boldsymbol{A}$ 的行列式，记作 $|\boldsymbol{A}|$ 或 $\det(\boldsymbol{A})$。

在这里，应该明确一点，只有方阵才有行列式，利用行列式相应的性质，可得出方阵的行列式满足如下性质：

(1) $|\boldsymbol{A}^{\mathrm{T}}|=|\boldsymbol{A}|$。

(2) $|k\boldsymbol{A}|=k^n|\boldsymbol{A}|$。

(3) 若 $\boldsymbol{A},\boldsymbol{B}$ 均为 n 阶方阵，则 $|\boldsymbol{AB}|=|\boldsymbol{BA}|=|\boldsymbol{A}||\boldsymbol{B}|$。

其中性质(3) 的证明稍难，我们这里不作证明。应注意的是性质(3) 仅当 $\boldsymbol{A},\boldsymbol{B}$ 均为同阶方阵时才成立。

例 2.13 设 $\boldsymbol{A}=(1\quad 3\quad 2)$，$\boldsymbol{B}=\begin{pmatrix}1\\2\\1\end{pmatrix}$，求 $|\boldsymbol{BA}|$。

解 由 $\boldsymbol{BA}=\begin{pmatrix}1\\2\\1\end{pmatrix}(1\quad 3\quad 2)=\begin{pmatrix}1&3&2\\2&6&4\\1&3&2\end{pmatrix}$，得 $|\boldsymbol{BA}|=\begin{vmatrix}1&3&2\\2&6&4\\1&3&2\end{vmatrix}=0$

例 2.14 设 $\boldsymbol{A}=\begin{pmatrix}a_{11}&a_{12}&\cdots&a_{1n}\\a_{21}&a_{22}&\cdots&a_{2n}\\\vdots&\vdots&&\vdots\\a_{n1}&a_{n2}&\cdots&a_{nn}\end{pmatrix}$，$|\boldsymbol{A}|$ 中元素 a_{ij} 的代数余子式为 $\boldsymbol{A}_{ij}$，作

新矩阵 $\boldsymbol{A}^* = \begin{pmatrix} \boldsymbol{A}_{11} & \boldsymbol{A}_{21} & \cdots & \boldsymbol{A}_{n1} \\ \boldsymbol{A}_{12} & \boldsymbol{A}_{22} & \cdots & \boldsymbol{A}_{n2} \\ \vdots & \vdots & & \vdots \\ \boldsymbol{A}_{1n} & \boldsymbol{A}_{2n} & \cdots & \boldsymbol{A}_{nn} \end{pmatrix}$，称此矩阵为 $\boldsymbol{A}$ 的伴随矩阵。证明：$\boldsymbol{AA}^* = \boldsymbol{A}^*\boldsymbol{A} = |\boldsymbol{A}|\boldsymbol{E}_n$。

证 我们只证明 $\boldsymbol{AA}^* = |\boldsymbol{A}|\boldsymbol{E}_n$。

记 $\boldsymbol{AA}^* = \begin{pmatrix} a_{11} & a_{12} & \cdots & a_{1n} \\ a_{21} & a_{22} & \cdots & a_{2n} \\ \vdots & \vdots & & \vdots \\ a_{n1} & a_{n2} & \cdots & a_{nn} \end{pmatrix} \begin{pmatrix} \boldsymbol{A}_{11} & \boldsymbol{A}_{21} & \cdots & \boldsymbol{A}_{n1} \\ \boldsymbol{A}_{12} & \boldsymbol{A}_{22} & \cdots & \boldsymbol{A}_{n2} \\ \vdots & \vdots & & \vdots \\ \boldsymbol{A}_{1n} & \boldsymbol{A}_{2n} & \cdots & \boldsymbol{A}_{nn} \end{pmatrix} = \boldsymbol{B} = (b_{ij})_{n\times n}$，

则 $b_{ij} = a_{i1}\boldsymbol{A}_{j1} + a_{i2}\boldsymbol{A}_{j2} + \cdots + a_{in}\boldsymbol{A}_{jn}$。

由行列式中关于代数余子式的性质，得 $b_{ij} = \begin{cases} 0 & (i \neq j), \\ |\boldsymbol{A}| & (i = j), \end{cases}$ 即

$$\boldsymbol{B} = \begin{pmatrix} |\boldsymbol{A}| & & & \\ & |\boldsymbol{A}| & & \\ & & \ddots & \\ & & & |\boldsymbol{A}| \end{pmatrix}_{n\times n} = |\boldsymbol{A}|\boldsymbol{E}_n$$

同理可证明 $\boldsymbol{A}^*\boldsymbol{A} = |\boldsymbol{A}|\boldsymbol{E}_n$。

关于伴随矩阵 $\boldsymbol{A}^*$，$\boldsymbol{AA}^* = \boldsymbol{A}^*\boldsymbol{A} = |\boldsymbol{A}|\boldsymbol{E}_n$ 是一个极重要的结论。

例 2.15 若 $\boldsymbol{A}$ 及 $\boldsymbol{A}^*$ 同例 2.14，且 $|\boldsymbol{A}| \neq 0$。求 $|\boldsymbol{A}^*|$。

解 由 2.14 的结论知：$\boldsymbol{AA}^* = |\boldsymbol{A}|\boldsymbol{E}_n$，则 $|\boldsymbol{AA}^*| = ||\boldsymbol{A}|\boldsymbol{E}_n|$。由性质(3) 及 (2) 知 $|\boldsymbol{AA}^*| = |\boldsymbol{A}||\boldsymbol{A}^*| = |\boldsymbol{A}|^n|\boldsymbol{E}_n| = |\boldsymbol{A}|^n 1$。由于 $|\boldsymbol{A}| \neq 0$，则 $|\boldsymbol{A}^*| = \frac{|\boldsymbol{A}|^n}{|\boldsymbol{A}|} = |\boldsymbol{A}|^{n-1}$。

2.1.6 矩阵的分块法

有时会遇到行数与列数较高的矩阵，运算时常用“化整为零”的手法，使大矩阵的运算化成许多小矩阵的运算。

一般地，对矩阵 $\boldsymbol{A}$，用若干条纵直线与横直线，把矩阵 $\boldsymbol{A}$ 划分成若干个小矩阵，而每个小矩阵称为 $\boldsymbol{A}$ 的子块。以子块为元素的矩阵称为分块矩阵。

所谓的分块矩阵，其元素不再是数，而是一些矩阵（当然这些矩阵也有一些规律，如在分块矩阵中每一列的子块具有相同的列数以及每行子块具有相同的行数）。

例如，将 3×4 的矩阵 $\boldsymbol{A}=\begin{pmatrix} a_{11} & a_{12} & a_{13} & a_{14} \\ a_{21} & a_{22} & a_{23} & a_{24} \\ a_{31} & a_{32} & a_{33} & a_{34} \end{pmatrix}$ 划成子块的方式很多，下面是其中的两种分块方式：

$$(\text{Ⅰ})\ \left(\begin{array}{cc:cc} a_{11} & a_{12} & a_{13} & a_{14} \\ \hdashline a_{21} & a_{22} & a_{23} & a_{24} \\ a_{31} & a_{32} & a_{33} & a_{34} \end{array}\right),\ (\text{Ⅱ})\ \left(\begin{array}{c:c:c:c} a_{11} & a_{12} & a_{13} & a_{14} \\ a_{21} & a_{22} & a_{23} & a_{24} \\ a_{31} & a_{32} & a_{33} & a_{34} \end{array}\right)$$

划分(Ⅰ)可记作

$$\boldsymbol{A}=\begin{pmatrix} \boldsymbol{A}_{11} & \boldsymbol{A}_{12} \\ \boldsymbol{A}_{21} & \boldsymbol{A}_{22} \end{pmatrix}$$

其中 $\boldsymbol{A}_{11}=(a_{11}\quad a_{12})$，$\boldsymbol{A}_{12}=(a_{13}\quad a_{14})$，$\boldsymbol{A}_{21}=\begin{pmatrix} a_{21} & a_{22} \\ a_{31} & a_{32} \end{pmatrix}$，$\boldsymbol{A}_{22}=\begin{pmatrix} a_{23} & a_{24} \\ a_{33} & a_{34} \end{pmatrix}$；

而划分(Ⅱ)在下一章中是常见的，它将矩阵 $\boldsymbol{A}$ 划分成了四个列矩阵(列向量)，记作

$$\boldsymbol{A}=(\boldsymbol{A}_1\quad \boldsymbol{A}_2\quad \boldsymbol{A}_3\quad \boldsymbol{A}_4)$$

其中 $\boldsymbol{A}_1=\begin{pmatrix} a_{11} \\ a_{21} \\ a_{31} \end{pmatrix}$，$\boldsymbol{A}_2=\begin{pmatrix} a_{12} \\ a_{22} \\ a_{32} \end{pmatrix}$，$\boldsymbol{A}_3=\begin{pmatrix} a_{13} \\ a_{23} \\ a_{33} \end{pmatrix}$，$\boldsymbol{A}_4=\begin{pmatrix} a_{14} \\ a_{24} \\ a_{34} \end{pmatrix}$。

下面讨论分块矩阵的运算。事实上，分块矩阵的运算方式与一般矩阵的运算方式极为相似。

(1) 分块矩阵的加法。

如果矩阵 $\boldsymbol{A}$ 与矩阵 $\boldsymbol{B}$ 为同型矩阵，而且经相同的划分方法所得的分块矩阵记为

$$\boldsymbol{A}=\begin{pmatrix} \boldsymbol{A}_{11} & \boldsymbol{A}_{12} & \cdots & \boldsymbol{A}_{1r} \\ \boldsymbol{A}_{21} & \boldsymbol{A}_{22} & \cdots & \boldsymbol{A}_{2r} \\ \vdots & \vdots & & \vdots \\ \boldsymbol{A}_{s1} & \boldsymbol{A}_{s2} & \cdots & \boldsymbol{A}_{sr} \end{pmatrix},\quad \boldsymbol{B}=\begin{pmatrix} \boldsymbol{B}_{11} & \boldsymbol{B}_{12} & \cdots & \boldsymbol{B}_{1r} \\ \boldsymbol{B}_{21} & \boldsymbol{B}_{22} & \cdots & \boldsymbol{B}_{2r} \\ \vdots & \vdots & & \vdots \\ \boldsymbol{B}_{s1} & \boldsymbol{B}_{s2} & \cdots & \boldsymbol{B}_{sr} \end{pmatrix}$$

则子块 $\boldsymbol{A}_{ij}$ 与 $\boldsymbol{B}_{ij}$ 必为同型矩阵，且

$$\boldsymbol{A}+\boldsymbol{B}=\begin{pmatrix} \boldsymbol{A}_{11}+\boldsymbol{B}_{11} & \boldsymbol{A}_{12}+\boldsymbol{B}_{12} & \cdots & \boldsymbol{A}_{1r}+\boldsymbol{B}_{1r} \\ \boldsymbol{A}_{21}+\boldsymbol{B}_{21} & \boldsymbol{A}_{22}+\boldsymbol{B}_{22} & \cdots & \boldsymbol{A}_{2r}+\boldsymbol{B}_{2r} \\ \vdots & \vdots & & \vdots \\ \boldsymbol{A}_{s1}+\boldsymbol{B}_{s1} & \boldsymbol{A}_{s2}+\boldsymbol{B}_{s2} & \cdots & \boldsymbol{A}_{sr}+\boldsymbol{B}_{sr} \end{pmatrix}$$

(2) 分块矩阵的数乘。

设 $\boldsymbol{A}=\begin{pmatrix}\boldsymbol{A}_{11} & \boldsymbol{A}_{12} & \cdots & \boldsymbol{A}_{1r}\\ \boldsymbol{A}_{21} & \boldsymbol{A}_{22} & \cdots & \boldsymbol{A}_{2r}\\ \vdots & \vdots & & \vdots\\ \boldsymbol{A}_{s1} & \boldsymbol{A}_{s2} & \cdots & \boldsymbol{A}_{sr}\end{pmatrix}$，$\lambda$ 为数，则 $\lambda\boldsymbol{A}=\begin{pmatrix}\lambda\boldsymbol{A}_{11} & \lambda\boldsymbol{A}_{12} & \cdots & \lambda\boldsymbol{A}_{1r}\\ \lambda\boldsymbol{A}_{21} & \lambda\boldsymbol{A}_{22} & \cdots & \lambda\boldsymbol{A}_{2r}\\ \vdots & \vdots & & \vdots\\ \lambda\boldsymbol{A}_{s1} & \lambda\boldsymbol{A}_{s2} & \cdots & \lambda\boldsymbol{A}_{sr}\end{pmatrix}$

(3) 分块矩阵的乘法。

设 $\boldsymbol{A}$ 为 $m\times l$ 矩阵，$\boldsymbol{B}$ 为 $l\times n$ 矩阵，分块成

$$\boldsymbol{A}=\begin{pmatrix}\boldsymbol{A}_{11} & \boldsymbol{A}_{12} & \cdots & \boldsymbol{A}_{1t}\\ \boldsymbol{A}_{21} & \boldsymbol{A}_{22} & \cdots & \boldsymbol{A}_{2t}\\ \vdots & \vdots & & \vdots\\ \boldsymbol{A}_{s1} & \boldsymbol{A}_{s2} & \cdots & \boldsymbol{A}_{st}\end{pmatrix},\quad \boldsymbol{B}=\begin{pmatrix}\boldsymbol{B}_{11} & \boldsymbol{B}_{12} & \cdots & \boldsymbol{B}_{1r}\\ \boldsymbol{B}_{21} & \boldsymbol{B}_{22} & \cdots & \boldsymbol{B}_{2r}\\ \vdots & \vdots & & \vdots\\ \boldsymbol{B}_{t1} & \boldsymbol{B}_{t2} & \cdots & \boldsymbol{B}_{tr}\end{pmatrix}$$

其中子块 $\boldsymbol{A}_{i1},\boldsymbol{A}_{i2},\cdots,\boldsymbol{A}_{it}$ 的列数等于子块 $\boldsymbol{B}_{1j},\boldsymbol{B}_{2j},\cdots,\boldsymbol{B}_{tj}$ 的行数，则

$$\boldsymbol{AB}=\begin{pmatrix}\boldsymbol{C}_{11} & \boldsymbol{C}_{12} & \cdots & \boldsymbol{C}_{1r}\\ \boldsymbol{C}_{21} & \boldsymbol{C}_{22} & \cdots & \boldsymbol{C}_{2r}\\ \vdots & \vdots & & \vdots\\ \boldsymbol{C}_{s1} & \boldsymbol{C}_{s2} & \cdots & \boldsymbol{C}_{sr}\end{pmatrix}$$

其中 $\boldsymbol{C}_{ij}=\sum_{k=1}^{t}\boldsymbol{A}_{ik}\boldsymbol{B}_{kj}(i=1,2,\cdots,s;j=1,2,\cdots,r)$。

即分块矩阵的乘法应满足两个条件方可保证运算的可实现：其一是分块矩阵将子块视为一般元素的乘法的可行性；其二是子块与子块乘法的可行性。

例 2.16 $A=\left(\begin{array}{cc:cc}1 & 0 & 2 & 1\\ 0 & 1 & 1 & 1\\ \hdashline 0 & 0 & 1 & 0\\ 0 & 0 & 0 & 1\end{array}\right)=\left(\begin{array}{c:c}\boldsymbol{E} & \boldsymbol{A}_1\\ \hdashline \boldsymbol{O} & \boldsymbol{E}\end{array}\right)$，$\boldsymbol{B}=\left(\begin{array}{cc:cc}1 & 0 & 1 & -1\\ 0 & 1 & -1 & 2\\ \hdashline 2 & 1 & 1 & 0\\ 1 & 1 & 0 & 1\end{array}\right)$

$=\left(\begin{array}{c:c}\boldsymbol{E} & \boldsymbol{B}_1\\ \hdashline \boldsymbol{A}_1 & \boldsymbol{E}\end{array}\right)$，求 $\boldsymbol{AB}$。

解 $\boldsymbol{AB}=\left(\begin{array}{c:c}\boldsymbol{E} & \boldsymbol{A}_1\\ \hdashline \boldsymbol{O} & \boldsymbol{E}\end{array}\right)\left(\begin{array}{c:c}\boldsymbol{E} & \boldsymbol{B}_1\\ \hdashline \boldsymbol{A}_1 & \boldsymbol{E}\end{array}\right)=\begin{pmatrix}\boldsymbol{EE}+\boldsymbol{A}_1\boldsymbol{A}_1 & \boldsymbol{EB}_1+\boldsymbol{A}_1\boldsymbol{E}\\ \boldsymbol{OE}+\boldsymbol{EA}_1 & \boldsymbol{OB}_1+\boldsymbol{EE}\end{pmatrix}$

$=\begin{pmatrix}\boldsymbol{E}+\boldsymbol{A}_1^2 & \boldsymbol{B}_1+\boldsymbol{A}_1\\ \boldsymbol{A}_1 & \boldsymbol{E}\end{pmatrix}$

分别计算 $\boldsymbol{A}_1^2=\begin{pmatrix}2 & 1\\ 1 & 1\end{pmatrix}\begin{pmatrix}2 & 1\\ 1 & 1\end{pmatrix}=\begin{pmatrix}5 & 3\\ 3 & 2\end{pmatrix}$，$\boldsymbol{A}_1+\boldsymbol{B}_1=\begin{pmatrix}2 & 1\\ 1 & 1\end{pmatrix}+\begin{pmatrix}1 & -1\\ -1 & 2\end{pmatrix}=\begin{pmatrix}3 & 0\\ 0 & 3\end{pmatrix}$，故

$$AB=\left(\begin{array}{cc:cc}6 & 3 & 3 & 0 \\ 3 & 3 & 0 & 3 \\ \hdashline 2 & 1 & 1 & 0 \\ 1 & 1 & 0 & 1\end{array}\right)$$

(4) 设 $\boldsymbol{A}=\begin{pmatrix}\boldsymbol{A}_{11} & \boldsymbol{A}_{12} & \cdots & \boldsymbol{A}_{1r} \\ \boldsymbol{A}_{21} & \boldsymbol{A}_{22} & \cdots & \boldsymbol{A}_{2r} \\ \vdots & \vdots & & \vdots \\ \boldsymbol{A}_{s1} & \boldsymbol{A}_{s2} & \cdots & \boldsymbol{A}_{sr}\end{pmatrix}$，则 $\boldsymbol{A}^{\mathrm{T}}=\begin{pmatrix}\boldsymbol{A}_{11}^{\mathrm{T}} & \boldsymbol{A}_{21}^{\mathrm{T}} & \cdots & \boldsymbol{A}_{s1}^{\mathrm{T}} \\ \boldsymbol{A}_{12}^{\mathrm{T}} & \boldsymbol{A}_{22}^{\mathrm{T}} & \cdots & \boldsymbol{A}_{s2}^{\mathrm{T}} \\ \vdots & \vdots & & \vdots \\ \boldsymbol{A}_{1r}^{\mathrm{T}} & \boldsymbol{A}_{2r}^{\mathrm{T}} & \cdots & \boldsymbol{A}_{sr}^{\mathrm{T}}\end{pmatrix}$。

设 $\boldsymbol{A}$ 为 n 阶方阵，若 $\boldsymbol{A}$ 的分块矩阵只有在主对角线上有非零子块，其余子块均为零矩阵，且对角线上的非零子块均为方阵，即

$$\boldsymbol{A}=\begin{pmatrix}\boldsymbol{A}_1 & & & \\ & \boldsymbol{A}_2 & & \\ & & \ddots & \\ & & & \boldsymbol{A}_s\end{pmatrix}$$

其中 $\boldsymbol{A}_i(i=1,2,\cdots,s)$ 均为方阵，而未写出处均为零矩阵，则称分块矩阵 $\boldsymbol{A}$ 为分块对角阵。

关于分块对角阵有下述性质：

$$|\boldsymbol{A}|=|\boldsymbol{A}_1||\boldsymbol{A}_2|\cdots|\boldsymbol{A}_s|$$

(另一个有关分块对角阵的性质可见 2.2.2 节的性质 5)

2.2 逆矩阵

2.2.1 逆矩阵的概念

在上一节中我们讨论了矩阵的加、减、数乘以及矩阵的乘法，那么矩阵是否有“除法”？由于矩阵乘法不满足交换律，因此不能一般地定义矩阵的除法。考察一般意义下的除法 $\frac{a}{b}(b\neq0)$，实际上也可以用乘法 $\frac{a}{b}=ab^{-1}=b^{-1}a$ 来表示。因此，所谓的“除以 b”可用乘 b^{-1} 代替，而 b^{-1} 只是满足等式 $bb^{-1}=b^{-1}b=1$ 的一个数而已，我们把它称为 b 的倒数(或称 b 的逆)。在矩阵的乘法运算中，单位矩阵 $\boldsymbol{E}$ 相当于数的乘法运算中的 1，那么，对于一个矩阵 $\boldsymbol{A}$，是否存在一个矩阵 $\boldsymbol{A}^{-1}$，使得 $\boldsymbol{A}\boldsymbol{A}^{-1}=\boldsymbol{A}^{-1}\boldsymbol{A}=\boldsymbol{E}$ 呢？如果存在这样的矩阵 $\boldsymbol{A}^{-1}$，就称 $\boldsymbol{A}$ 为可逆矩阵，并称 $\boldsymbol{A}^{-1}$ 为 $\boldsymbol{A}$ 的可逆矩阵。

定义 2.8 对于 n 阶方阵 $\boldsymbol{A}$，如果存在一个 n 阶方阵 $\boldsymbol{B}$，使得

$$AB = BA = E$$

则称 $\boldsymbol{A}$ 为可逆矩阵(简称 $\boldsymbol{A}$ 可逆),并称 $\boldsymbol{B}$ 为 $\boldsymbol{A}$ 的逆矩阵。

定理 2.1 若 $\boldsymbol{A}$ 是可逆矩阵,则 $\boldsymbol{A}$ 的逆矩阵是唯一的。

证 设矩阵 $\boldsymbol{B}$ 和 $\boldsymbol{C}$ 都是 $\boldsymbol{A}$ 的逆矩阵,则由

$$AB = BA = E, AC = CA = E$$

可知

$$B = EB = (CA)B = C(AB) = CE = C$$

故 $\boldsymbol{A}$ 的逆矩阵是唯一的。

$\boldsymbol{A}$ 的逆矩阵记作 $\boldsymbol{A}^{-1}$,即若 $\boldsymbol{AB}=\boldsymbol{BA}=\boldsymbol{E}$,则 $\boldsymbol{B}=\boldsymbol{A}^{-1}$。

并不是所有的方阵都有逆矩阵。例如 n 阶零矩阵 $\boldsymbol{O}$,对任何 n 阶方阵 $\boldsymbol{B}$,由 $\boldsymbol{OB}=\boldsymbol{BO}=\boldsymbol{O}$,故它没有逆矩阵。

例 2.17 设 $\boldsymbol{A}=\begin{pmatrix} a_1 & & & \\ & a_2 & & \\ & & \ddots & \\ & & & a_n \end{pmatrix}$ 为 n 阶对角阵,且 $a_1a_2\cdots a_n\neq 0$,验证:

$$\boldsymbol{A}^{-1}=\begin{pmatrix} \frac{1}{a_1} & & & \\ & \frac{1}{a_2} & & \\ & & \ddots & \\ & & & \frac{1}{a_n} \end{pmatrix}。$$

证 由 $a_1a_2\cdots a_n\neq 0$,知 $a_i\neq 0(i=1,2,\cdots,n)$,故

$$\begin{pmatrix} a_1 & & & \\ & a_2 & & \\ & & \ddots & \\ & & & a_n \end{pmatrix}\begin{pmatrix} \frac{1}{a_1} & & & \\ & \frac{1}{a_2} & & \\ & & \ddots & \\ & & & \frac{1}{a_n} \end{pmatrix} = \boldsymbol{B} = (b_{ij})_{n\times n}$$

其中 $b_{ij}=\begin{cases} 1 & (i=j), \\ 0 & (i\neq j), \end{cases}$ 即 $\boldsymbol{B}=\boldsymbol{E}$。

同理可知 $\begin{pmatrix} \frac{1}{a_1} & & & \\ & \frac{1}{a_2} & & \\ & & \ddots & \\ & & & \frac{1}{a_n} \end{pmatrix} \begin{pmatrix} a_1 & & & \\ & a_2 & & \\ & & \ddots & \\ & & & a_n \end{pmatrix} = \boldsymbol{E}$。

所以

$$\boldsymbol{A}^{-1} = \begin{pmatrix} \frac{1}{a_1} & & & \\ & \frac{1}{a_2} & & \\ & & \ddots & \\ & & & \frac{1}{a_n} \end{pmatrix}$$

2.2.2 逆矩阵的性质

由逆矩阵定义，在本节中我们要回答两个问题：① 什么样的方阵有逆(矩阵)；② 如果方阵 $\boldsymbol{A}$ 存在 $\boldsymbol{A}^{-1}$，如何求得 $\boldsymbol{A}^{-1}$。

定理 2.2 若方阵 $\boldsymbol{A}$ 存在逆矩阵 $\boldsymbol{A}^{-1}$，则 $|\boldsymbol{A}| \neq 0$。

证 由 $\boldsymbol{A}$ 存在逆矩阵 $\boldsymbol{A}^{-1}$，则 $\boldsymbol{A}\boldsymbol{A}^{-1} = \boldsymbol{E}$，故 $|\boldsymbol{A}\boldsymbol{A}^{-1}| = |\boldsymbol{A}|\,|\boldsymbol{A}^{-1}| = |\boldsymbol{E}| = 1$，故 $|\boldsymbol{A}| \neq 0$。

由定理 2.2，可得：

推论 若 $|\boldsymbol{A}| = 0$，则 $\boldsymbol{A}$ 不存在逆矩阵。

这个推论告诉我们：并不是仅有零矩阵没有逆矩阵。例如非零矩阵 $\begin{pmatrix} 1 & 2 \\ 2 & 4 \end{pmatrix}$ 就不存在逆矩阵，因为 $\begin{vmatrix} 1 & 2 \\ 2 & 4 \end{vmatrix} = 0$。

那么定理 2.2 的逆命题是否成立呢？即若 $|\boldsymbol{A}| \neq 0$，$\boldsymbol{A}^{-1}$ 一定存在吗？下面利用一个构造性的方法来说明这个问题。

定理 2.3 设 $\boldsymbol{A}$ 为 n 阶方阵，若 $|\boldsymbol{A}| \neq 0$，则 $\boldsymbol{A}$ 可逆，且

$$\boldsymbol{A}^{-1} = \frac{1}{|\boldsymbol{A}|}\boldsymbol{A}^*$$

其中 $\boldsymbol{A}^*$ 为 $\boldsymbol{A}$ 的伴随矩阵。

证 作 $\boldsymbol{B} = \frac{1}{|\boldsymbol{A}|}\boldsymbol{A}^*$，则由例 2.14，得

$$AB = A\frac{1}{|A|}A^* = \frac{1}{|A|}(AA^*) = \frac{1}{|A|}(|A|E) = E,$$

$$BA = \frac{1}{|A|}(A^*A) = \frac{1}{|A|}(|A|E) = E$$

所以,按逆矩阵的定义,可知 A 可逆,且 $A^{-1}=B=\frac{1}{|A|}A^*$ 为 A 的逆矩阵。

定义 2.9 对于方阵 A,当 $|A|=0$ 时,称矩阵 A 为奇异方阵。当 $|A|\neq 0$ 时,称 A 为非(奇)异方阵。

综合定理 2.2、定理 2.3,可以得到以下定理:

定理 2.4 方阵 A 可逆的充分必要条件是 $|A|\neq 0$,即可逆矩阵就是非奇异矩阵。

由定理 2.4,可得下述推论。

推论 若 A,B 都是 n 阶矩阵,且 $AB=E$,则 $BA=E$,即 A,B 皆可逆,且 A,B 互为逆矩阵。

例 2.18 设 $A=\begin{pmatrix} a & b \\ c & d \end{pmatrix}$,且 $|A|=ad-bc\neq 0$,求 A^{-1}。

解 由于 $|A|=ad-bc\neq 0$,知 A^{-1} 存在。容易计算得 $A^*=\begin{pmatrix} d & -b \\ -c & a \end{pmatrix}$,所以

$$A^{-1} = \frac{1}{|A|}A^* = \frac{1}{|A|}\begin{pmatrix} d & -b \\ -c & a \end{pmatrix} = \begin{pmatrix} \frac{d}{ad-bc} & -\frac{b}{ad-bc} \\ -\frac{c}{ad-bc} & \frac{a}{ad-bc} \end{pmatrix}$$

例 2.19 设 $A=\begin{pmatrix} 2 & -1 & 1 \\ 0 & 2 & 1 \\ 0 & 5 & 3 \end{pmatrix}$,求 A^{-1}。

解 由 $|A|=\begin{vmatrix} 2 & -1 & 1 \\ 0 & 2 & 1 \\ 0 & 5 & 3 \end{vmatrix}=2\begin{vmatrix} 2 & 1 \\ 5 & 3 \end{vmatrix}=2\neq 0$,可知 A^{-1} 存在。再计算 $|A|$ 中元素的代数余子式分别为

$$A_{11} = (-1)^{1+1}\begin{vmatrix} 2 & 1 \\ 5 & 3 \end{vmatrix} = 1, A_{12} = (-1)^{1+2}\begin{vmatrix} 0 & 1 \\ 0 & 3 \end{vmatrix} = 0,$$

$$A_{13} = (-1)^{1+3}\begin{vmatrix} 0 & 2 \\ 0 & 5 \end{vmatrix} = 0$$

$$A_{21} = (-1)^{2+1}\begin{vmatrix} -1 & 1 \\ 5 & 3 \end{vmatrix} = 8, A_{22} = (-1)^{2+2}\begin{vmatrix} 2 & 1 \\ 0 & 3 \end{vmatrix} = 6,$$

$$A_{23}=(-1)^{2+3}\begin{vmatrix}2 & -1\\ 0 & 5\end{vmatrix}=-10$$

$$A_{31}=(-1)^{3+1}\begin{vmatrix}-1 & 1\\ 2 & 1\end{vmatrix}=-3, A_{32}=(-1)^{3+2}\begin{vmatrix}2 & 1\\ 0 & 1\end{vmatrix}=-2,$$

$$A_{33}=(-1)^{3+3}\begin{vmatrix}2 & -1\\ 0 & 2\end{vmatrix}=4$$

得

$$A^{*}=\begin{pmatrix}1 & 8 & -3\\ 0 & 6 & -2\\ 0 & -10 & 4\end{pmatrix}$$

所以

$$A^{-1}=\frac{1}{|A|}A^{*}=\begin{pmatrix}\frac{1}{2} & 4 & -\frac{3}{2}\\ 0 & 3 & -1\\ 0 & -5 & 2\end{pmatrix}$$

解题中应注意 A^{*} 的排列方式。

例 2.20 对于例 2.19 中的矩阵 A，若存在 $B=\begin{pmatrix}1 & 4 & 1\\ 2 & 3 & 1\end{pmatrix}$，求满足矩阵方程 $xA=B$ 的解。

解 由上题知，A 可逆，则在矩阵方程 $xA=B$ 的等式两端右乘 A^{-1}，可得

$$xAA^{-1}=BA^{-1}$$

即

$$x=x(AA^{-1})=BA^{-1}$$

利用上题的结论 A^{-1}，可得

$$x=\begin{pmatrix}1 & 4 & 1\\ 2 & 3 & 1\end{pmatrix}\begin{pmatrix}\frac{1}{2} & 4 & -\frac{3}{2}\\ 0 & 3 & -1\\ 0 & -5 & 2\end{pmatrix}=\begin{pmatrix}\frac{1}{2} & 11 & -\frac{7}{2}\\ 1 & 12 & -4\end{pmatrix}$$

在此例中应特别注意在矩阵方程 $xA=B$ 中消去 A 的方式，在等式两端同时右乘 A^{-1} 是可行的，而左乘的话使矩阵的乘法完全无意义。

方阵的逆矩阵满足以下运算规律：

(1) 若方阵 A 可逆，则 A^{-1} 亦可逆，且 $(A^{-1})^{-1}=A$。

(2) 若方阵 A 可逆，且常数 $k\neq 0$，则 kA 可逆，且 $(kA)^{-1}=\frac{1}{k}A^{-1}$。

(3) 若 A，B 为同阶的可逆方阵，则 AB 可逆，且 $(AB)^{-1}=B^{-1}A^{-1}$。

(4) 若 A 可逆，则 A^{T} 亦可逆，且 $(A^{T})^{-1}=(A^{-1})^{T}$。

(5) 若 $\boldsymbol{A}$ 是在 2.1.6 节中提到的分块对角矩阵 $\boldsymbol{A}=\begin{pmatrix}\boldsymbol{A}_1 & & & \\ & \boldsymbol{A}_2 & & \\ & & \ddots & \\ & & & \boldsymbol{A}_s\end{pmatrix}$，且

$|\boldsymbol{A}_i|\neq 0(i=1,2,\cdots,s)$，则 $\boldsymbol{A}^{-1}=\begin{pmatrix}\boldsymbol{A}_1^{-1} & & & \\ & \boldsymbol{A}_2^{-1} & & \\ & & \ddots & \\ & & & \boldsymbol{A}_s^{-1}\end{pmatrix}$，即分块对角阵若可逆（只需每个子块的行列式不等于零即可），则其逆矩阵仍是一个分块对角阵，其对角线上的元素为相应的子块的逆矩阵。

我们仅证明运算规律(3)和(4)（其余运算规律的证明，留给读者作为练习）。

(3)的证明。

由于 $(\boldsymbol{AB})(\boldsymbol{B}^{-1}\boldsymbol{A}^{-1})=\boldsymbol{A}(\boldsymbol{BB}^{-1})\boldsymbol{A}^{-1}=\boldsymbol{AEA}^{-1}=(\boldsymbol{AE})\boldsymbol{A}^{-1}=\boldsymbol{AA}^{-1}=\boldsymbol{E}$，由定理 2.3 的推论，即有 $(\boldsymbol{AB})^{-1}=\boldsymbol{B}^{-1}\boldsymbol{A}^{-1}$。

(4)的证明。

由于 $\boldsymbol{A}^{\mathrm{T}}(\boldsymbol{A}^{-1})^{\mathrm{T}}=(\boldsymbol{A}^{-1}\boldsymbol{A})^{\mathrm{T}}=\boldsymbol{E}^{\mathrm{T}}=\boldsymbol{E}$，所以 $(\boldsymbol{A}^{\mathrm{T}})^{-1}=(\boldsymbol{A}^{-1})^{\mathrm{T}}$。

例 2.21 设 $\boldsymbol{A},\boldsymbol{B}$ 为同阶可逆方阵，且 $\boldsymbol{E}+\boldsymbol{AB}$ 也是可逆方阵，求 $(\boldsymbol{E}+\boldsymbol{A}^{-1}\boldsymbol{B}^{-1})$ 的逆矩阵。

解 由于 $\boldsymbol{A},\boldsymbol{B}$ 均为可逆方阵，故 $\boldsymbol{A}^{-1},\boldsymbol{B}^{-1}$ 都存在。注意到

$$\boldsymbol{E}+\boldsymbol{AB}=\boldsymbol{A}(\boldsymbol{A}^{-1}+\boldsymbol{B})=\boldsymbol{A}(\boldsymbol{A}^{-1}\boldsymbol{B}^{-1}+\boldsymbol{E})\boldsymbol{B},$$

即
$$\boldsymbol{E}+\boldsymbol{A}^{-1}\boldsymbol{B}^{-1}=\boldsymbol{A}^{-1}(\boldsymbol{E}+\boldsymbol{AB})\boldsymbol{B}^{-1}$$

故
$$\begin{aligned}(\boldsymbol{E}+\boldsymbol{A}^{-1}\boldsymbol{B}^{-1})^{-1}&=(\boldsymbol{A}^{-1}(\boldsymbol{E}+\boldsymbol{AB})\boldsymbol{B}^{-1})^{-1}=(\boldsymbol{B}^{-1})^{-1}(\boldsymbol{E}+\boldsymbol{AB})^{-1}(\boldsymbol{A}^{-1})^{-1}\\&=\boldsymbol{B}(\boldsymbol{E}+\boldsymbol{AB})^{-1}\boldsymbol{A}\end{aligned}$$

例 2.22 设 $\boldsymbol{A}=\left(\begin{array}{cc:cc}2&5&0&0\\1&3&0&0\\ \hdashline 0&0&1&1\\0&0&1&2\end{array}\right)$，求 $\boldsymbol{A}^{-1}$。

解 由于 $\boldsymbol{A}=\begin{pmatrix}\boldsymbol{A}_1 & \boldsymbol{O}\\ \boldsymbol{O} & \boldsymbol{A}_2\end{pmatrix}$ 为分块对角阵，而且

$$|\boldsymbol{A}_1|=\begin{vmatrix}2&5\\1&3\end{vmatrix}=1\neq 0,\ |\boldsymbol{A}_2|=\begin{vmatrix}1&1\\1&2\end{vmatrix}=1\neq 0$$

故由运算规律(5)可知，$\boldsymbol{A}^{-1}$ 存在，且

$$A^{-1}=\begin{pmatrix}A_1^{-1} & O \\ O & A_2^{-1}\end{pmatrix}=\left(\begin{array}{cc:cc}3 & -5 & 0 & 0 \\ -1 & 2 & 0 & 0 \\ \hdashline 0 & 0 & 2 & -1 \\ 0 & 0 & -1 & 1\end{array}\right)$$

2.3 矩阵的初等变换及其应用

2.3.1 矩阵的初等变换

矩阵的初等变换是矩阵的一种十分重要而且常用的运算，它的作用是寻找与原矩阵等价的行阶梯形矩阵或行最简形矩阵及标准形矩阵。

定义 2.10 下列三种变换称为矩阵的初等行(列)变换：

(1) 互换矩阵某两行(列)的对应元素。

若记矩阵的第 i 行元素为 r_i，第 j 行元素为 r_j，则此变换常记作 $r_i \leftrightarrow r_j$；若记矩阵的第 i 列元素为 c_i，第 j 列元素为 c_j，互换 c_i 与 c_j 的变换记作 $c_i \leftrightarrow c_j$。

(2) 以非零常数 k 乘以矩阵的某行(列) 中的所有元素。

此变换常记作 kr_i(或 kc_j)。

(3) 将矩阵的某行(列)元素的 k 倍加到另一行(列) 对应的元素上去。

把第 i 行(列) 元素的 k 倍加到第 j 行(列) 对应元素上，记作 r_j+kr_i(c_j+kc_i)。注意，经变换后的新矩阵的第 i 行(列) 与原矩阵相同，而第 j 行(列) 由原来的 r_j(c_j) 变成了 r_j+kr_i(c_j+kc_i)。

矩阵的初等行变换与初等列变换，统称为矩阵的初等变换。

一个矩阵 $\boldsymbol{A}$ 经过初等变换变成了另一个不同的矩阵 $\boldsymbol{B}$，这一过程常记作 $\boldsymbol{A}\to\boldsymbol{B}$。有时为了看清变化的形式，往往会在箭头记号上加上说明。

例如，将矩阵

$$\boldsymbol{A}=\begin{pmatrix}1 & 3 & 0 & 4 \\ 1 & 2 & 2 & 1 \\ 2 & 1 & 5 & 0\end{pmatrix}$$

的第 1 行与第 3 行作交换，有

$$\boldsymbol{A}=\begin{pmatrix}1 & 3 & 0 & 4 \\ 1 & 2 & 2 & 1 \\ 2 & 1 & 5 & 0\end{pmatrix}\xrightarrow{r_1\leftrightarrow r_3}\begin{pmatrix}2 & 1 & 5 & 0 \\ 1 & 2 & 2 & 1 \\ 1 & 3 & 0 & 4\end{pmatrix}=\boldsymbol{B}$$

又如

$$\boldsymbol{E}_3=\begin{pmatrix}1&0&0\\0&1&0\\0&0&1\end{pmatrix}\xrightarrow{c_3+2c_2}\begin{pmatrix}1&0&0\\0&1&2\\0&0&1\end{pmatrix}$$

表示将三阶单位矩阵的第 2 列元素的 2 倍加到第 3 列对应的元素上去。

在一个矩阵中,如果有零行则全都在底部,而每个非零行的第一个非零元所在的列标是严格单调递增的,称这样的矩阵为行阶梯形矩阵。

如 $\boldsymbol{A}=\begin{pmatrix}1&4&0&1\\0&2&1&0\\0&0&0&1\end{pmatrix}$ 是行阶梯形矩阵,同样 $\boldsymbol{A}=\begin{pmatrix}1&3&1\\0&2&2\\0&0&0\end{pmatrix}$ 也是行阶梯形矩阵,而 $\boldsymbol{B}=\begin{pmatrix}1&1&2&0\\0&0&1&2\\0&0&2&0\end{pmatrix}$ 不是行阶梯形矩阵,因为第 2 行的第一个非零元素 $a_{23}=1$,而 a_{23} 之下的 $a_{33}=2\neq 0$。

一般地,任一非零矩阵经过一系列的初等行变换均可化简为行阶梯形矩阵。

事实上,设 $\boldsymbol{A}=\begin{pmatrix}a_{11}&a_{12}&\cdots&a_{1n}\\a_{21}&a_{22}&\cdots&a_{2n}\\\vdots&\vdots&&\vdots\\a_{m1}&a_{m2}&\cdots&a_{mn}\end{pmatrix}$,观察第 1 列元素 $a_{11},a_{21},\cdots,a_{m1}$,若存在一个元素不为零(否则就按顺序考虑第 2 列元素,依此类推),通过两行对换,就能使第 1 列的第一个元素不为零,因此不妨设 $a_{11}\neq 0$,作初等行变换(3),将第 1 行元素的 $-\dfrac{a_{i1}}{a_{11}}$ 倍加到第 i 行去($i=2,3,\cdots,m$),这样经 $m-1$ 次的初等行变换可将 $\boldsymbol{A}$ 中的第 1 列元素中除 a_{11} 之外的其他元素全部变成零,即

$$\boldsymbol{A}\xrightarrow{r_2-\frac{a_{21}}{a_{11}}r_1}\cdots\xrightarrow{r_m-\frac{a_{m1}}{a_{11}}r_1}\boldsymbol{B}=\left(\begin{array}{c|ccc}a_{11}&a_{12}&\cdots&a_{1n}\\\hline 0&b_{22}&\cdots&b_{2n}\\\vdots&\vdots&&\vdots\\0&b_{m2}&\cdots&b_{mn}\end{array}\right)$$

然后,对 $\boldsymbol{B}$ 中余下的右下角的子块重复上面的过程,经不断重复作这样的初等行变换,$\boldsymbol{A}$ 终将变成行阶梯形矩阵。

例 2.23 用初等行变换将 $\boldsymbol{A}=\begin{pmatrix}0&0&0&1\\1&0&2&1\\3&2&4&0\end{pmatrix}$ 变成行阶梯形矩阵。

解 $\boldsymbol{A}=\begin{pmatrix}0&0&0&1\\1&0&2&1\\3&2&4&0\end{pmatrix}\xrightarrow{r_1\leftrightarrow r_2}\begin{pmatrix}1&0&2&1\\0&0&0&1\\3&2&4&0\end{pmatrix}\xrightarrow{r_3+(-3)r_1}\begin{pmatrix}1&0&2&1\\0&0&0&1\\0&2&-2&-3\end{pmatrix}$

$$\xrightarrow{r_2 \leftrightarrow r_3}\begin{pmatrix}1 & 0 & 2 & 1\\0 & 2 & -2 & -3\\0 & 0 & 0 & 1\end{pmatrix}=\boldsymbol{B}$$

若 $\boldsymbol{A}$ 是一个行阶梯形矩阵，$\boldsymbol{A}$ 中的各个非零行元素的第 1 个非零元素均为 1，而这个元素所在列的其他元素均是零，则称这样的矩阵 $\boldsymbol{A}$ 为行最简形矩阵。

如 $\boldsymbol{A}=\begin{pmatrix}1 & 2 & 0\\0 & 0 & 1\\0 & 0 & 0\end{pmatrix}$ 为行最简形矩阵。

例 2.24 用初等行变换将例 2.23 中的 $\boldsymbol{B}$ 变成行最简形矩阵。

解 $\boldsymbol{B}=\begin{pmatrix}1 & 0 & 2 & 1\\0 & 2 & -2 & -3\\0 & 0 & 0 & 1\end{pmatrix}\xrightarrow{r_2+3r_3}\begin{pmatrix}1 & 0 & 2 & 1\\0 & 2 & -2 & 0\\0 & 0 & 0 & 1\end{pmatrix}$

$$\xrightarrow{r_1+(-1)r_3}\begin{pmatrix}1 & 0 & 2 & 0\\0 & 2 & -2 & 0\\0 & 0 & 0 & 1\end{pmatrix}\xrightarrow{\frac{1}{2}r_2}\begin{pmatrix}1 & 0 & 2 & 0\\0 & 1 & -1 & 0\\0 & 0 & 0 & 1\end{pmatrix}=\boldsymbol{C}$$

$\boldsymbol{C}$ 即为行最简形矩阵。

以上所作的都是一个非零矩阵 $\boldsymbol{A}$ 经由一系列初等行变换可变成行阶梯形矩阵 $\boldsymbol{B}$，再经由一系列初等行变换变成行最简形 $\boldsymbol{C}$。事实上，初等变换还应包括初等列变换。一个矩阵同样可由初等列变换变成列阶梯形，直至列最简形矩阵(当然要施以一系列的初等列变换)。

若一个矩阵 $\boldsymbol{A}$ 经一系列初等变换后所得的矩阵为 $\boldsymbol{B}$，这个 $\boldsymbol{B}$ 既是行最简形，又是列最简形，那么这样的矩阵 $\boldsymbol{B}$ 称为矩阵 $\boldsymbol{A}$ 的标准形，记作 $\boldsymbol{S}$。

例 2.25 将例 2.23 中的 $\boldsymbol{A}$ 化为 $\boldsymbol{A}$ 的标准形。

解 由例 2.23、例 2.24 知，$\boldsymbol{A}$ 经一系列初等行变换，已化成了行最简形

$$\boldsymbol{A}\to\boldsymbol{B}\to\boldsymbol{C}=\begin{pmatrix}1 & 0 & 2 & 0\\0 & 1 & -1 & 0\\0 & 0 & 0 & 1\end{pmatrix}$$

因此可用 $\boldsymbol{C}$ 来求 $\boldsymbol{A}$ 的标准形。

$$\boldsymbol{C}=\begin{pmatrix}1 & 0 & 2 & 0\\0 & 1 & -1 & 0\\0 & 0 & 0 & 1\end{pmatrix}\xrightarrow{c_3+(-2)c_1}\begin{pmatrix}1 & 0 & 0 & 0\\0 & 1 & -1 & 0\\0 & 0 & 0 & 1\end{pmatrix}\xrightarrow{c_3+c_2}\begin{pmatrix}1 & 0 & 0 & 0\\0 & 1 & 0 & 0\\0 & 0 & 0 & 1\end{pmatrix}$$

$$\xrightarrow{c_3\leftrightarrow c_4}\begin{pmatrix}1 & 0 & 0 & 0\\0 & 1 & 0 & 0\\0 & 0 & 1 & 0\end{pmatrix}=\boldsymbol{S}$$

$\boldsymbol{S}$ 即为标准形。

一般情况下，一个 $m\times n$ 的矩阵 $\boldsymbol{A}$ 的标准形总可写作

$$\boldsymbol{S}=\left(\begin{array}{cccc:ccc}1 & 0 & \cdots & 0 & 0 & \cdots & 0\\ 0 & 1 & \cdots & 0 & 0 & \cdots & 0\\ \vdots & \vdots & & \vdots & \vdots & & \vdots\\ 0 & 0 & \cdots & 1 & 0 & \cdots & 0\\ \hdashline 0 & 0 & \cdots & 0 & 0 & \cdots & 0\\ 0 & 0 & \cdots & 0 & 0 & \cdots & 0\end{array}\right)=\begin{pmatrix}\boldsymbol{E}_r & \boldsymbol{O}\\ \boldsymbol{O} & \boldsymbol{O}\end{pmatrix}$$

且不管初等变换的次序如何，$\boldsymbol{A}$ 的标准形是唯一的。

求 $\boldsymbol{A}$ 的标准形是一种极其重要的方法，它将在方阵的求逆阵、解线性方程组、求矩阵的秩和向量组的秩等问题上有极其广泛的应用。

定义 2.11 设 $\boldsymbol{A},\boldsymbol{B}$ 都是 $m\times n$ 矩阵，如果 $\boldsymbol{B}$ 可由 $\boldsymbol{A}$ 经有限次的初等变换得到，则称矩阵 $\boldsymbol{A}$ 与 $\boldsymbol{B}$ 是等价的，记作 $\boldsymbol{A}\sim\boldsymbol{B}$。

矩阵之间的等价关系一般有如下的性质：

(1) 反身性，$\boldsymbol{A}\sim\boldsymbol{A}$。

(2) 对称性，若 $\boldsymbol{A}\sim\boldsymbol{B}$，则 $\boldsymbol{B}\sim\boldsymbol{A}$。

(3) 传递性，若 $\boldsymbol{A}\sim\boldsymbol{B},\boldsymbol{B}\sim\boldsymbol{C}$，则 $\boldsymbol{A}\sim\boldsymbol{C}$。

由上述的例 2.23、例 2.24 和例 2.25 知道：矩阵 $\boldsymbol{A}$ 与行阶梯形 $\boldsymbol{B}$ 等价，即 $\boldsymbol{A}\sim\boldsymbol{B}$；$\boldsymbol{B}$ 与行最简形 $\boldsymbol{C}$ 等价，即 $\boldsymbol{B}\sim\boldsymbol{C}$；$\boldsymbol{C}$ 与标准形 $\boldsymbol{S}$ 等价，即 $\boldsymbol{C}\sim\boldsymbol{S}$。利用等价性质(3)可知：$\boldsymbol{A}\sim\boldsymbol{B}\sim\boldsymbol{C}\sim\boldsymbol{S}$，即 $\boldsymbol{A}\sim\boldsymbol{S}$。

由上面的讨论可以得到以下定理：

定理 2.5 任一 $m\times n$ 的矩阵 $\boldsymbol{A}$ 与其标准形矩阵

$$\begin{pmatrix}\boldsymbol{E}_r & \boldsymbol{O}\\ \boldsymbol{O} & \boldsymbol{O}\end{pmatrix}$$

等价。

2.3.2 初等矩阵

初等变换在矩阵的理论中具有十分重要的作用。矩阵的初等变换不仅可用语言表述，而且可用矩阵的乘法运算来表示，为此引入初等矩阵的概念。

定义 2.12 由单位矩阵 $\boldsymbol{E}$ 经过一次初等变换得到的矩阵称为初等矩阵，因此三种初等变换对应着三种初等矩阵。

1. 对调两行或对调两列

将单位矩阵 $\boldsymbol{E}$ 中的第 i,j 两行(列) 对换 $r_i\leftrightarrow r_j$(或 $c_i\leftrightarrow c_j$)，得初等矩阵

$$
\boldsymbol{E}(i,j)=\begin{pmatrix}
1 &&&&&&&&& \\
& \ddots &&&&&&&& \\
&& 1 &&&&&&& \\
&&& 0 & \cdots & \cdots & \cdots & 1 &&& \\
&&& \vdots & 1 &&& \vdots &&& \\
&&& \vdots && \ddots && \vdots &&& \\
&&& \vdots &&& 1 & \vdots &&& \\
&&& 1 & \cdots & \cdots & \cdots & 0 &&& \\
&&&&&&&& 1 && \\
&&&&&&&&& \ddots & \\
&&&&&&&&&& 1
\end{pmatrix}\begin{matrix} \\ \\ \\ \leftarrow \text{第 } i \text{ 行} \\ \\ \\ \\ \\ \leftarrow \text{第 } j \text{ 行} \\ \\ \\ \end{matrix}
$$

可以验证,用 m 阶初等矩阵 $\boldsymbol{E}(i,j)$ 左乘矩阵 $\boldsymbol{A}=(a_{ij})_{m\times n}$,得

$$
\boldsymbol{E}(i,j)\boldsymbol{A}=\begin{pmatrix}
a_{11} & a_{12} & \cdots & a_{1n} \\
\vdots & \vdots && \vdots \\
a_{j1} & a_{j2} & \cdots & a_{jn} \\
\vdots & \vdots && \vdots \\
a_{i1} & a_{i2} & \cdots & a_{in} \\
\vdots & \vdots && \vdots \\
a_{m1} & a_{m2} & \cdots & a_{mn}
\end{pmatrix}\begin{matrix} \\ \\ \leftarrow i \text{ 行} \\ \\ \leftarrow j \text{ 行} \\ \\ \\ \end{matrix}=\boldsymbol{B}
$$

其结果是矩阵 $\boldsymbol{A}$ 的第 i 行与第 j 行产生了对换,即 $\boldsymbol{E}(i,j)\boldsymbol{A}=\boldsymbol{B}$,相当于 $\boldsymbol{A}\xrightarrow{r_i\leftrightarrow r_j}\boldsymbol{B}$。

类似地,用 n 阶初等方矩阵 $\boldsymbol{E}(i,j)$ 右乘 $\boldsymbol{A}$,其结果相当于对矩阵 $\boldsymbol{A}$ 进行了一次第 i 列与第 j 列的对换($c_i\leftrightarrow c_j$)。

2. 以非零数 k 乘某行(或某列)

以数 $k\neq 0$ 乘单位矩阵的第 i 行(或第 i 列),得初等矩阵

$$
\boldsymbol{E}(i(k))=\begin{pmatrix}
1 &&&&&& \\
& \ddots &&&&& \\
&& 1 &&&& \\
&&& k &&& \\
&&&& 1 && \\
&&&&& \ddots & \\
&&&&&& 1
\end{pmatrix}\begin{matrix} \\ \\ \\ \leftarrow i \text{ 行} \\ \\ \\ \\ \end{matrix}
$$

同样可以验证，以 m 阶初等矩阵 $\boldsymbol{E}(i(k))$ 左乘 $\boldsymbol{A}=(a_{ij})_{m\times n}$，$\boldsymbol{E}(i(k))\boldsymbol{A}=\boldsymbol{B}$，其中矩阵 $\boldsymbol{B}$ 除第 i 行元素为 $\boldsymbol{A}$ 中的第 i 行元素的 k 倍外，其余元素都与 $\boldsymbol{A}$ 相同，即 $\boldsymbol{E}(i(k))\boldsymbol{A}=\boldsymbol{B}$ 相当于 $\boldsymbol{A}\xrightarrow{k\times r_i}\boldsymbol{B}$；

类似地，用 n 阶初等矩阵 $\boldsymbol{E}(i(k))$ 右乘 $\boldsymbol{A}$，其结果相当于将 $\boldsymbol{A}$ 的第 i 列的元素乘 k，即 $\boldsymbol{A}\boldsymbol{E}(i(k))=\boldsymbol{B}$ 相当于 $\boldsymbol{A}\xrightarrow{k\times c_i}\boldsymbol{B}$。

3. 以数 k 乘某行(或列) 加到另一行(列) 上去

以数 k 乘 $\boldsymbol{E}$ 的第 j 行加到第 i 行上，得初等矩阵

$$\boldsymbol{E}(j(k),i)=\begin{pmatrix}1 & & & & & \\ & \ddots & & & & \\ & & 1 & \cdots & k & & \\ & & & \ddots & \vdots & & \\ & & & & 1 & & \\ & & & & & \ddots & \\ & & & & & & 1\end{pmatrix}\begin{matrix}\\ \\ \leftarrow i\text{行} \\ \\ \leftarrow j\text{行} \\ \\ \\ \end{matrix}$$

可以验证，以 m 阶初等矩阵 $\boldsymbol{E}(j(k),i)$ 左乘矩阵 $\boldsymbol{A}$，其结果是将 $\boldsymbol{A}$ 的第 j 行乘 k 倍加到 i 行去(相当于 r_i+kr_j)；以 n 阶初等矩阵 $\boldsymbol{E}(j(k),i)$ 右乘矩阵 $\boldsymbol{A}$，其结果是把 $\boldsymbol{A}$ 的第 i 列乘 k 加到第 j 列上(相当于 c_j+kc_i)。

引入初等矩阵的最大好处是，对矩阵实施初等变换时，完全可通过对矩阵 $\boldsymbol{A}$ 左乘或右乘相应的初等矩阵而得到。

初等矩阵 $\boldsymbol{E}(i,j)$，$\boldsymbol{E}(i(k))$，$\boldsymbol{E}(j(k),i)$ 还有如下性质，读者很容易验证。

定理 2.6 初等矩阵均可逆，且其逆矩阵也是初等矩阵，并且

$$\boldsymbol{E}(i,j)^{-1}=\boldsymbol{E}(i,j),\quad \boldsymbol{E}(i(k))^{-1}=\boldsymbol{E}\left(i\left(\frac{1}{k}\right)\right),\quad \boldsymbol{E}(j(k),i)^{-1}=\boldsymbol{E}(j(-k),i)$$

由前节中提到的矩阵 $\boldsymbol{A}$ 与 $\boldsymbol{B}$ 等价的条件及初等矩阵与初等变换的关系，我们有

推论 1 两个 $m\times n$ 阶矩阵 $\boldsymbol{A}$ 与 $\boldsymbol{B}$ 等价的充分必要条件是存在有限个 m 阶初等矩阵 $\boldsymbol{P}_1,\boldsymbol{P}_2,\cdots,\boldsymbol{P}_r$ 和 n 阶初等矩阵 $\boldsymbol{Q}_1,\boldsymbol{Q}_2,\cdots,\boldsymbol{Q}_s$，使得 $\boldsymbol{P}_1\boldsymbol{P}_2\cdots\boldsymbol{P}_r\boldsymbol{A}\boldsymbol{Q}_1\boldsymbol{Q}_2\cdots\boldsymbol{Q}_s=\boldsymbol{B}$。

推论 2 若 $\boldsymbol{S}=\begin{pmatrix}\boldsymbol{E}_r & \boldsymbol{O}\\ \boldsymbol{O} & \boldsymbol{O}\end{pmatrix}$ 为矩阵 $\boldsymbol{A}=(a_{ij})_{m\times n}$ 的标准形，则存在有限个 m 阶初等矩阵 $\boldsymbol{P}_1,\boldsymbol{P}_2,\cdots,\boldsymbol{P}_r$ 和 n 阶初等矩阵 $\boldsymbol{Q}_1,\boldsymbol{Q}_2,\cdots,\boldsymbol{Q}_s$，使 $\boldsymbol{P}_1\boldsymbol{P}_2\cdots\boldsymbol{P}_r\boldsymbol{A}\boldsymbol{Q}_1\boldsymbol{Q}_2\cdots\boldsymbol{Q}_s=\boldsymbol{S}=\begin{pmatrix}\boldsymbol{E}_r & \boldsymbol{O}\\ \boldsymbol{O} & \boldsymbol{O}\end{pmatrix}$。

推论 2 可由推论 1 及定理 2.5 直接得到。

若 $\boldsymbol{A}$ 是一个 $n\times n$ 的可逆的方阵，有如下的重要结论：

定理 2.7 n 阶可逆方阵 $\boldsymbol{A}$ 的标准形为 $\boldsymbol{E}_n$，即可逆矩阵与单位矩阵是等价的。

证 用反证法。设 n 阶可逆矩阵 $\boldsymbol{A}$ 的标准形为分块矩阵 $\boldsymbol{S}=\begin{pmatrix}\boldsymbol{E}_r & \boldsymbol{O}\\ \boldsymbol{O} & \boldsymbol{O}\end{pmatrix}$，而 $r<n$。由推论 2 知，存在有限个 n 阶初等矩阵 $\boldsymbol{P}_1,\boldsymbol{P}_2,\cdots,\boldsymbol{P}_r$ 及 $\boldsymbol{Q}_1,\boldsymbol{Q}_2,\cdots,\boldsymbol{Q}_s$，使

$$\boldsymbol{P}_1\boldsymbol{P}_2\cdots\boldsymbol{P}_r\boldsymbol{A}\boldsymbol{Q}_1\boldsymbol{Q}_2\cdots\boldsymbol{Q}_s=\boldsymbol{S}=\begin{pmatrix}\boldsymbol{E}_r & \boldsymbol{O}\\ \boldsymbol{O} & \boldsymbol{O}\end{pmatrix}$$

而 $|\boldsymbol{P}_1\boldsymbol{P}_2\cdots\boldsymbol{P}_r\boldsymbol{A}\boldsymbol{Q}_1\boldsymbol{Q}_2\cdots\boldsymbol{Q}_s|=\begin{vmatrix}\boldsymbol{E}_r & \boldsymbol{O}\\ \boldsymbol{O} & \boldsymbol{O}\end{vmatrix}$，$|\boldsymbol{P}_1||\boldsymbol{P}_2|\cdots|\boldsymbol{P}_r||\boldsymbol{A}||\boldsymbol{Q}_1||\boldsymbol{Q}_2|\cdots|\boldsymbol{Q}_s|=0$，由于 $\boldsymbol{P}_1,\boldsymbol{P}_2,\cdots,\boldsymbol{P}_r$ 及 $\boldsymbol{Q}_1,\boldsymbol{Q}_2,\cdots,\boldsymbol{Q}_s$ 均为可逆方阵，故 $|\boldsymbol{P}_i|\neq 0(i=1,2,\cdots,r)$，$|\boldsymbol{Q}_j|\neq 0(j=1,2,\cdots,s)$，推得 $|\boldsymbol{A}|=0$，与 $\boldsymbol{A}$ 是可逆矩阵矛盾。故 $r=n$，即 $\boldsymbol{S}=\boldsymbol{E}_n$。

用定理 2.7 的结论，可得定理 2.8。

定理 2.8 n 阶方阵 $\boldsymbol{A}$ 可逆的充分必要条件是它能表示成有限个初等矩阵之乘积，即存在有限个初等矩阵 $\boldsymbol{P}_1,\boldsymbol{P}_2,\cdots,\boldsymbol{P}_l$，使 $\boldsymbol{A}=\boldsymbol{P}_1\boldsymbol{P}_2\cdots\boldsymbol{P}_l$。

证 必要性。设 $\boldsymbol{A}$ 可逆，则由定理 2.7 知 $\boldsymbol{A}$ 与 $\boldsymbol{E}_n$ 等价，故存在有限个 n 阶初等方阵 $\boldsymbol{P}_1,\boldsymbol{P}_2,\cdots,\boldsymbol{P}_r$ 及 $\boldsymbol{Q}_1,\boldsymbol{Q}_2,\cdots,\boldsymbol{Q}_s$，使

$$\boldsymbol{P}_1\boldsymbol{P}_2\cdots\boldsymbol{P}_r\boldsymbol{A}\boldsymbol{Q}_1\boldsymbol{Q}_2\cdots\boldsymbol{Q}_s=\boldsymbol{E}_n$$

而 $\boldsymbol{P}_i(i=1,2,\cdots,r)$，$\boldsymbol{Q}_j(j=1,2,\cdots,s)$ 均可逆，故

$$\boldsymbol{A}=\boldsymbol{P}_r^{-1}\boldsymbol{P}_{r-1}^{-1}\cdots\boldsymbol{P}_1^{-1}\boldsymbol{E}_n\boldsymbol{Q}_s^{-1}\boldsymbol{Q}_{s-1}^{-1}\cdots\boldsymbol{Q}_1^{-1}=\boldsymbol{P}_r^{-1}\boldsymbol{P}_{r-1}^{-1}\cdots\boldsymbol{P}_1^{-1}\boldsymbol{Q}_s^{-1}\boldsymbol{Q}_{s-1}^{-1}\cdots\boldsymbol{Q}_1^{-1}$$

而 $\boldsymbol{P}_i^{-1}(i=1,2,\cdots,r)$，$\boldsymbol{Q}_j^{-1}(j=1,2,\cdots,s)$ 也是初等矩阵，因此，$\boldsymbol{A}$ 可表示成有限个初等矩阵之乘积。

充分性。若 n 阶方阵 $\boldsymbol{A}$ 可表示成有限个初等矩阵 $\boldsymbol{P}_1,\boldsymbol{P}_2,\cdots,\boldsymbol{P}_s$ 之乘积，即

$$\boldsymbol{A}=\boldsymbol{P}_1\boldsymbol{P}_2\cdots\boldsymbol{P}_s$$

则由 $\boldsymbol{P}_i(i=1,2,\cdots,s)$ 可逆知 $\boldsymbol{A}^{-1}=\boldsymbol{P}_s^{-1}\boldsymbol{P}_{s-1}^{-1}\cdots\boldsymbol{P}_2^{-1}\boldsymbol{P}_1^{-1}$，即 $\boldsymbol{A}$ 可逆。

综合定理 2.8 及定理 2.6 之推论 1，有

定理 2.9 两个 $m\times n$ 阶矩阵 $\boldsymbol{A}$ 与 $\boldsymbol{B}$ 等价的充分必要条件是存在 m 阶可逆方阵 $\boldsymbol{P}$ 及 n 阶可逆方阵 $\boldsymbol{Q}$，使 $\boldsymbol{PAQ}=\boldsymbol{B}$。

2.3.3 初等变换及初等方阵的应用之一——求矩阵的秩

矩阵的秩是在后继章节中用于判断向量组的线性相关性的重要指标。

定义 2.13 设矩阵 $\boldsymbol{A}=(a_{ij})_{m\times n}$，从 $\boldsymbol{A}$ 中任取 k 行 k 列($k\leqslant\min(m,n)$)，位于这些行列交叉处的 k^2 个元素，保持它们原来次序所构成 k 阶行列式，称为矩阵 $\boldsymbol{A}$

的一个 k 阶子式。

如 $\boldsymbol{A}=\begin{pmatrix}1&0&3&2\\-1&1&-2&0\\0&1&1&2\end{pmatrix}$ 中由第 1、2 行及第 2、4 列元素构成的 2 阶子式为 $\begin{vmatrix}0&2\\1&0\end{vmatrix}$，由 1,2,3 行及 2,3,4 列元素构成的三阶子式为 $\begin{vmatrix}0&3&2\\1&-2&0\\1&1&2\end{vmatrix}$。

设 $\boldsymbol{A}$ 为一个 $m\times n$ 矩阵时，当 $\boldsymbol{A}=\boldsymbol{O}$，即 $\boldsymbol{A}$ 为零矩阵时，它的任何阶子式均为零；当 $\boldsymbol{A}\neq\boldsymbol{O}$ 时，它至少有一个元素不为零，即它至少有一个一阶非零子式。这时再考察它有没有二阶非零子式，若有，往下再考察三阶子式，依此类推，最后必有：$\boldsymbol{A}$ 中 r 阶子式不为零，而再没有比 r 阶更高的非零子式。这个非零子式的最高阶数 r，反映了矩阵 $\boldsymbol{A}$ 内在的重要特征。

例 2.26 求 $\boldsymbol{A}=\begin{pmatrix}1&0&3&2\\-1&1&-2&0\\0&1&1&2\end{pmatrix}$ 的非零子式的最高阶数 r。

解 由 $\boldsymbol{A}\neq\boldsymbol{O}$，故考察二阶子式。由第 1、2 行及第 1、2 列构成的子式为

$$\begin{vmatrix}1&0\\-1&1\end{vmatrix}=1\neq 0$$

因此可再考察三阶子式，以下列出了该矩阵所有的三阶子式：

$$\begin{vmatrix}1&0&3\\-1&1&-2\\0&1&1\end{vmatrix}=0,\quad \begin{vmatrix}0&3&2\\1&-2&0\\1&1&2\end{vmatrix}=0,\quad \begin{vmatrix}1&3&2\\-1&-2&0\\0&1&2\end{vmatrix}=0,\quad \begin{vmatrix}1&0&2\\-1&1&0\\0&1&2\end{vmatrix}=0$$

而矩阵 $\boldsymbol{A}$ 中没有比三阶更高的子式了（事实上，若所有的三阶子式均为零根本毋需验证更高阶的子式）。故此矩阵的最高阶非零子式的阶数为 $r=2$ 阶。

定义 2.14 设 $\boldsymbol{A}=(a_{ij})_{m\times n}$，如果 $\boldsymbol{A}$ 中不为零的子式的最高阶数为 r，即存在一个 r 阶子式不为零，而任何的 $r+1$ 阶子式皆为零，则称 r 为矩阵 $\boldsymbol{A}$ 的秩，记作 $\mathrm{r}(\boldsymbol{A})=r$。并规定，当 $\boldsymbol{A}=\boldsymbol{O}$ 时，$\mathrm{r}(\boldsymbol{O})=0$。

显然 A 的转置矩阵 $\boldsymbol{A}^{\mathrm{T}}$ 的秩 $\mathrm{r}(\boldsymbol{A}^{\mathrm{T}})=\mathrm{r}(\boldsymbol{A})$；$0\leqslant r\leqslant \min(m,n)$。

在例 2.26 中，$\boldsymbol{A}$ 的非零子式的最高阶数即为秩 $\mathrm{r}(\boldsymbol{A})=2$。

定义 2.15 若 $\mathrm{r}(\boldsymbol{A})=\min(m,n)$ 时称矩阵 $\boldsymbol{A}$ 是满秩矩阵。

推论 1 若 $\boldsymbol{A}$ 为 n 阶可逆的方阵，则 $\boldsymbol{A}$ 是满秩矩阵，即 $\mathrm{r}(\boldsymbol{A})=n$。

证 由 $\boldsymbol{A}$ 的唯一的 n 阶子式即是 $|\boldsymbol{A}|\neq 0$（由 $\boldsymbol{A}$ 可逆知），故 $\mathrm{r}(\boldsymbol{A})=n$。

一般来说，当 m,n 较大时，从定义出发求矩阵 $\boldsymbol{A}=(a_{ij})_{m\times n}$ 的秩是非常麻烦的。基于下面的定理，我们将给出一个较实用的求 $\mathrm{r}(\boldsymbol{A})$ 的方法。

定理 2.10 矩阵 $\boldsymbol{A}$ 经初等变换后,其秩不变。

定理 2.10 告诉我们,初等变换是一种"保秩"的运算。这是因为考虑到三种初等变换,都不可能将现存于矩阵 $\boldsymbol{A}$ 中的 r 阶子式由非零变为零;同样也不可能将现存矩阵中已为零的 $r+1$ 阶子式由零转化为非零的缘故。

例 2.27 求 $\boldsymbol{A}=\begin{pmatrix}1&2&0&4&1\\0&0&2&0&1\\0&0&0&2&2\\0&0&0&0&0\end{pmatrix}$ 的秩 $\mathrm{r}(\boldsymbol{A})$。

解 不难发现由第 1、2、3 行及第 1、3、4 列构成的 $\boldsymbol{A}$ 的三阶子式为 $\begin{vmatrix}1&0&4\\0&2&0\\0&0&2\end{vmatrix}=4\neq0$,而所有的四阶子式由于包含 r_4(零行)中元素,故全为零,因此 $\mathrm{r}(\boldsymbol{A})=3$。

这个例子是极具启发性的。观察到例 2.27 中的 $\boldsymbol{A}$ 是一个行阶梯形矩阵,求它的秩是极方便的——数一数它的非零行即可!因此,根据定理 2.10,有下述推论:

推论 2 若 $\boldsymbol{A}$ 是一个 $m\times n$ 的矩阵,$\boldsymbol{B}$ 是与 $\boldsymbol{A}$ 等价的行阶梯形矩阵,则 $\mathrm{r}(\boldsymbol{A})=\mathrm{r}(\boldsymbol{B})$,即 $\mathrm{r}(\boldsymbol{A})$ 等于 $\boldsymbol{B}$ 中非零行的行数。

例 2.28 求矩阵 $\boldsymbol{A}=\begin{pmatrix}1&2&3&1\\3&-2&1&1\\2&0&2&1\\5&2&7&3\end{pmatrix}$ 的秩 $\mathrm{r}(\boldsymbol{A})$。

解 $$\boldsymbol{A}=\begin{pmatrix}1&2&3&1\\3&-2&1&1\\2&0&2&1\\5&2&7&3\end{pmatrix}\xrightarrow[r_4+(-5)r_1]{\substack{r_2+(-3)r_1\\r_3+(-2)r_1}}\begin{pmatrix}1&2&3&1\\0&-8&-8&-2\\0&-4&-4&-1\\0&-8&-8&-2\end{pmatrix}$$

$$\xrightarrow[r_4+(-1)r_2]{r_3+\left(-\frac{1}{2}\right)r_2}\begin{pmatrix}1&2&3&1\\0&-8&-8&-2\\0&0&0&0\\0&0&0&0\end{pmatrix}=\boldsymbol{B}$$

所以 $\mathrm{r}(\boldsymbol{B})=2$,故由推论 2 知道 $\mathrm{r}(\boldsymbol{A})=\mathrm{r}(\boldsymbol{B})=2$。

由上面的叙述得出两个重要的推论:

推论 3 若 $\boldsymbol{A}=(a_{ij})_{m\times n}$,$\boldsymbol{B}=(b_{ij})_{n\times n}$,且 $\boldsymbol{B}$ 可逆,则 $\mathrm{r}(\boldsymbol{AB})=\mathrm{r}(\boldsymbol{A})$,即一个矩阵乘上一个可逆矩阵后其秩不变。

证 由 $\boldsymbol{B}$ 可逆，由定理 2.8 知，$\boldsymbol{B}$ 可分解成有限个初等矩阵 $\boldsymbol{P}_1,\boldsymbol{P}_2,\cdots,\boldsymbol{P}_r$ 之积，即 $\boldsymbol{B}=\boldsymbol{P}_1\boldsymbol{P}_2\cdots\boldsymbol{P}_r$，故 $\boldsymbol{AB}=\boldsymbol{AP}_1\boldsymbol{P}_2\cdots\boldsymbol{P}_r$，相当于 $\boldsymbol{A}$ 进行 r 次初等列变换。由定理 2.10 知 $\mathrm{r}(\boldsymbol{AB})=\mathrm{r}(\boldsymbol{A})$。同理当 $\boldsymbol{A}$ 左乘一个可逆矩阵 $\boldsymbol{C}$ 时，$\mathrm{r}(\boldsymbol{CA})=\mathrm{r}(\boldsymbol{A})$。

推论 4 若 $\boldsymbol{A}=(a_{ij})_{m\times n}$ 的标准形为分块矩阵 $\boldsymbol{S}=\begin{pmatrix}\boldsymbol{E}_l & \boldsymbol{O}\\ \boldsymbol{O} & \boldsymbol{O}\end{pmatrix}$，则 $l=\mathrm{r}(\boldsymbol{A})$。

证 由于 $\boldsymbol{A}\sim\boldsymbol{S}$，由定理 2.10 可知 $\mathrm{r}(\boldsymbol{A})=\mathrm{r}(\boldsymbol{S})=l$。

这就是为什么 $\boldsymbol{A}$ 的标准形常用 $\begin{pmatrix}\boldsymbol{E}_r & \boldsymbol{O}\\ \boldsymbol{O} & \boldsymbol{O}\end{pmatrix}$ 的原因。

2.3.4 初等变换及初等方阵的应用之二——求逆矩阵

在 2.2.2 节中曾提到求可逆矩阵 $\boldsymbol{A}$ 的逆矩阵 $\boldsymbol{A}^{-1}$ 的一种构造性的方法，即

$$\boldsymbol{A}^{-1}=\frac{1}{|\boldsymbol{A}|}\boldsymbol{A}^*$$

在实际应用中，用此法求 $\boldsymbol{A}^{-1}$ 计算较繁，有诸多不便。因此在本节中利用矩阵的初等变换给出另一种求逆矩阵的方法。

设 $\boldsymbol{A}$ 为 n 阶可逆方阵，由定理 2.8 知存在有限个初等矩阵 $\boldsymbol{P}_1,\boldsymbol{P}_2,\cdots,\boldsymbol{P}_r$，使 $\boldsymbol{A}=\boldsymbol{P}_1\boldsymbol{P}_2\cdots\boldsymbol{P}_r$，故 $\boldsymbol{A}^{-1}=\boldsymbol{P}_r^{-1}\boldsymbol{P}_{r-1}^{-1}\cdots\boldsymbol{P}_1^{-1}$。因此只要求得方阵 $\boldsymbol{A}$ 的初等矩阵的"分解式"，再用这些初等矩阵的逆矩阵（当然它们也存在）即可求得 $\boldsymbol{A}^{-1}$。

在实际中，采用如下的方法来求出 $\boldsymbol{P}_r^{-1}\boldsymbol{P}_{r-1}^{-1}\cdots\boldsymbol{P}_1^{-1}$，即 $\boldsymbol{A}^{-1}$：

作 $n\times 2n$ 的分块矩阵 $\boldsymbol{F}=(\boldsymbol{A}\,\vdots\,\boldsymbol{E})$，对 $\boldsymbol{F}$ 实施初等行变换，这相当于对分块矩阵 $\boldsymbol{F}$ 依次左乘 $\boldsymbol{P}_1^{-1},\boldsymbol{P}_2^{-1},\cdots,\boldsymbol{P}_r^{-1}$，直至将 $\boldsymbol{F}$ 中子块 $\boldsymbol{A}$ 变为 $\boldsymbol{E}$，而此时子块 $\boldsymbol{E}$ 就变成了 $\boldsymbol{P}_r^{-1}\boldsymbol{P}_{r-1}^{-1}\cdots\boldsymbol{P}_1^{-1}$，即 $\boldsymbol{A}^{-1}$。

例 2.29 求矩阵 $\boldsymbol{A}=\begin{pmatrix}1&2&0\\2&1&1\\3&3&2\end{pmatrix}$ 的逆矩阵 $\boldsymbol{A}^{-1}$。

解 作 $\boldsymbol{F}=(\boldsymbol{A}\,\vdots\,\boldsymbol{E})=\left(\begin{array}{ccc:ccc}1&2&0&1&0&0\\2&1&1&0&1&0\\3&3&2&0&0&1\end{array}\right)$，对 $\boldsymbol{F}$ 实施初等行变换如下：

$$\boldsymbol{F}=\left(\begin{array}{ccc:ccc}1&2&0&1&0&0\\2&1&1&0&1&0\\3&3&2&0&0&1\end{array}\right)\xrightarrow[r_3+(-3)r_1]{r_2+(-2)r_1}\left(\begin{array}{ccc:ccc}1&2&0&1&0&0\\0&-3&1&-2&1&0\\0&-3&2&-3&0&1\end{array}\right)$$

$$\xrightarrow{r_3+(-1)r_2}\left(\begin{array}{ccc:ccc}1&2&0&1&0&0\\0&-3&1&-2&1&0\\0&0&1&-1&-1&1\end{array}\right)$$

$$\xrightarrow{r_2+(-1)r_3}\left(\begin{array}{ccc:ccc}1 & 2 & 0 & 1 & 0 & 0\\ 0 & -3 & 0 & -1 & 2 & -1\\ 0 & 0 & 1 & -1 & -1 & 1\end{array}\right)$$

$$\xrightarrow{\left(-\frac{1}{3}\right)r_2}\left(\begin{array}{ccc:ccc}1 & 2 & 0 & 1 & 0 & 0\\ 0 & 1 & 0 & \frac{1}{3} & -\frac{2}{3} & \frac{1}{3}\\ 0 & 0 & 1 & -1 & -1 & 1\end{array}\right)$$

$$\xrightarrow{r_1+(-2)r_2}\left(\begin{array}{ccc:ccc}1 & 0 & 0 & \frac{1}{3} & \frac{4}{3} & -\frac{2}{3}\\ 0 & 1 & 0 & \frac{1}{3} & -\frac{2}{3} & \frac{1}{3}\\ 0 & 0 & 1 & -1 & -1 & 1\end{array}\right)$$

即

$$\boldsymbol{A}^{-1}=\begin{pmatrix}\frac{1}{3} & \frac{4}{3} & -\frac{2}{3}\\ \frac{1}{3} & -\frac{2}{3} & \frac{1}{3}\\ -1 & -1 & 1\end{pmatrix}$$

例 2.30 若 $\boldsymbol{A}=\begin{pmatrix}a_1 & & & \\ & a_2 & & \\ & & \ddots & \\ & & & a_n\end{pmatrix}$为对角矩阵，且 $a_i\neq 0(i=1,2,\cdots,n)$，求 $\boldsymbol{A}^{-1}$。

解 由 $\boldsymbol{F}=(\boldsymbol{A}\,\vdots\,\boldsymbol{E})=\left(\begin{array}{cccc:cccc}a_1 & 0 & \cdots & 0 & 1 & 0 & \cdots & 0\\ 0 & a_2 & \cdots & 0 & 0 & 1 & \cdots & 0\\ \cdots & \cdots & \cdots & \cdots & \cdots & \cdots & \cdots & \cdots\\ 0 & 0 & \cdots & a_n & 0 & 0 & \cdots & 1\end{array}\right)$

$$\xrightarrow[i=1,2,\cdots,n]{\left(\frac{1}{a_i}\right)r_i}\left(\begin{array}{cccc:cccc}1 & 0 & \cdots & 0 & \frac{1}{a_1} & 0 & \cdots & 0\\ 0 & 1 & \cdots & 0 & 0 & \frac{1}{a_2} & \cdots & 0\\ \cdots & \cdots & \cdots & \cdots & \cdots & \cdots & \cdots & \cdots\\ 0 & 0 & \cdots & 1 & 0 & 0 & \cdots & \frac{1}{a_n}\end{array}\right)$$

即

$$\mathbf{A}^{-1}=\begin{pmatrix}\frac{1}{a_1} & & & \\ & \frac{1}{a_2} & & \\ & & \ddots & \\ & & & \frac{1}{a_n}\end{pmatrix}$$

2.4 矩阵在实际问题中的应用举例

设 $x_1,x_2,\cdots,x_m;y_1,y_2,\cdots,y_n;z_1,z_2,\cdots,z_s$ 是三组未知量，满足如下关系式：

$$\begin{cases}x_1=a_{11}y_1+a_{12}y_2+\cdots+a_{1n}y_n\\ x_2=a_{21}y_1+a_{22}y_2+\cdots+a_{2n}y_n\\ \vdots\qquad\vdots\qquad\vdots\qquad\qquad\vdots\\ x_m=a_{m1}y_1+a_{m2}y_2+\cdots+a_{mn}y_n\end{cases}\tag{2.2}$$

以及

$$\begin{cases}y_1=b_{11}z_1+b_{12}z_2+\cdots+b_{1s}z_s\\ y_2=b_{21}z_1+b_{22}z_2+\cdots+b_{2s}z_s\\ \vdots\qquad\vdots\qquad\vdots\qquad\qquad\vdots\\ y_n=b_{n1}z_1+b_{n2}z_2+\cdots+b_{ns}z_s\end{cases}\tag{2.3}$$

现在，已知 $z_1,z_2,\cdots,z_s$ 的一组值，要计算对应的 $x_1,x_2,\cdots,x_m$ 的值。

显然，利用式(2.3)可计算出 $y_1,y_2,\cdots,y_n$ 的值，然后代入式(2.2) 可计算出 $x_1,x_2,\cdots,x_m$ 的值。然而，利用矩阵的乘法可采取以下方式进行计算。令矩阵

$$\mathbf{A}=(a_{ik})_{m\times n},\quad \boldsymbol{B}=(b_{kj})_{n\times s}$$

则有

$$\begin{pmatrix}x_1\\x_2\\\vdots\\x_m\end{pmatrix}=\mathbf{A}\begin{pmatrix}y_1\\y_2\\\vdots\\y_n\end{pmatrix},\quad \begin{pmatrix}y_1\\y_2\\\vdots\\y_n\end{pmatrix}=\boldsymbol{B}\begin{pmatrix}z_1\\z_2\\\vdots\\z_s\end{pmatrix}$$

从而

$$\begin{pmatrix}x_1\\x_2\\\vdots\\x_m\end{pmatrix}=\boldsymbol{AB}\begin{pmatrix}z_1\\z_2\\\vdots\\z_s\end{pmatrix}$$

利用上式，就可以由 $z_1, z_2, \cdots, z_s$ 的值直接计算出 $x_1, x_2, \cdots, x_m$ 相应的值。

例 2.31 某股份公司生产四种产品，各类产品在生产过程中的生产成本以及在各季度的产量分别由表 1 和表 2 给出。在年度股东大会上，公司准备用一个单一的表向股东们介绍所有产品在各个季度的各项生产成本，各个季度的总成本，以及全年各项的总成本。此表应如何做法？

表 1

消耗＼产品	A	B	C	D
原材料	0.5	0.8	0.7	0.65
劳动力	0.8	1.05	0.9	0.85
经营管理	0.3	0.6	0.7	0.5

表 2

产品＼季度	春	夏	秋	冬
A	9 000	10 500	11 000	8 500
B	6 500	6 000	5 500	7 000
C	10 500	9 500	9 500	10 000
D	8 500	9 500	9 000	8 500

解 将表 1 和表 2 分别写成如下的矩阵：

$$\boldsymbol{M}=\begin{pmatrix}0.5 & 0.8 & 0.7 & 0.65\\ 0.8 & 1.05 & 0.9 & 0.85\\ 0.3 & 0.6 & 0.7 & 0.5\end{pmatrix},\quad \boldsymbol{N}=\begin{pmatrix}9\,000 & 10\,500 & 11\,000 & 8\,500\\ 6\,500 & 6\,000 & 5\,500 & 7\,000\\ 10\,500 & 9\,500 & 9\,500 & 10\,000\\ 8\,500 & 9\,500 & 9\,000 & 8\,500\end{pmatrix}$$

并计算

$$\boldsymbol{MN}=\begin{pmatrix}22\,575 & 22\,875 & 22\,400 & 22\,375\\ 30\,700 & 31\,325 & 30\,775 & 30\,375\\ 18\,200 & 18\,150 & 17\,750 & 18\,000\end{pmatrix}$$

利用乘积 $\boldsymbol{MN}$ 可做如下的符合题意的表 3。

表 3

	春	夏	秋	冬	全年
原材料	22 575	22 875	22 400	22 375	90 225
劳动力	30 700	31 325	30 775	30 375	123 175
经营管理	18 200	18 150	17 750	18 000	72 100
总成本	71 475	72 350	70 925	70 750	285 500

例 2.32 某城镇有 100 000 人具有法定的工作年龄。目前有 80 000 人找到了工作，其余 20 000 人失业，每年，有工作的人中的 10%将失去工作而失业人口中的 60%将找到工作。假定该镇的工作适龄人口在若干年内保持不变，问三年后该镇工作适龄人口中有多少人失业？

解 令 x_n, y_n 分别表示该镇 n 年后就业和失业人口数，从而得到如下的方程组：

$$\begin{cases} x_{n+1} = 0.9x_n + 0.6y_n \\ y_{n+1} = 0.1x_n + 0.4y_n \end{cases}$$

令 $\boldsymbol{x}_n = \begin{bmatrix} x_n \\ y_n \end{bmatrix}$，$\boldsymbol{A} = \begin{pmatrix} 0.9 & 0.6 \\ 0.1 & 0.4 \end{pmatrix}$，则 $\boldsymbol{x}_{n+1} = \boldsymbol{A}\boldsymbol{x}_n$，从而

$$\boldsymbol{x}_3 = \boldsymbol{A}\boldsymbol{x}_2 = \boldsymbol{A}(\boldsymbol{A}\boldsymbol{x}_1) = \boldsymbol{A}^2\boldsymbol{x}_1 = \boldsymbol{A}^2(\boldsymbol{A}\boldsymbol{x}_0) = \boldsymbol{A}^3\boldsymbol{x}_0$$

而 $\boldsymbol{x}_0 = \begin{pmatrix} 80\,000 \\ 20\,000 \end{pmatrix}$，$\boldsymbol{A}^3 = \begin{pmatrix} 0.9 & 0.6 \\ 0.1 & 0.4 \end{pmatrix}^3 = \begin{pmatrix} 0.861 & 0.834 \\ 0.139 & 0.166 \end{pmatrix}$，故

$$\boldsymbol{x}_3 = \begin{pmatrix} 0.861 & 0.834 \\ 0.139 & 0.166 \end{pmatrix} \begin{pmatrix} 80\,000 \\ 20\,000 \end{pmatrix} = \begin{pmatrix} 85\,560 \\ 14\,440 \end{pmatrix}$$

即三年后的失业人口为 14 440。

习题 2

1. 计算：

(1) $\begin{pmatrix} 2 & 1 & 4 \\ -3 & 0 & 2 \end{pmatrix} + \begin{pmatrix} -1 & 1 & 2 \\ 2 & 1 & 1 \end{pmatrix}$；　　(2) $3\begin{pmatrix} 1 & 2 \\ 0 & 2 \end{pmatrix} - 4\begin{pmatrix} 1 & 0 \\ 2 & 2 \end{pmatrix} + \begin{pmatrix} 1 & 0 \\ 0 & 1 \end{pmatrix}$。

2. 设 $\boldsymbol{A} = \begin{bmatrix} 1 & 2 & 1 & 2 \\ 2 & 1 & 2 & 1 \\ 1 & 3 & 4 & 1 \end{bmatrix}$，$\boldsymbol{B} = \begin{bmatrix} 4 & 1 & 2 & 4 \\ 3 & 0 & 3 & 0 \\ 0 & 3 & 0 & 3 \end{bmatrix}$：

(1) 求 $2\boldsymbol{A} + \boldsymbol{B}$；

(2) 求 $3\boldsymbol{A} + 2\boldsymbol{B}$；

(3) 若 $\boldsymbol{x}$ 满足 $2\boldsymbol{A} + \boldsymbol{x} = \boldsymbol{B}$，求 $\boldsymbol{x}$；

(4) 若 $\boldsymbol{y}$ 满足 $(2\boldsymbol{A} - \boldsymbol{y}) + 2(\boldsymbol{B} - \boldsymbol{y}) = \boldsymbol{O}$，求 $\boldsymbol{y}$。

3. 设 $\boldsymbol{A} = \begin{pmatrix} x & 0 \\ 7 & y \end{pmatrix}$，$\boldsymbol{B} = \begin{pmatrix} u & v \\ y & 2 \end{pmatrix}$，$\boldsymbol{C} = \begin{pmatrix} 3 & -4 \\ x & v \end{pmatrix}$，且 $\boldsymbol{A} + 2\boldsymbol{B} - \boldsymbol{C} = \boldsymbol{O}$，求 x, y, u, v。

4. 计算：

(1) $\begin{pmatrix} 5 & 2 \\ 3 & 1 \end{pmatrix} \begin{pmatrix} 1 & -2 \\ -3 & 5 \end{pmatrix}$；　　(2) $\begin{pmatrix} 1 & 2 \\ 2 & 1 \end{pmatrix} \begin{pmatrix} 1 & 0 & 1 \\ 2 & 1 & 3 \end{pmatrix}$；

(3) $\begin{pmatrix}1&0&1\\2&1&3\end{pmatrix}\begin{pmatrix}6&2&1\\0&2&0\\3&-5&4\end{pmatrix}$；　　(4) $(a_1\quad a_2\quad a_3)\begin{pmatrix}a_1\\a_2\\a_3\end{pmatrix}$；

(5) $\begin{pmatrix}x\\y\\z\end{pmatrix}(x\quad y\quad z)$；　　(6) $(x\quad y\quad z)\begin{pmatrix}1&0&1\\0&2&4\\1&4&1\end{pmatrix}\begin{pmatrix}x\\y\\z\end{pmatrix}$。

5. 设$\boldsymbol{A}=\begin{pmatrix}0&0&1\\0&1&0\\1&0&0\end{pmatrix}$，$\boldsymbol{B}=\begin{pmatrix}1&2\\2&3\\1&-1\end{pmatrix}$，$\boldsymbol{C}=\begin{pmatrix}3&1&0\\1&2&1\end{pmatrix}$，求

(1) $2\boldsymbol{A}+\boldsymbol{BC}$；(2) $\boldsymbol{C}^{\mathrm{T}}\boldsymbol{B}^{\mathrm{T}}$；(3) $\boldsymbol{A}-4\boldsymbol{BC}$；(4) $(\boldsymbol{A}-4\boldsymbol{BC})^{\mathrm{T}}$。

6. 设线性变换$\begin{cases}x_1=y_1+y_2+y_3\\x_2=y_1+4y_3\\x_3=+2y_2+y_3\end{cases}$，$\begin{cases}y_1=z_1+z_2\\y_2=z_1-z_2\\y_3=2z_1\end{cases}$，试将 x_1,x_2,x_3 用 z_1,z_2 线性表示。

7. 计算

(1) $\begin{pmatrix}1&-2\\3&4\end{pmatrix}^3$；　　(2) $\begin{pmatrix}1&1&0\\0&1&1\\1&0&1\end{pmatrix}^2$；

(3) $\begin{pmatrix}1&1\\0&0\end{pmatrix}^n$；　　(4) $\begin{pmatrix}1&1\\1&1\end{pmatrix}^n$；

(5) $\begin{pmatrix}a&0&0\\0&b&0\\0&0&c\end{pmatrix}^n$；　　(6) $\begin{pmatrix}0&1&0\\0&0&1\\0&0&0\end{pmatrix}^3$。

8. 设$\boldsymbol{A}=\begin{pmatrix}1&0\\\lambda&1\end{pmatrix}$，求 $\boldsymbol{A}^2,\boldsymbol{A}^3,\cdots,\boldsymbol{A}^k$。

9. 设$\boldsymbol{A}=\begin{pmatrix}1&0&3\\0&2&1\\0&0&1\end{pmatrix}$，$\boldsymbol{B}=\begin{pmatrix}1&0&0\\0&2&1\\3&0&1\end{pmatrix}$，求(1) $(\boldsymbol{A}+\boldsymbol{B})(\boldsymbol{A}-\boldsymbol{B})$；(2) $\boldsymbol{A}^2-\boldsymbol{B}^2$；比较(1)和(2)的结果，想一想为什么？

10. 设 $f(x)=ax^2+bx+c$，$\boldsymbol{A}$ 为 n 阶方阵，$\boldsymbol{E}$ 为 n 阶单位阵，称 $f(\boldsymbol{A})=a\boldsymbol{A}^2+b\boldsymbol{A}+c\boldsymbol{E}$ 为关于 $\boldsymbol{A}$ 的矩阵多项式。

(1) 若 $f(x)=x^2-2x-1$，$\boldsymbol{A}=\begin{pmatrix}3&1&0\\1&0&2\\1&-1&0\end{pmatrix}$，求 $f(\boldsymbol{A})$；

(2) 若 $f(x)=x^2-5x+4$，$\boldsymbol{A}=\begin{pmatrix}4 & 0\\0 & -4\end{pmatrix}$，求 $f(\boldsymbol{A})$。

11. 设 $\boldsymbol{A},\boldsymbol{B}$ 均为 n 阶方阵，且 $\boldsymbol{A}=\dfrac{1}{2}(\boldsymbol{B}+\boldsymbol{E})$，证明：$\boldsymbol{A}^2=\boldsymbol{A}$ 当且仅当 $\boldsymbol{B}^2=\boldsymbol{E}$。

12. 设 $\boldsymbol{A},\boldsymbol{B}$ 均为 n 阶对称阵，且 $\boldsymbol{AB}=\boldsymbol{BA}$，证明：$\boldsymbol{AB}$ 为对称阵。

13. 判断下列矩阵是否可逆，如可逆，求其逆矩阵：

(1) $\begin{pmatrix}3 & 4\\4 & 5\end{pmatrix}$；　　(2) $\begin{pmatrix}1 & 0 & 0\\1 & 2 & 0\\1 & 2 & 3\end{pmatrix}$；

(3) $\begin{pmatrix}1 & -1 & 0\\2 & 2 & 1\\3 & 1 & 2\end{pmatrix}$；　　(4) $\begin{pmatrix}1 & 2 & 2 & 1\\0 & 1 & -1 & 0\\0 & 2 & 2 & 1\\0 & 3 & 1 & 2\end{pmatrix}$；

(5) $\begin{pmatrix}2 & 5 & 1 & 0\\1 & 3 & 0 & 1\\0 & 0 & 2 & 1\\0 & 0 & 1 & 1\end{pmatrix}$。

14. 解下列矩阵方程，求出未知矩阵 $\boldsymbol{x}$：

(1) $\begin{pmatrix}3 & 4\\4 & 5\end{pmatrix}\boldsymbol{x}=\begin{pmatrix}4 & -6\\-1 & 3\end{pmatrix}$；　　(2) $\boldsymbol{x}\begin{pmatrix}1 & 0 & 0\\1 & 2 & 0\\1 & 2 & 3\end{pmatrix}=\begin{pmatrix}2 & 0 & 1\\1 & 3 & 1\end{pmatrix}$；

(3) $\begin{pmatrix}2 & 5\\1 & 3\end{pmatrix}\boldsymbol{x}\begin{pmatrix}1 & -1 & 0\\2 & 2 & 1\\3 & 1 & 2\end{pmatrix}=\begin{pmatrix}1 & 2 & 1\\3 & 1 & 1\end{pmatrix}$。

15. 证明：如果 $\boldsymbol{A}^2=\boldsymbol{A}$，但 $\boldsymbol{A}\neq\boldsymbol{E}$，则 $\boldsymbol{A}$ 必为奇异方阵。

16. 设 $\boldsymbol{A},\boldsymbol{B},\boldsymbol{C}$ 为同阶矩阵，且 $\boldsymbol{C}$ 非奇异，满足 $\boldsymbol{C}^{-1}\boldsymbol{AC}=\boldsymbol{B}$，证明：$\boldsymbol{C}^{-1}\boldsymbol{A}^m\boldsymbol{C}=\boldsymbol{B}^m$ (m 是正整数)。

17. 设 $\boldsymbol{A}$ 为 n 阶方阵，且满足 $\boldsymbol{A}^2+2\boldsymbol{A}-4\boldsymbol{E}=\boldsymbol{O}$，证明：$(\boldsymbol{A}+3\boldsymbol{E})$ 可逆并求 $(\boldsymbol{A}+3\boldsymbol{E})^{-1}$。

18. 若 $\boldsymbol{A}^k=\boldsymbol{O}$（$k$ 为正整数），证明：$(\boldsymbol{E}-\boldsymbol{A})^{-1}=\boldsymbol{E}+\boldsymbol{A}+\boldsymbol{A}^2+\cdots+\boldsymbol{A}^{k-1}$。

19. 按指定分块的方法，用分块矩阵乘法求下列矩阵的乘积：

(1) $\left(\begin{array}{cc:c}1 & -2 & 0\\-1 & 1 & 1\\ \hdashline 0 & 3 & 2\end{array}\right)\left(\begin{array}{c:c}0 & 1\\1 & 0\\ \hdashline 0 & -1\end{array}\right)$；　　(2) $\left(\begin{array}{ccc}2 & 1 & -1\\ \hdashline 3 & 0 & -2\\ \hdashline 1 & -1 & 1\end{array}\right)\left(\begin{array}{c:c:c}1 & 1 & 0\\0 & 0 & -1\\-1 & 2 & 1\end{array}\right)$；

(3) $\left(\begin{array}{c|c|c} a_{11} & a_{12} & a_{13} \\ a_{21} & a_{22} & a_{23} \\ a_{31} & a_{23} & a_{33} \end{array}\right)\left(\begin{array}{c} x_1 \\ \hline x_2 \\ \hline x_3 \end{array}\right)$；　　(4) $\left(\begin{array}{cc|cc} a & 0 & 0 & 0 \\ 0 & a & 0 & 0 \\ \hline 1 & 0 & b & 0 \\ 0 & 1 & 0 & b \end{array}\right)\left(\begin{array}{cc|cc} 1 & 0 & c & 0 \\ 0 & 1 & 0 & c \\ \hline 0 & 0 & d & 0 \\ 0 & 0 & 0 & d \end{array}\right)$。

20. 设 $\boldsymbol{A},\boldsymbol{B},\boldsymbol{C}$ 均为 n 阶方阵，且 $\boldsymbol{A},\boldsymbol{B}$ 为可逆方阵，$\boldsymbol{M}$ 为 $2n$ 阶分块方阵，$\boldsymbol{M}=\begin{pmatrix} \boldsymbol{A} & \boldsymbol{C} \\ \boldsymbol{O} & \boldsymbol{B} \end{pmatrix}$，试证明：$\boldsymbol{N}=\begin{pmatrix} \boldsymbol{A}^{-1} & -\boldsymbol{A}^{-1}\boldsymbol{C}\boldsymbol{B}^{-1} \\ \boldsymbol{O} & \boldsymbol{B}^{-1} \end{pmatrix}$ 为 $\boldsymbol{M}$ 的逆矩阵 $\boldsymbol{M}^{-1}$。

21. 设 $\boldsymbol{A}=\begin{pmatrix} 2 & 5 & 1 & 0 \\ 1 & 3 & 0 & 1 \\ 0 & 0 & 2 & 1 \\ 0 & 0 & 1 & 1 \end{pmatrix}$，试用 20 题的方法求 $\boldsymbol{A}^{-1}$，并与 13 题的第(5) 题加以比较。

22. 利用初等行变换，将 $\boldsymbol{A}$ 变成行阶梯形，进而变成行最简形。

(1) $\boldsymbol{A}=\begin{pmatrix} 1 & 2 & 3 & 4 \\ 1 & -2 & 4 & 1 \\ 2 & 0 & 7 & 5 \end{pmatrix}$；　　(2) $\boldsymbol{A}=\begin{pmatrix} 0 & 4 & 2 \\ 2 & 1 & 0 \\ 1 & 1 & 2 \\ 3 & 7 & 1 \end{pmatrix}$。

23. 求 $\boldsymbol{A}=\begin{pmatrix} 2 & 1 & -1 & 1 & 2 \\ 1 & 2 & 1 & -1 & 1 \\ 1 & 1 & 1 & 0 & 1 \end{pmatrix}$ 的标准形 $\boldsymbol{S}$。

24. 将 $\boldsymbol{A}=\begin{pmatrix} 1 & 0 & 1 \\ 2 & 3 & 0 \\ 2 & 1 & 1 \end{pmatrix}$ 表示成初等矩阵的乘积。

25. 求下列矩阵的秩：

(1) $\begin{pmatrix} 1 & 1 & -2 & -1 \\ 3 & -1 & 1 & 4 \\ 1 & 5 & -9 & -8 \end{pmatrix}$；　　(2) $\begin{pmatrix} 1 & 2 & 2 & 1 \\ 1 & 0 & 1 & 1 \\ 3 & 1 & 2 & 2 \\ 3 & 3 & 0 & 1 \end{pmatrix}$。

26. 设 $\boldsymbol{A}=\begin{pmatrix} a & 1 & 1 \\ 1 & a & 1 \\ 1 & 1 & a \end{pmatrix}$，问(1)$\boldsymbol{A}$ 为满秩矩阵，a 取何值？(2) 当 a 为多少时，$\mathrm{r}(\boldsymbol{A})<3$ 并求 $\mathrm{r}(\boldsymbol{A})$。

27. 用初等变换的方法求 $\boldsymbol{A}^{-1}$：

(1) $\begin{pmatrix} 1 & 3 & 0 \\ 2 & 1 & 3 \\ 1 & 3 & 2 \end{pmatrix}$；

(2) $\begin{pmatrix} -2 & 1 & 1 & 1 \\ 1 & -2 & 1 & 1 \\ 1 & 1 & -2 & 1 \\ 1 & 1 & 1 & -2 \end{pmatrix}$；

(3) $\begin{pmatrix} & & & a_1 \\ & & a_2 & \\ & \iddots & & \\ a_n & & & \end{pmatrix}$。

28. 设$\boldsymbol{A}$为n阶可逆方阵，$\boldsymbol{A}^*$为其伴随阵，试证明：$\boldsymbol{A}^*$可逆，并求$(\boldsymbol{A}^*)^{-1}$。

第3章　向量组的线性相关性

向量组的线性相关与线性无关、极大无关组、秩等，都是线性代数中最基本最重要的概念，在线性代数及其他学科中有着广泛的应用。

本章的学习要点：使读者理解 n 维向量、向量的线性相关性、向量组的最大线性无关组以及向量组的秩等概念，掌握向量的线性运算、判别向量组线性相关性的基本方法。

3.1　n 维向量及其运算

3.1.1　n 维向量的概念

定义 3.1　由 n 个数 $a_1,a_2,\cdots,a_n$ 构成的有序数组称为 n 维向量，记作

$$\boldsymbol{\alpha}=(a_1,a_2,\cdots,a_n) \tag{3.1}$$

或

$$\boldsymbol{\alpha}=\begin{pmatrix} a_1 \\ a_2 \\ \vdots \\ a_n \end{pmatrix} \tag{3.2}$$

其中 a_i 称为向量 $\boldsymbol{\alpha}$ 的第 i 个分量。

向量写作式(3.1)的形式，称为行向量；写作式(3.2)的形式，称为列向量。列向量也可记作

$$\boldsymbol{\alpha}=(a_1,a_2,\cdots,a_n)^{\mathrm{T}} \tag{3.3}$$

如果向量的所有分量都是0，就称其为零向量，记作 $\mathbf{0}=(0,0,\cdots,0)^{\mathrm{T}}$。本书中，列向量用黑体小写字母 $\boldsymbol{a},\boldsymbol{b},\boldsymbol{\alpha}$ 和 $\boldsymbol{\beta}$ 等表示，行向量用 $\boldsymbol{a}^{\mathrm{T}},\boldsymbol{b}^{\mathrm{T}},\boldsymbol{\alpha}^{\mathrm{T}}$ 和 $\boldsymbol{\beta}^{\mathrm{T}}$ 等表示。所讨论的向量在没有指明是行向量还是列向量时，都当作列向量。

例如，$\boldsymbol{a}=(2,1,3,7,8)^{\mathrm{T}}$ 是一个五维列向量，$\boldsymbol{\beta}=(3,0,0)$ 是一个三维行向量。

在解析几何中，我们把"既有大小又有方向的量"称为向量，通常用有向直线段来表示一个向量。在引进坐标系后，这种向量就有了坐标表示式——三个有次序的实数即三维向量。对于 n 维向量而言，当 $n\leqslant 3$ 时，n 维向量有对应的几何形象，

但当 $n>3$ 时，n 维向量就没有这样直观的几何形象了。

在几何中，"空间"通常是点的集合，这样的空间叫做"点空间"。我们把三维向量的全体组成的集合

$$\mathbb{R}^3=\{\boldsymbol{r}=(x,y,z)^{\mathrm{T}}\mid x,y,z\in\mathbb{R}\}$$

称为三维向量空间。向量的集合 $\pi=\{\boldsymbol{r}=(x,y,z)^{\mathrm{T}}\mid ax+by+cz=d\}$ 称为向量空间 $\mathbb{R}^3$ 中的平面。

类似地，n 维向量的全体组成的集合 $\mathbb{R}^n=\{\boldsymbol{r}=(x_1,x_2,\cdots,x_n)^{\mathrm{T}}\mid x_1,x_2,\cdots,x_n\in\mathbb{R}\}$ 称为 n 维向量空间。向量的集合 $\pi=\{\boldsymbol{r}=(x_1,x_2,\cdots,x_n)^{\mathrm{T}}\mid a_1x_1+a_2x_2+\cdots a_nx_n=b\}$ 称为向量空间 $\mathbb{R}^n$ 中的 $n-1$ 维超平面。

3.1.2 n 维向量的运算

向量可以看作是特殊的矩阵。从下面关于向量的相等以及向量的线性运算(加法、减法、数乘运算)可以看出向量与矩阵定义的一致性。

定义 3.2 设有两个 n 维向量 $\boldsymbol{\alpha}=(a_1,a_2,\cdots,a_n)^{\mathrm{T}}$，$\boldsymbol{\beta}=(b_1,b_2,\cdots,b_n)^{\mathrm{T}}$ 和一个数 $k\in\mathbb{R}$，定义：

(1) $\boldsymbol{\alpha}=\boldsymbol{\beta}$，当且仅当 $a_i=b_i(i=1,2,\cdots,n)$ (两个向量相等)。

(2) $\boldsymbol{\alpha}+\boldsymbol{\beta}=(a_1+b_1,a_2+b_2,\cdots,a_n+b_n)^{\mathrm{T}}$(向量的和)。

(3) $k\boldsymbol{\alpha}=(ka_1,ka_2,\cdots,ka_n)^{\mathrm{T}}$(向量的数乘)。

(4) $-\boldsymbol{\alpha}=(-1)\boldsymbol{\alpha}=(-a_1,-a_2,\cdots,-a_n)^{\mathrm{T}}$(向量 $\boldsymbol{\alpha}$ 的负向量)。

(5) $\boldsymbol{\alpha}-\boldsymbol{\beta}=\boldsymbol{\alpha}+(-1)\boldsymbol{\beta}$(向量的减法)。

向量的加法和数乘运算称为向量的线性运算。

对任意 n 维向量 $\boldsymbol{\alpha},\boldsymbol{\beta},\boldsymbol{\gamma}$ 和任意实数 k 和 l，用定义容易验证它们满足下列运算规则：

(1) $\boldsymbol{\alpha}+\boldsymbol{\beta}=\boldsymbol{\beta}+\boldsymbol{\alpha}$(加法交换律)。

(2) $(\boldsymbol{\alpha}+\boldsymbol{\beta})+\gamma=\boldsymbol{\alpha}+(\boldsymbol{\beta}+\gamma)$(加法结合律)。

(3) 对任一个向量 $\boldsymbol{\alpha}$，有 $\boldsymbol{\alpha}+\mathbf{0}=\boldsymbol{\alpha}$。

(4) 对任一个向量 $\boldsymbol{\alpha}$，存在负向量 $-\boldsymbol{\alpha}$，使 $\boldsymbol{\alpha}+(-\boldsymbol{\alpha})=\mathbf{0}$。

(5) $1\cdot\boldsymbol{\alpha}=\boldsymbol{\alpha}$。

(6) $k(l\boldsymbol{\alpha})=(kl)\boldsymbol{\alpha}$(数乘结合律)。

(7) $k(\boldsymbol{\alpha}+\boldsymbol{\beta})=k\boldsymbol{\alpha}+k\boldsymbol{\beta}$(数乘分配律)。

(8) $(k+l)\boldsymbol{\alpha}=k\boldsymbol{\alpha}+l\boldsymbol{\alpha}$(数乘分配律)。

例 3.1 设 $\boldsymbol{\alpha}=(-1,4,0,-3)$，$\boldsymbol{\beta}=(-5,6,-4,1)$，求向量 $\boldsymbol{x}$，使 $3\boldsymbol{\alpha}-2\boldsymbol{x}=\boldsymbol{\beta}$。

解 由 $3\boldsymbol{\alpha}-2\boldsymbol{x}=\boldsymbol{\beta}$ 得 $3\boldsymbol{\alpha}-\boldsymbol{\beta}=2\boldsymbol{x}$，而

$$3\boldsymbol{\alpha}-\boldsymbol{\beta}=3(-1,4,0,-3)-(-5,6,-4,1)=(-3,12,0,-9)-(-5,6,-4,1)$$

$$= (2,6,4,-10)$$

所以 $\boldsymbol{x}=\frac{1}{2}(3\boldsymbol{\alpha}-\boldsymbol{\beta})=\frac{1}{2}(2,6,4,-10)=(1,3,2,-5)$。

3.2 向量组的线性相关性

3.2.1 向量组的线性相关与线性无关

若干个同维数的列向量(或同维数的行向量)所组成的集合称为向量组。

一个 $m\times n$ 矩阵 $\boldsymbol{A}=(a_{ij})$ 有 n 个 m 维列向量

$$\boldsymbol{a}_j=\begin{pmatrix}a_{1j}\\a_{2j}\\\vdots\\a_{mj}\end{pmatrix}\quad(j=1,2,\cdots,n)$$

它们组成的向量组 $\boldsymbol{a}_1,\boldsymbol{a}_2,\cdots,\boldsymbol{a}_n$ 称为矩阵 $\boldsymbol{A}$ 的列向量组。

一个 $m\times n$ 矩阵 $\boldsymbol{A}=(a_{ij})$ 又有 m 个 n 维行向量

$$\boldsymbol{\alpha}_i^{\mathrm{T}}=(a_{i1},a_{i2},\cdots,a_{in})\quad(i=1,2,\cdots,m)$$

它们组成的向量组 $\boldsymbol{\alpha}_1^{\mathrm{T}},\boldsymbol{\alpha}_2^{\mathrm{T}},\cdots,\boldsymbol{\alpha}_m^{\mathrm{T}}$ 称为矩阵 $\boldsymbol{A}$ 的行向量组。

反之,由有限个向量所组成的向量组可以构成一个矩阵。

m 个 n 维列向量组成的向量组 $\boldsymbol{a}_1,\boldsymbol{a}_2,\cdots,\boldsymbol{a}_m$ 构成一个 $n\times m$ 矩阵

$$\boldsymbol{A}=(\boldsymbol{a}_1,\boldsymbol{a}_2,\cdots,\boldsymbol{a}_m)$$

m 个 n 维行向量组成的向量组 $\boldsymbol{\alpha}_1^{\mathrm{T}},\boldsymbol{\alpha}_2^{\mathrm{T}},\cdots,\boldsymbol{\alpha}_m^{\mathrm{T}}$ 构成一个 $m\times n$ 矩阵

$$\boldsymbol{A}=\begin{pmatrix}\boldsymbol{\alpha}_1^{\mathrm{T}}\\\boldsymbol{\alpha}_2^{\mathrm{T}}\\\vdots\\\boldsymbol{\alpha}_m^{\mathrm{T}}\end{pmatrix}$$

定义 3.3 设向量组 $A:\boldsymbol{a}_1,\boldsymbol{a}_2,\cdots,\boldsymbol{a}_s$,对于任何一组实数 $k_1,k_2,\cdots,k_s$,称向量

$$k_1\boldsymbol{a}_1+k_2\boldsymbol{a}_2+\cdots+k_s\boldsymbol{a}_s$$

为向量组 A 的一个线性组合,$k_1,k_2,\cdots,k_s$ 称为这个线性组合的系数。

给定向量组 $A:\boldsymbol{a}_1,\boldsymbol{a}_2,\cdots,\boldsymbol{a}_s$ 和向量 $\boldsymbol{b}$,如果存在一组实数 $k_1,k_2,\cdots,k_s$ 使得

$$\boldsymbol{b}=k_1\boldsymbol{a}_1+k_2\boldsymbol{a}_2+\cdots+k_s\boldsymbol{a}_s$$

则称向量 $\boldsymbol{b}$ 是向量组 A 的一个线性组合,也称向量 $\boldsymbol{b}$ 可由向量组 A 线性表示。

例如,对于向量组 $\boldsymbol{\alpha}=(1,1,1),\boldsymbol{\beta}=(1,3,0),\boldsymbol{\gamma}=(2,4,1)$,有 $\boldsymbol{\alpha}=-\boldsymbol{\beta}+\boldsymbol{\gamma}$,即向量 $\boldsymbol{\alpha}$ 可由 $\boldsymbol{\beta},\boldsymbol{\gamma}$ 线性表示。

例 3.2 在 n 维向量空间 $\mathbb{R}^n$ 中，向量组

$$\boldsymbol{e}_1=(1,0,\cdots,0)^{\mathrm{T}},\boldsymbol{e}_2=(0,1,\cdots,0)^{\mathrm{T}},\cdots,\boldsymbol{e}_n=(0,0,\cdots,1)^{\mathrm{T}}$$

称为 n 维基本单位向量组。证明：任何一个 n 维向量 $\boldsymbol{a}=(a_1,a_2,\cdots,a_n)^{\mathrm{T}}$ 均可由基本单位向量组 $\boldsymbol{e}_1,\boldsymbol{e}_2,\cdots,\boldsymbol{e}_n$ 线性表示，即 $\boldsymbol{a}=a_1\boldsymbol{e}_1+a_2\boldsymbol{e}_2+\cdots+a_n\boldsymbol{e}_n$。

证 由向量的运算规则可得

$$\begin{aligned}a_1\boldsymbol{e}_1+a_2\boldsymbol{e}_2+\cdots+a_n\boldsymbol{e}_n&=a_1(1,0,\cdots,0)^{\mathrm{T}}+a_2(0,1,\cdots,0)^{\mathrm{T}}+\cdots+a_n(0,0,\cdots,1)^{\mathrm{T}}\\&=(a_1,0,\cdots,0)^{\mathrm{T}}+(0,a_2,\cdots,0)^{\mathrm{T}}+\cdots+(0,0,\cdots,a_n)^{\mathrm{T}}\\&=(a_1,a_2,\cdots,a_n)^{\mathrm{T}}=\boldsymbol{a}\end{aligned}$$

判断向量 $\boldsymbol{b}$ 是否可由向量组 A：$\boldsymbol{a}_1,\boldsymbol{a}_2,\cdots,\boldsymbol{a}_s$ 线性表示，可以转化为判断非齐次线性方程组

$$x_1\boldsymbol{a}_1+x_2\boldsymbol{a}_2+\cdots+x_s\boldsymbol{a}_s=\boldsymbol{b}$$

是否有解的问题。

例 3.3 设 $\boldsymbol{a}_1=(1,0,-1)^{\mathrm{T}},\boldsymbol{a}_2=(1,1,1)^{\mathrm{T}},\boldsymbol{a}_3=(3,1,-1)^{\mathrm{T}},\boldsymbol{a}_4=(5,3,1)^{\mathrm{T}}$，试判断 $\boldsymbol{a}_4$ 是否可由 $\boldsymbol{a}_1,\boldsymbol{a}_2,\boldsymbol{a}_3$ 线性表示？如果可以的话，求出一个线性表示式。

解 设有一组数 k_1,k_2,k_3，使 $\boldsymbol{a}_4=k_1\boldsymbol{a}_1+k_2\boldsymbol{a}_2+k_3\boldsymbol{a}_3$，即有

$$(5,3,1)^{\mathrm{T}}=(k_1+k_2+3k_3,k_2+k_3,-k_1+k_2-k_3)^{\mathrm{T}}$$

按向量相等的概念，即有

$$\begin{cases}k_1+k_2+3k_3=5\\ \quad\;\; k_2+\;k_3=3\\ -k_1+k_2-\;k_3=1\end{cases}$$

该方程组的一个解为 $k_1=2,k_2=3,k_3=0$。于是 $\boldsymbol{a}_4=2\boldsymbol{a}_1+3\boldsymbol{a}_2$，即 $\boldsymbol{a}_4$ 可由 $\boldsymbol{a}_1,\boldsymbol{a}_2,\boldsymbol{a}_3$ 线性表示。

定义 3.4 设有两个向量组 A：$\boldsymbol{a}_1,\boldsymbol{a}_2,\cdots,\boldsymbol{a}_m$ 和向量组 B：$\boldsymbol{b}_1,\boldsymbol{b}_2,\cdots,\boldsymbol{b}_s$，若 B 中的每个向量都能由向量组 A 线性表示，则称向量组 B 能由向量组 A 线性表示。若向量组 A 和向量组 B 能相互线性表示，则称这两个向量组等价。

把向量组 A 和向量组 B 所构成的矩阵依次记作 $\boldsymbol{A}=(\boldsymbol{a}_1,\boldsymbol{a}_2,\cdots,\boldsymbol{a}_m)$ 和 $\boldsymbol{B}=(\boldsymbol{b}_1,\boldsymbol{b}_2,\cdots,\boldsymbol{b}_s)$。向量组 B 能由向量组 A 线性表示，即对每个向量 $\boldsymbol{b}_j(j=1,2,\cdots,s)$ 存在数 $k_{1j},k_{2j},\cdots,k_{mj}$，使

$$\boldsymbol{b}_j=k_{1j}\boldsymbol{a}_1+k_{2j}\boldsymbol{a}_2+\cdots+k_{mj}\boldsymbol{a}_m=(\boldsymbol{a}_1,\boldsymbol{a}_2,\cdots,\boldsymbol{a}_m)\begin{pmatrix}k_{1j}\\k_{2j}\\\vdots\\k_{mj}\end{pmatrix}$$

从而$(\boldsymbol{b}_1,\boldsymbol{b}_2,\cdots,\boldsymbol{b}_s)=(\boldsymbol{a}_1,\boldsymbol{a}_2,\cdots,\boldsymbol{a}_m)\begin{pmatrix} k_{11} & k_{12} & \cdots & k_{1s} \\ k_{21} & k_{22} & \cdots & k_{2s} \\ \vdots & \vdots & & \vdots \\ k_{m1} & k_{m2} & \cdots & k_{ms} \end{pmatrix}$

这里，矩阵$\boldsymbol{K}_{m\times s}=(k_{ij})$称为这一线性表示的系数矩阵。

由此可知，若$\boldsymbol{C}_{m\times n}=\boldsymbol{A}_{m\times s}\boldsymbol{B}_{s\times n}$，则矩阵$\boldsymbol{C}$的列向量组能由矩阵$\boldsymbol{A}$的列向量组线性表示，$\boldsymbol{B}$为这一线性表示的系数矩阵：

$$(\boldsymbol{c}_1,\boldsymbol{c}_2,\cdots,\boldsymbol{c}_n)=(\boldsymbol{a}_1,\boldsymbol{a}_2,\cdots,\boldsymbol{a}_s)\begin{pmatrix} b_{11} & b_{12} & \cdots & b_{1n} \\ b_{21} & b_{22} & \cdots & b_{2n} \\ \vdots & \vdots & & \vdots \\ b_{s1} & b_{s2} & \cdots & b_{sn} \end{pmatrix}$$

同时，$\boldsymbol{C}$的行向量组能由矩阵$\boldsymbol{B}$的行向量组线性表示，$\boldsymbol{A}$为这一线性表示的系数矩阵：

$$\begin{pmatrix} \boldsymbol{\gamma}_1^{\mathrm{T}} \\ \boldsymbol{\gamma}_2^{\mathrm{T}} \\ \vdots \\ \boldsymbol{\gamma}_m^{\mathrm{T}} \end{pmatrix}=\begin{pmatrix} a_{11} & a_{12} & \cdots & a_{1s} \\ a_{21} & a_{22} & \cdots & a_{2s} \\ \vdots & \vdots & & \vdots \\ a_{m1} & a_{m2} & \cdots & a_{ms} \end{pmatrix}\begin{pmatrix} \boldsymbol{\beta}_1^{\mathrm{T}} \\ \boldsymbol{\beta}_2^{\mathrm{T}} \\ \vdots \\ \boldsymbol{\beta}_s^{\mathrm{T}} \end{pmatrix}$$

设矩阵$\boldsymbol{A}$经初等行变换变成矩阵$\boldsymbol{B}$，则$\boldsymbol{B}$的每个行向量是$\boldsymbol{A}$的行向量组的线性组合，即$\boldsymbol{B}$的行向量组能由$\boldsymbol{A}$的行向量组线性表示。由于初等行变换可逆，可知矩阵$\boldsymbol{B}$也能经初等行变换变成矩阵$\boldsymbol{A}$，即$\boldsymbol{A}$的行向量组也能由$\boldsymbol{B}$的行向量组线性表示。因此$\boldsymbol{A}$的行向量组和$\boldsymbol{B}$的行向量组等价。同理可知，若矩阵$\boldsymbol{A}$经初等列变换变成矩阵$\boldsymbol{B}$，则$\boldsymbol{A}$的列向量组和$\boldsymbol{B}$的列向量组等价。

定义 3.5 给定向量组A：$\boldsymbol{a}_1,\boldsymbol{a}_2,\cdots,\boldsymbol{a}_s$，如果存在一组不全为零的实数$k_1$，$k_2,\cdots,k_s$，使

$$k_1\boldsymbol{a}_1+k_2\boldsymbol{a}_2+\cdots+k_s\boldsymbol{a}_s=\boldsymbol{0} \tag{3.4}$$

则称向量组A**线性相关**，否则称向量组A**线性无关**。

向量组A：$\boldsymbol{a}_1,\boldsymbol{a}_2,\cdots,\boldsymbol{a}_s$线性无关当且仅当对每一组不全为零的实数$k_1$，$k_2,\cdots,k_s$，都使式(3.4)不成立，也即当且仅当式(3.4)成立时一定有$k_1=k_2=\cdots=k_s=0$。换言之，如果只有当$k_1=k_2=\cdots=k_s=0$时，式(3.4)才能成立，则称向量组A线性无关。

例 3.4 $\boldsymbol{a}_1=\begin{pmatrix}1\\2\\3\end{pmatrix}$，$\boldsymbol{a}_2=\begin{pmatrix}2\\4\\6\end{pmatrix}$，$\boldsymbol{a}_3=\begin{pmatrix}1\\3\\7\end{pmatrix}$是$\mathbb{R}^3$中三个向量，由于$\boldsymbol{a}_2=2\boldsymbol{a}_1$，因而有

$2\boldsymbol{a}_1+(-1)\boldsymbol{a}_2+0\boldsymbol{a}_3=\boldsymbol{0}$，系数 2，－1，0 不全为零，由上述定义可知 $\boldsymbol{a}_1,\boldsymbol{a}_2,\boldsymbol{a}_3$ 线性相关。

例 3.5 对于$\mathbb{R}^4$中的 5 个向量 $\boldsymbol{a}_1=\begin{pmatrix}1\\0\\0\\0\end{pmatrix},\boldsymbol{a}_2=\begin{pmatrix}0\\1\\0\\0\end{pmatrix},\boldsymbol{a}_3=\begin{pmatrix}0\\0\\1\\0\end{pmatrix},\boldsymbol{a}_4=\begin{pmatrix}0\\0\\0\\1\end{pmatrix},\boldsymbol{a}_5=\begin{pmatrix}1\\3\\-4\\1\end{pmatrix}$，显然，$\boldsymbol{a}_5$ 可用 $\boldsymbol{a}_1,\boldsymbol{a}_2,\boldsymbol{a}_3,\boldsymbol{a}_4$ 线性表出：

$$\boldsymbol{a}_5=\boldsymbol{a}_1+3\boldsymbol{a}_2-4\boldsymbol{a}_3+\boldsymbol{a}_4$$

即

$$\boldsymbol{a}_1+3\boldsymbol{a}_2-4\boldsymbol{a}_3+\boldsymbol{a}_4-\boldsymbol{a}_5=\boldsymbol{0}$$

其中，系数 1,3,－4,1,－1 不全为零，因而 $\boldsymbol{a}_1,\boldsymbol{a}_2,\boldsymbol{a}_3,\boldsymbol{a}_4,\boldsymbol{a}_5$ 线性相关。

例 3.6 设向量组 $\boldsymbol{\alpha}_1,\boldsymbol{\alpha}_2,\boldsymbol{\alpha}_3$ 线性无关，$\boldsymbol{\beta}_1=\boldsymbol{\alpha}_1+\boldsymbol{\alpha}_2,\boldsymbol{\beta}_2=\boldsymbol{\alpha}_2+\boldsymbol{\alpha}_3,\boldsymbol{\beta}_3=\boldsymbol{\alpha}_3+\boldsymbol{\alpha}_1$，试证明向量组 $\boldsymbol{\beta}_1,\boldsymbol{\beta}_2,\boldsymbol{\beta}_3$ 线性无关。

证 设数 k_1,k_2,k_3，使

$$k_1\boldsymbol{\beta}_1+k_2\boldsymbol{\beta}_2+k_3\boldsymbol{\beta}_3=\boldsymbol{0}$$

即

$$k_1(\boldsymbol{\alpha}_1+\boldsymbol{\alpha}_2)+k_2(\boldsymbol{\alpha}_2+\boldsymbol{\alpha}_3)+k_3(\boldsymbol{\alpha}_3+\boldsymbol{\alpha}_1)=\boldsymbol{0}$$

亦即

$$(k_1+k_3)\boldsymbol{\alpha}_1+(k_1+k_2)\boldsymbol{\alpha}_2+(k_2+k_3)\boldsymbol{\alpha}_3=\boldsymbol{0}$$

因为 $\boldsymbol{\alpha}_1,\boldsymbol{\alpha}_2,\boldsymbol{\alpha}_3$ 线性无关，所以 $\boldsymbol{\alpha}_1,\boldsymbol{\alpha}_2,\boldsymbol{\alpha}_3$ 的系数必为零。故有

$$\begin{cases}k_1+k_3=0\\k_1+k_2=0\\k_2+k_3=0\end{cases}$$

由于此方程组的系数行列式 $\begin{vmatrix}1&0&1\\1&1&0\\0&1&1\end{vmatrix}=2\neq0$，故方程组只有零解 $k_1=k_2=k_3=0$，所以向量组 $\boldsymbol{\beta}_1,\boldsymbol{\beta}_2,\boldsymbol{\beta}_3$ 线性无关。

3.2.2 线性相关性的几个重要结论

向量组 $\boldsymbol{a}_1,\boldsymbol{a}_2,\cdots,\boldsymbol{a}_m$ 是线性相关还是线性无关，通常是指 $m\geqslant2$ 的情形，但也适用于 $m=1$ 的情形。

当 $m=1$ 时，向量组只有一个向量 $\boldsymbol{\alpha}$。若 $\boldsymbol{\alpha}=\boldsymbol{0}$ 时，则对任一非零常数 k 均有 $k\boldsymbol{\alpha}=\boldsymbol{0}$；若 $\boldsymbol{\alpha}\neq\boldsymbol{0}$，则仅当 $k=0$ 时才有 $k\boldsymbol{\alpha}=\boldsymbol{0}$。由此可知：

如果一个向量组只含有一个向量，当这个向量是零向量时，这个向量组是线性相关的；而当这个向量是非零向量时，这个向量组是线性无关的。

当 $m=2$ 时，向量组有两个向量 $\boldsymbol{\alpha}=(a_1,a_2,\cdots,a_n)^{\mathrm{T}}$，$\boldsymbol{\beta}=(b_1,b_2,\cdots,b_n)^{\mathrm{T}}$。如果这两个向量线性相关，则有不全为零的数 k_1,k_2，使得 $k_1\boldsymbol{\alpha}+k_2\boldsymbol{\beta}=\mathbf{0}$。如果 $k_1\neq0$，则有 $\boldsymbol{\alpha}=-\frac{k_2}{k_1}\boldsymbol{\beta}$；如果 $k_2\neq0$，则有 $\boldsymbol{\beta}=-\frac{k_1}{k_2}\boldsymbol{\alpha}$，即 $a_i=-\frac{k_2}{k_1}b_i$ 或 $b_i=-\frac{k_1}{k_2}a_i$（$i=1,2,\cdots,n$）。因而两个向量线性相关的充分必要条件是它们的对应分量成比例。

定理 3.1 在一组同维向量中，如果有一部分向量线性相关，则该向量组必线性相关。

证 设向量组为 $\boldsymbol{a}_1,\boldsymbol{a}_2,\cdots,\boldsymbol{a}_r,\boldsymbol{a}_{r+1},\cdots,\boldsymbol{a}_m$，其中一部分向量线性相关，不妨设前 $r(r<m)$ 个向量 $\boldsymbol{a}_1,\boldsymbol{a}_2,\cdots,\boldsymbol{a}_r$ 线性相关，则必存在不全为零的实数 $k_1,k_2,\cdots,k_r$，使

$$k_1\boldsymbol{a}_1+k_2\boldsymbol{a}_2+\cdots+k_r\boldsymbol{a}_r=\mathbf{0}$$

成立。

取 $k_{r+1}=k_{r+2}=\cdots=k_m=0$，从而有

$$k_1\boldsymbol{a}_1+k_2\boldsymbol{a}_2+\cdots+k_r\boldsymbol{a}_r+k_{r+1}\boldsymbol{a}_{r+1}+\cdots+k_m\boldsymbol{a}_m=\mathbf{0}$$

由于 $k_1,k_2,\cdots,k_r,k_{r+1},\cdots,k_m$ 这 m 个数不全为零，所以 $\boldsymbol{a}_1,\boldsymbol{a}_2,\cdots,\boldsymbol{a}_r,\boldsymbol{a}_{r+1},\cdots,\boldsymbol{a}_m$ 线性相关。

推论 1 含有零向量的向量组必线性相关。

证 因为一个零向量线性相关，故由定理 3.1 得此推论。

推论 2 在一组同维向量中，若该组向量线性无关，则其中任一部分向量必线性无关。

利用反证法，由定理 3.1 可得推论 2 的结论。

定理 3.2 n 维向量组 $\boldsymbol{a}_1,\boldsymbol{a}_2,\cdots,\boldsymbol{a}_s(s\geqslant2)$ 线性相关的充分必要条件是其中至少有一个向量可由其余的 $s-1$ 个向量线性表示。

证 （必要性）设 $\boldsymbol{a}_1,\boldsymbol{a}_2,\cdots,\boldsymbol{a}_s$ 线性相关，由定义知，存在一组不全为零的数 $k_1,k_2,\cdots,k_s$，使得

$$k_1\boldsymbol{a}_1+k_2\boldsymbol{a}_2+\cdots+k_s\boldsymbol{a}_s=\mathbf{0}$$

由于 $k_1,k_2,\cdots,k_s$ 不全为零，不妨设 $k_i\neq0$，于是

$$\boldsymbol{a}_i=-\frac{k_1}{k_i}\boldsymbol{a}_1-\cdots-\frac{k_{i-1}}{k_i}\boldsymbol{a}_{i-1}-\frac{k_{i+1}}{k_i}\boldsymbol{a}_{i+1}-\cdots-\frac{k_s}{k_i}\boldsymbol{a}_s$$

即 $\boldsymbol{a}_i$ 可由其余的 $s-1$ 个向量线性表出。

（充分性）不妨设向量 $\boldsymbol{a}_i$ 可由其余 $s-1$ 个向量线性表出，即

$$\boldsymbol{a}_i=\lambda_1\boldsymbol{a}_1+\cdots+\lambda_{i-1}\boldsymbol{a}_{i-1}+\lambda_{i+1}\boldsymbol{a}_{i+1}+\cdots+\lambda_s\boldsymbol{a}_s$$

于是

$$\lambda_1 \boldsymbol{a}_1 + \cdots + \lambda_{i-1} \boldsymbol{a}_{i-1} + (-1)\boldsymbol{a}_i + \lambda_{i+1} \boldsymbol{a}_{i+1} + \cdots + \lambda_s \boldsymbol{a}_s = \boldsymbol{0}$$

由于系数 $\lambda_1, \cdots, \lambda_{i-1}, (-1), \lambda_{i+1}, \cdots, \lambda_s$ 不全为零(至少 $\lambda_i = -1 \neq 0$)，所以向量组 $\boldsymbol{a}_1, \boldsymbol{a}_2, \cdots, \boldsymbol{a}_s$ 线性相关。

此定理表明：当向量个数 $s \geqslant 2$ 时，线性相关与线性表示是等价的。

推论 若向量组 $\boldsymbol{a}_1, \boldsymbol{a}_2, \cdots, \boldsymbol{a}_s$ 线性无关，则该向量组中任一个向量均不可由其余向量线性表示。

此推论由反证法即可证得。

定理 3.3 设 $m \leqslant n$，则 n 维向量组 $A: \boldsymbol{a}_1, \boldsymbol{a}_2, \cdots, \boldsymbol{a}_m$ 线性无关的充分必要条件是它构成的矩阵 $\mathbf{A} = (\boldsymbol{a}_1, \boldsymbol{a}_2, \cdots, \boldsymbol{a}_m)$ 的秩等于向量的个数 m，即 $\mathrm{r}(\mathbf{A}) = m$。

证明 (充分性) $\mathrm{r}(\mathbf{A}) = m$，即 $\mathbf{A}$ 中至少有一个 m 阶子式不为零。不妨设 $\mathbf{A}$ 左上角的 m 阶子式不为零(否则，可以通过初等变换将矩阵变换成左上角的 m 阶子式不为零)，即

$$|\mathbf{A}_m| = \begin{vmatrix} a_{11} & a_{12} & \cdots & a_{1m} \\ a_{21} & a_{22} & \cdots & a_{2m} \\ \vdots & \vdots & & \vdots \\ a_{m1} & a_{m2} & \cdots & a_{mm} \end{vmatrix} \neq 0$$

则向量组 $\boldsymbol{a}_1, \boldsymbol{a}_2, \cdots, \boldsymbol{a}_m$ 必线性无关。否则，若 $\boldsymbol{a}_1, \boldsymbol{a}_2, \cdots, \boldsymbol{a}_m$ 线性相关，则 $\mathbf{A}$ 中至少有一列向量可由其余列向量线性表示，即

$$\boldsymbol{a}_i = k_1 \boldsymbol{a}_1 + k_2 \boldsymbol{a}_2 + \cdots + k_{i-1} \boldsymbol{a}_{i-1} + k_{i+1} \boldsymbol{a}_{i+1} + \cdots + k_m \boldsymbol{a}_m$$

从而有 $\boldsymbol{a}_i - k_1 \boldsymbol{a}_1 - k_2 \boldsymbol{a}_2 - \cdots - k_{i-1} \boldsymbol{a}_{i-1} - k_{i+1} \boldsymbol{a}_{i+1} - \cdots - k_m \boldsymbol{a}_m = \boldsymbol{0}$。即将 $\mathbf{A}$ 的第 $1, 2, \cdots, i-1, i+1, \cdots, m$ 列分别乘以 $-k_1, -k_2, \cdots, -k_{i-1}, -k_{i+1}, \cdots, -k_m$ 都相应加到第 i 列上去，使第 i 列的元素全为零，于是 $|\mathbf{A}_m| = 0$，与已知矛盾。

(必要性)(反证法) 设 $\boldsymbol{a}_1, \boldsymbol{a}_2, \cdots, \boldsymbol{a}_m$ 线性无关，假设 $\mathrm{r}(\mathbf{A}) = r < m$，则 $\mathbf{A}$ 中至少有一个 r 阶子式不为零，不妨设它在 $\mathbf{A}$ 的左上角，即

$$D_r = \begin{vmatrix} a_{11} & a_{12} & \cdots & a_{1r} \\ a_{21} & a_{22} & \cdots & a_{2r} \\ \vdots & \vdots & & \vdots \\ a_{r1} & a_{r2} & \cdots & a_{rr} \end{vmatrix} \neq 0$$

考虑以下的 n 个 $r+1$ 阶行列式

$$|\mathbf{A}_t| = \begin{vmatrix} a_{11} & \cdots & a_{1r} & a_{1k} \\ \vdots & & \vdots & \vdots \\ a_{r1} & \cdots & a_{rr} & a_{rk} \\ a_{t1} & \cdots & a_{tr} & a_{tk} \end{vmatrix} \quad (t = 1, 2, \cdots, n; r < k \leqslant m)$$

它们分别是由 D_r 的元素加上 $\boldsymbol{A}$ 中第 t 行与第 k 列相应元素组成的行列式。

显然，当 $t=1,2,\cdots,r$ 时，$|\boldsymbol{A}_1|=|\boldsymbol{A}_2|=\cdots=|\boldsymbol{A}_r|=0$（行列式有两行元素对应相同）。

当 $t=r+1,r+2,\cdots,n$ 时，$|\boldsymbol{A}_{r+1}|,|\boldsymbol{A}_{r+2}|,\cdots,|\boldsymbol{A}_n|$ 均是 $\boldsymbol{A}$ 的 $r+1$ 阶子式。由于 $\boldsymbol{A}$ 的秩为 r，故 $\boldsymbol{A}$ 的所有 $r+1$ 阶子式都为零，从而也有 $|\boldsymbol{A}_{r+1}|=|\boldsymbol{A}_{r+2}|=\cdots=|\boldsymbol{A}_n|=0$。

现将行列式 $|\boldsymbol{A}_1|,|\boldsymbol{A}_2|,\cdots,|\boldsymbol{A}_n|$ 按最后一行展开，显然每个行列式最后一行元素的代数余子式对应相等，这些代数余子式分别记作 $B_1,B_2,\cdots,B_r,B_{r+1}$，而 $B_{r+1}=D_r\neq0$，则有

$$\begin{cases}a_{11}B_1+a_{12}B_2+\cdots+a_{1r}B_r+a_{1k}D_r=0\\a_{21}B_1+a_{22}B_2+\cdots+a_{2r}B_r+a_{2k}D_r=0\\\quad\vdots\qquad\quad\vdots\qquad\qquad\quad\vdots\qquad\quad\vdots\qquad\vdots\\a_{n1}B_1+a_{n2}B_2+\cdots+a_{nr}B_r+a_{nk}D_r=0\end{cases}$$

写成向量形式，即为

$$B_1\boldsymbol{a}_1+B_2\boldsymbol{a}_2+\cdots+B_r\boldsymbol{a}_r+D_r\boldsymbol{a}_k=\boldsymbol{0}$$

因为至少有 $D_r\neq0$，故得 $\boldsymbol{a}_1,\boldsymbol{a}_2,\cdots,\boldsymbol{a}_r,\boldsymbol{a}_k$ 线性相关。由定理 3.1 即可知 $\boldsymbol{a}_1,\boldsymbol{a}_2,\cdots,\boldsymbol{a}_r,\cdots,\boldsymbol{a}_m$ 线性相关，与已知矛盾。故 $\mathrm{r}(\boldsymbol{A})=m$。

由此定理及其证明过程立即可得

推论　设 $m\leqslant n$，则 n 维向量组 $A:a_1,a_2,\cdots,a_m$ 线性相关的充分必要条件是它构成的矩阵 $\boldsymbol{A}=(\boldsymbol{a}_1,\boldsymbol{a}_2,\cdots,\boldsymbol{a}_m)$ 的秩小于向量的个数 m，即 $\mathrm{r}(\boldsymbol{A})<m$。

因此，一个向量组的线性相关性可通过研究矩阵的秩来实现，而矩阵的秩可通过初等变换来确定。这将给判别向量组的线性相关性带来极大方便。

例 3.7　证明 n 维基本单位向量组 $\boldsymbol{e}_1,\boldsymbol{e}_2,\cdots,\boldsymbol{e}_n$ 线性无关。

证　因为由 n 维基本单位向量组构成的矩阵

$$\boldsymbol{E}=(\boldsymbol{e}_1,\boldsymbol{e}_2,\cdots,\boldsymbol{e}_n)$$

是 n 阶单位矩阵，由 $|\boldsymbol{E}|=1\neq0$，知 $\mathrm{r}(\boldsymbol{E})=n$，即 $\mathrm{r}(\boldsymbol{E})$ 等于向量组中向量的个数，所以由定理 3.3 知 n 维基本单位向量组线性无关。

例 3.8　$\boldsymbol{A}$ 是 n 阶矩阵，$\boldsymbol{\alpha}$ 是 n 维向量，若 $\boldsymbol{A}^{m-1}\boldsymbol{\alpha}\neq\boldsymbol{0}$，$\boldsymbol{A}^m\boldsymbol{\alpha}=\boldsymbol{0}$。证明：$\boldsymbol{\alpha},\boldsymbol{A}\boldsymbol{\alpha},\cdots,\boldsymbol{A}^{m-1}\boldsymbol{\alpha}$ 线性无关。

证　设

$$k_1\boldsymbol{\alpha}+k_2\boldsymbol{A}\boldsymbol{\alpha}+\cdots+k_m\boldsymbol{A}^{m-1}\boldsymbol{\alpha}=\boldsymbol{0}\tag{3.5}$$

用 $\boldsymbol{A}^{m-1}$ 左乘式(3.5)的两边，有

$$k_1\boldsymbol{A}^{m-1}\boldsymbol{\alpha}+k_2\boldsymbol{A}^m\boldsymbol{\alpha}+\cdots+k_m\boldsymbol{A}^{2m-2}\boldsymbol{\alpha}=\boldsymbol{0}\tag{3.6}$$

由于 $\boldsymbol{A}^m\boldsymbol{\alpha}=\boldsymbol{0}$ 知 $\boldsymbol{A}^{m+1}\boldsymbol{\alpha}=\boldsymbol{A}^{m+2}\boldsymbol{\alpha}=\cdots=\boldsymbol{A}^{2m-2}\boldsymbol{\alpha}=\boldsymbol{0}$，式(3.6)变成 $k_1\boldsymbol{A}^{m-1}\boldsymbol{\alpha}=\boldsymbol{0}$。又因

$\boldsymbol{A}^{m-1}\boldsymbol{\alpha}\neq\boldsymbol{0}$，故 $k_1=0$。类似地，用 $\boldsymbol{A}^{m-2}$ 左乘式(3.5)两边，有

$$k_2\boldsymbol{A}^{m-1}\boldsymbol{\alpha}+k_3\boldsymbol{A}^{m}\boldsymbol{\alpha}+\cdots+k_m\boldsymbol{A}^{2m-3}\boldsymbol{\alpha}=\boldsymbol{0}$$

可知 $k_2=0$。依次类推可得 $k_1=k_2=\cdots=k_m=0$，从而 $\boldsymbol{\alpha},\boldsymbol{A\alpha},\cdots,\boldsymbol{A}^{m-1}\boldsymbol{\alpha}$ 线性无关。

例 3.9 已知 $\boldsymbol{b}_1=(1,-3,1)^{\mathrm{T}}$，$\boldsymbol{b}_2=(-1,2,-2)^{\mathrm{T}}$，$\boldsymbol{b}_3=(1,-1,3)^{\mathrm{T}}$，试讨论向量组 $\boldsymbol{b}_1,\boldsymbol{b}_2,\boldsymbol{b}_3$ 和向量组 $\boldsymbol{b}_1,\boldsymbol{b}_2$ 的线性相关性。

解 $$(\boldsymbol{b}_1,\ \boldsymbol{b}_2,\ \boldsymbol{b}_3)=\begin{pmatrix}1&-1&1\\-3&2&-1\\1&-2&3\end{pmatrix}\xrightarrow{r_3-r_2}\begin{pmatrix}1&-1&1\\0&-1&2\\0&-1&2\end{pmatrix}\xrightarrow[r_3+5r_2]{r_2-r_3}$$

$\begin{pmatrix}1&-1&1\\0&-1&2\\0&0&0\end{pmatrix}$，$\mathrm{r}(\boldsymbol{b}_1,\boldsymbol{b}_2,\boldsymbol{b}_3)=2$，向量组 $\boldsymbol{b}_1,\boldsymbol{b}_2,\boldsymbol{b}_3$ 线性相关；$\mathrm{r}(\boldsymbol{b}_1,\boldsymbol{b}_2)=2$，向量组 $\boldsymbol{b}_1,\boldsymbol{b}_2$ 线性无关。

线性相关性是向量组的一个重要性质，下面介绍一些常用的结论：

性质 3.1 设 $\boldsymbol{a}_j=\begin{pmatrix}a_{1j}\\a_{2j}\\\vdots\\a_{rj}\end{pmatrix}$，$\boldsymbol{b}_j=\begin{pmatrix}a_{1j}\\a_{2j}\\\vdots\\a_{rj}\\a_{r+1,j}\end{pmatrix}$ $(j=1,2,\cdots,m)$，若向量组 A：$\boldsymbol{a}_1,\boldsymbol{a}_2,\cdots,\boldsymbol{a}_m$ 线性无关，则向量组 B：$\boldsymbol{b}_1,\boldsymbol{b}_2,\cdots,\boldsymbol{b}_m$ 也线性无关。

证 记 $\boldsymbol{A}_{r\times m}=(\boldsymbol{a}_1,\boldsymbol{a}_2,\cdots,\boldsymbol{a}_m)$，$\boldsymbol{B}_{(r+1)\times m}=(\boldsymbol{b}_1,\boldsymbol{b}_2,\cdots,\boldsymbol{b}_m)$，则有 $\mathrm{r}(\boldsymbol{A})\leqslant\mathrm{r}(\boldsymbol{B})$。若向量组 A：$\boldsymbol{a}_1,\boldsymbol{a}_2,\cdots,\boldsymbol{a}_m$ 线性无关，则 $\mathrm{r}(\boldsymbol{A})=m$。又因为 $m=\mathrm{r}(\boldsymbol{A})\leqslant\mathrm{r}(\boldsymbol{B})\leqslant m$，故 $\mathrm{r}(\boldsymbol{B})=m$，所以向量组 B：$\boldsymbol{b}_1,\boldsymbol{b}_2,\cdots,\boldsymbol{b}_m$ 也线性无关。

性质 3.2 m 个 n 维向量组成的向量组，当维数 n 小于向量的个数 m 时一定线性相关。

证 设向量组 A：$\boldsymbol{a}_1,\boldsymbol{a}_2,\cdots,\boldsymbol{a}_m$ 是 n 维向量组，则 $\mathrm{r}(\boldsymbol{A})\leqslant\min\{m,n\}$。由维数 n 小于向量的个数 m，因此 $\mathrm{r}(\boldsymbol{A})\leqslant\min\{m,n\}=n<m$，从而向量组 A 线性相关。

由性质 3.2 即知，**$n+1$ 个 n 维向量必线性相关。**

性质 3.3 设 n 维向量 $\boldsymbol{a}_1,\boldsymbol{a}_2,\cdots,\boldsymbol{a}_s$ 线性无关，而 $\boldsymbol{a}_1,\boldsymbol{a}_2,\cdots,\boldsymbol{a}_s,\boldsymbol{b}$ 线性相关，则 $\boldsymbol{b}$ 可由 $\boldsymbol{a}_1,\boldsymbol{a}_2,\cdots,\boldsymbol{a}_s$ 线性表出，且表示法唯一。

证 由 $\boldsymbol{a}_1,\boldsymbol{a}_2,\cdots,\boldsymbol{a}_s,\boldsymbol{b}$ 线性相关知，存在一组不全为零的数 $k_1,k_2,\cdots,k_s,k_{s+1}$，使

$$k_1\boldsymbol{a}_1+k_2\boldsymbol{a}_2+\cdots+k_s\boldsymbol{a}_s+k_{s+1}\boldsymbol{b}=\boldsymbol{0}$$

假如 $k_{s+1}=0$，上式成为

$$k_1\boldsymbol{a}_1+k_2\boldsymbol{a}_2+\cdots+k_s\boldsymbol{a}_s=\boldsymbol{0}$$

此时 $k_1,k_2,\cdots,k_s$ 不全为零，得到 $\boldsymbol{a}_1,\boldsymbol{a}_2,\cdots,\boldsymbol{a}_s$ 线性相关，这与题设矛盾。因此 $k_{s+1}\neq 0$，于是有

$$\boldsymbol{b}=-\frac{k_1}{k_{s+1}}\boldsymbol{a}_1-\frac{k_2}{k_{s+1}}\boldsymbol{a}_2-\cdots-\frac{k_s}{k_{s+1}}\boldsymbol{a}_s$$

再证唯一性。设有两个表示

$$\boldsymbol{b}=k_1\boldsymbol{a}_1=k_2\boldsymbol{a}_2+\cdots+k_s\boldsymbol{a}_s,\boldsymbol{b}=l_1\boldsymbol{a}_1+l_2\boldsymbol{a}_2+\cdots+l_s\boldsymbol{a}_s$$

两式相减，可得

$$(k_1-l_1)\boldsymbol{a}_1+(k_2-l_2)\boldsymbol{a}_2+\cdots+(k_s-l_s)\boldsymbol{a}_s=\boldsymbol{0}$$

因为 $\boldsymbol{a}_1,\boldsymbol{a}_2,\cdots,\boldsymbol{a}_s$ 线性无关，所以

$$k_1-l_1=0,k_2-l_2=0,\cdots,k_s-l_s=0$$

即 $k_1=l_1,k_2=l_2,\cdots,k_s=l_s$，故表示式唯一。

例 3.10 k 取何值时，向量组 $\boldsymbol{a}_1=(1,3,6,2)^{\mathrm{T}},\boldsymbol{a}_2=(2,1,2,-1)^{\mathrm{T}},\boldsymbol{a}_3=(1,-1,k,-2)^{\mathrm{T}}$ 线性无关？

解 构造矩阵 $(\boldsymbol{a}_1,\boldsymbol{a}_2,\boldsymbol{a}_3)$，由于

$$(\boldsymbol{a}_1,\boldsymbol{a}_2,\boldsymbol{a}_3)=\begin{pmatrix}1&2&1\\3&1&-1\\6&2&k\\2&-1&-2\end{pmatrix}\xrightarrow[r_4-2r_1]{\substack{r_2-3r_1\\r_3-6r_1}}\begin{pmatrix}1&2&1\\0&-5&-4\\0&-10&k-6\\0&-5&-4\end{pmatrix}\xrightarrow[r_4-r_2]{r_3-2r_2}\begin{pmatrix}1&2&1\\0&-5&-4\\0&0&k+2\\0&0&0\end{pmatrix}$$

当 $k\neq-2$ 时，矩阵的秩等于 3，等于向量的个数，$\boldsymbol{a}_1,\boldsymbol{a}_2,\boldsymbol{a}_3$ 线性无关。

3.3 向量组的秩

由例 3.2 可知$\mathbb{R}^n$中任何向量 $\boldsymbol{a}=(a_1,a_2,\cdots,a_n)^{\mathrm{T}}$ 均可由 n 维基本单位向量 $\boldsymbol{e}_1,\boldsymbol{e}_2,\cdots,\boldsymbol{e}_n$ 线性表出为：$\boldsymbol{a}=a_1\boldsymbol{e}_1+a_2\boldsymbol{e}_2+\cdots+a_n\boldsymbol{e}_n$。$\boldsymbol{e}_1,\boldsymbol{e}_2,\cdots,\boldsymbol{e}_n$ 这 n 个向量显然是线性无关的，既然$\mathbb{R}^n$中含有 n 个线性无关的向量，而且其中任意 $n+1$ 个向量都线性相关，说明$\mathbb{R}^n$中能找到的线性无关的部分向量组所含向量个数的最大值为 n。不仅其中 n 个基本单位向量所组成的部分无关向量组具有能表示所有 n 维向量这样的性质，而且可以证明，$\mathbb{R}^n$中任何 n 个线性无关的部分组也都可以表示其他向量，而且表示方式唯一。这在一定程度上把对含有无穷多向量的$\mathbb{R}^n$的研究转化为对含有 n 个向量的向量组的研究。

对于一般向量组也可以考虑类似的问题：首先考虑给定向量组是线性相关还是线性无关。当它是线性相关的时候，我们也需要进一步研究其中最多有多少个向量所组成的部分组是线性无关的。

定义 3.6 给定向量组 A：$\boldsymbol{a}_1,\boldsymbol{a}_2,\cdots,\boldsymbol{a}_s$，如果

(1) 向量组 A 中存在 r 个线性无关的向量 A_0：$\boldsymbol{a}_1,\boldsymbol{a}_2,\cdots,\boldsymbol{a}_r$。

(2) 向量组 A 中任意 $r+1$ 个向量(如果存在的话)都线性相关。

那么向量组 A_0 称为向量组 A 的一个最大线性无关组(简称最大无关组)，数 r 称为向量组 A 的秩，记作秩$(\boldsymbol{a}_1,\boldsymbol{a}_2,\cdots,\boldsymbol{a}_s)=r$，或 $\mathrm{r}(\boldsymbol{a}_1,\boldsymbol{a}_2,\cdots,\boldsymbol{a}_s)=r$。

由定义不难看出，若秩$(\boldsymbol{a}_1,\boldsymbol{a}_2,\cdots,\boldsymbol{a}_s)=r$，则其中任意 r 个线性无关的向量都是一个最大线性无关组。

只含零向量的向量组没有最大线性无关组，规定它的秩为 0。

例 3.11 设有向量组 A：$\boldsymbol{a}_1=(1,1,1)^{\mathrm{T}}$，$\boldsymbol{a}_2=(1,3,0)^{\mathrm{T}}$，$\boldsymbol{a}_3=(2,4,1)^{\mathrm{T}}$，试求向量组 A 的最大无关组。

解 因为向量 $\boldsymbol{a}_1,\boldsymbol{a}_2$ 的对应分量不成比例，所以向量 $\boldsymbol{a}_1,\boldsymbol{a}_2$ 线性无关。又因为 $\boldsymbol{a}_3=\boldsymbol{a}_1+\boldsymbol{a}_2$ 可由 $\boldsymbol{a}_1,\boldsymbol{a}_2$ 线性表示，因而向量组 $\boldsymbol{a}_1,\boldsymbol{a}_2,\boldsymbol{a}_3$ 线性相关，所以 $\boldsymbol{a}_1,\boldsymbol{a}_2$ 是向量组 A 的一个最大无关组。类似地讨论可得：$\boldsymbol{a}_2,\boldsymbol{a}_3$ 及 $\boldsymbol{a}_1,\boldsymbol{a}_3$ 也是向量组 A 的最大无关组。

这就说明给定一个向量组后，它的最大无关组可以不唯一。

例 3.12 n 维基本单位向量组 $\boldsymbol{e}_1,\boldsymbol{e}_2,\cdots,\boldsymbol{e}_n$ 是$\mathbb{R}^n$一个最大无关组。因为向量组 $\boldsymbol{e}_1,\boldsymbol{e}_2,\cdots,\boldsymbol{e}_n$ 是线性无关的，而 $n+1$ 个 n 维向量必线性相关。

按定义 3.6 可知，如果向量组 A 线性无关，那么 A 的最大无关组就是它自己，向量组 A 的秩就等于 A 中所含向量的个数。反之，如果向量组 A 的秩等于 A 中所含向量的个数，那么向量组 A 必线性无关。因此，

向量组线性无关的充要条件是它的秩等于它所含向量的个数。

定义 3.7 矩阵 $\boldsymbol{A}=(a_{ij})_{m\times n}$的 n 个列向量组成的向量组的秩称为 $\boldsymbol{A}$ 的列秩；$\boldsymbol{A}$ 的 m 个行向量组成的向量组的秩称为 $\boldsymbol{A}$ 的行秩。

当 n 个列向量组成的列向量组线性无关时，$\boldsymbol{A}$ 的列秩$=n$；当 m 个行向量组成的行向量组线性无关时，$\boldsymbol{A}$ 的行秩$=m$。

定理 3.4 对于任一矩阵 $\boldsymbol{A}=(a_{ij})_{m\times n}$，都有：$\boldsymbol{A}$ 的行秩$=\boldsymbol{A}$ 的列秩$=\boldsymbol{A}$ 的秩(证明略)。

结合向量组等价的概念，即可证明向量组的最大无关组具有下述性质：

性质 3.4 向量组与它的最大无关组等价。

证 不妨设向量组 A 与它的一个最大无关组 A_0 分别为

A：$\boldsymbol{a}_1,\boldsymbol{a}_2,\cdots,\boldsymbol{a}_r,\boldsymbol{a}_{r+1},\cdots,\boldsymbol{a}_m$，$A_0$：$\boldsymbol{a}_1,\boldsymbol{a}_2,\cdots,\boldsymbol{a}_r$。

(1) 因为对于 A_0 中任一向量 $\boldsymbol{a}_i(1\leqslant i\leqslant r)$ 都有

$$\boldsymbol{a}_i=0\boldsymbol{a}_1+\cdots+1\boldsymbol{a}_i+\cdots+0\boldsymbol{a}_r+0\boldsymbol{a}_{r+1}+\cdots0\boldsymbol{a}_m$$

所以向量组 A_0 可由向量组 A 线性表示。

(2) 按定义，A 中任意 $r+1$ 个向量都线性相关。因此在 A 中任取一向量 $\boldsymbol{a}_i$，

$\boldsymbol{a}_1,\boldsymbol{a}_2,\cdots,\boldsymbol{a}_r,\boldsymbol{a}_i$ 这 $r+1$ 个向量线性相关，而 $\boldsymbol{a}_1,\boldsymbol{a}_2,\cdots,\boldsymbol{a}_r$ 线性无关，由上节性质3.3知道 $\boldsymbol{a}_i$ 能由 $\boldsymbol{a}_1,\boldsymbol{a}_2,\cdots,\boldsymbol{a}_r$ 线性表示。因此，向量组 A 中的任一向量都能由向量组 A_0 线性表示，即向量组 A 能由向量组 A_0 线性表示。

综合(1)、(2)可知，向量组 A 与向量组 A_0 等价。

例 3.13 求向量组 $\boldsymbol{a}_1=(1,-1,0,0)^{\mathrm{T}},\boldsymbol{a}_2=(-1,2,1,-1)^{\mathrm{T}},\boldsymbol{a}_3=(0,1,1,-1)^{\mathrm{T}},\boldsymbol{a}_4=(-1,3,2,1)^{\mathrm{T}},\boldsymbol{a}_5=(-2,6,4,-1)^{\mathrm{T}}$ 的最大线性无关组，并将其余向量用最大线性无关组线性表示。

解 设 $\boldsymbol{A}=(\boldsymbol{a}_1,\boldsymbol{a}_2,\boldsymbol{a}_3,\boldsymbol{a}_4,\boldsymbol{a}_5)=\begin{pmatrix}1&-1&0&-1&-2\\-1&2&1&3&6\\0&1&1&2&4\\0&-1&-1&1&-1\end{pmatrix}$。对 $\boldsymbol{A}$ 作初等行变换，将其化为行阶梯形矩阵，即

$$\boldsymbol{A}\xrightarrow{r_2+r_1}\begin{pmatrix}1&-1&0&-1&-2\\0&1&1&2&4\\0&1&1&2&4\\0&-1&-1&1&-1\end{pmatrix}\xrightarrow[r_3\leftrightarrow r_4]{\substack{r_3-r_2\\r_4+r_2}}\begin{pmatrix}1&-1&0&-1&-2\\0&1&1&2&4\\0&0&0&3&3\\0&0&0&0&0\end{pmatrix}$$

$$\xrightarrow{r_3\times\frac{1}{3}}\begin{pmatrix}1&-1&0&-1&-2\\0&1&1&2&4\\0&0&0&1&1\\0&0&0&0&0\end{pmatrix}\xrightarrow[r_1+r_2]{\substack{r_2-2r_3\\r_1+r_3}}\begin{pmatrix}1&0&1&0&1\\0&1&1&0&2\\0&0&0&1&1\\0&0&0&0&0\end{pmatrix}$$

故 $\mathrm{r}(\boldsymbol{A})=3$。该行阶梯形矩阵每个非零行第一个非零元所在的列为第1,2,4列，所以，向量组的一个最大线性无关组为 $\boldsymbol{a}_1,\boldsymbol{a}_2,\boldsymbol{a}_4$，且

$\boldsymbol{a}_3=\boldsymbol{a}_1+\boldsymbol{a}_2,\boldsymbol{a}_5=\boldsymbol{a}_1+2\boldsymbol{a}_2+\boldsymbol{a}_4$。

性质 3.5 一个向量组的任意两个最大无关组(如果存在的话)是等价的。

证 设向量组 A 的两个最大无关组为 A_1,A_2，由性质3.4知，向量组 A_1 与 A_2 都与向量组 A 等价，由等价关系的传递性即知向量组 A_1 与向量组 A_2 等价。

定理 3.5 设有两个向量组 $A:\boldsymbol{a}_1,\boldsymbol{a}_2,\cdots,\boldsymbol{a}_m$，$B:\boldsymbol{b}_1,\boldsymbol{b}_2,\cdots,\boldsymbol{b}_n$，如果向量组 A 能由向量组 B 线性表示，则 $\mathrm{r}(\boldsymbol{a}_1,\boldsymbol{a}_2,\cdots,\boldsymbol{a}_m)\leqslant\mathrm{r}(\boldsymbol{b}_1,\boldsymbol{b}_2,\cdots,\boldsymbol{b}_n)$。

证 设 A 的最大无关组为 $A_0:\boldsymbol{a}_1,\boldsymbol{a}_2,\cdots,\boldsymbol{a}_r$，$B$ 的最大无关组为 $B_0:\boldsymbol{b}_1,\boldsymbol{b}_2,\cdots,\boldsymbol{b}_s$，则 $r=\mathrm{r}(\boldsymbol{a}_1,\boldsymbol{a}_2,\cdots,\boldsymbol{a}_m)$，$s=\mathrm{r}(\boldsymbol{b}_1,\boldsymbol{b}_2,\cdots,\boldsymbol{b}_n)$。要证 $r\leqslant s$。

(用反证法) 倘若 $\mathrm{r}(\boldsymbol{a}_1,\boldsymbol{a}_2,\cdots,\boldsymbol{a}_m)>\mathrm{r}(\boldsymbol{b}_1,\boldsymbol{b}_2,\cdots,\boldsymbol{b}_n)$，即 $r>s$。

因为向量组 A 能由向量组 B 线性表示，A 与 A_0 等价，B 与 B_0 等价，故向量组 A_0 能由向量组 B_0 线性表示。不妨设

$$\begin{cases} \boldsymbol{a}_1 = k_{11}\boldsymbol{b}_1 + k_{12}\boldsymbol{b}_2 + \cdots + k_{1s}\boldsymbol{b}_s \\ \boldsymbol{a}_2 = k_{21}\boldsymbol{b}_1 + k_{22}\boldsymbol{b}_2 + \cdots + k_{2s}\boldsymbol{b}_s \\ \quad\vdots \quad \vdots \quad\quad \vdots \\ \boldsymbol{a}_r = k_{r1}\boldsymbol{b}_1 + k_{r2}\boldsymbol{b}_2 + \cdots + k_{rs}\boldsymbol{b}_s \end{cases}$$

用上述这 r 个线性表示式的系数组成 r 个 s 维向量：$\boldsymbol{c}_1=(k_{11},k_{12},\cdots,k_{1s})^{\mathrm{T}}$，$\boldsymbol{c}_2=(k_{21},k_{22},\cdots,k_{2s})^{\mathrm{T}},\cdots,\boldsymbol{c}_r=(k_{r1},k_{r2},\cdots,k_{rs})^{\mathrm{T}}$。因为 $r>s$，向量个数大于向量维数，所以 $\boldsymbol{c}_1,\boldsymbol{c}_2,\cdots,\boldsymbol{c}_r$ 线性相关。故存在不全为零的数 $\lambda_1,\lambda_2,\cdots,\lambda_r$，使

$$\lambda_1\boldsymbol{c}_1 + \lambda_2\boldsymbol{c}_2 + \cdots + \lambda_r\boldsymbol{c}_r = \boldsymbol{0}$$

成立，即

$$\begin{cases} \lambda_1 k_{11} + \lambda_2 k_{21} + \cdots + \lambda_r k_{r1} = \boldsymbol{0} \\ \lambda_1 k_{12} + \lambda_2 k_{22} + \cdots + \lambda_r k_{r2} = \boldsymbol{0} \\ \cdots\cdots\cdots\cdots\cdots\cdots\cdots\cdots \\ \lambda_1 k_{1s} + \lambda_2 k_{2s} + \cdots + \lambda_r k_{rs} = \boldsymbol{0} \end{cases}$$

由此得

$$\begin{aligned} \lambda_1\boldsymbol{a}_1 + \lambda_2\boldsymbol{a}_2 + \cdots + \lambda_r\boldsymbol{a}_r &= \lambda_1(k_{11}\boldsymbol{b}_1 + k_{12}\boldsymbol{b}_2 + \cdots + k_{1s}\boldsymbol{b}_s) + \lambda_2(k_{21}\boldsymbol{b}_1 + k_{22}\boldsymbol{b}_2 + \cdots \\ &\quad + k_{2s}\boldsymbol{b}_s) + \cdots + \lambda_r(k_{r1}\boldsymbol{b}_1 + k_{r2}\boldsymbol{b}_2 + \cdots + k_{rs}\boldsymbol{b}_s) \\ &= (\lambda_1 k_{11} + \lambda_2 k_{21} + \cdots + \lambda_r k_{r1})\boldsymbol{b}_1 + (\lambda_1 k_{12} + \lambda_2 k_{22} + \cdots \\ &\quad + \lambda_r k_{r2})\boldsymbol{b}_2 + \cdots + (\lambda_1 k_{1s} + \lambda_2 k_{2s} + \cdots + \lambda_r k_{rs})\boldsymbol{b}_s \\ &= 0\boldsymbol{b}_1 + 0\boldsymbol{b}_2 + \cdots + 0\boldsymbol{b}_s = \boldsymbol{0} \end{aligned}$$

即存在不全为零的数 $\lambda_1,\lambda_2,\cdots,\lambda_r$，使 $\lambda_1\boldsymbol{a}_1+\lambda_2\boldsymbol{a}_2+\cdots+\lambda_r\boldsymbol{a}_r=\boldsymbol{0}$，得 $\boldsymbol{a}_1,\boldsymbol{a}_2,\cdots,\boldsymbol{a}_r$ 线性相关，与 $\boldsymbol{a}_1,\boldsymbol{a}_2,\cdots,\boldsymbol{a}_r$ 线性无关矛盾。所以 $r\leqslant s$，即 $\mathrm{r}(\boldsymbol{a}_1,\boldsymbol{a}_2,\cdots,\boldsymbol{a}_m)\leqslant\mathrm{r}(\boldsymbol{b}_1,\boldsymbol{b}_2,\cdots,\boldsymbol{b}_n)$。

推论 1 两个等价的向量组有相同的秩。

证 设向量组 A,B 的秩分别为 r,s。因为向量组 A 与向量组 B 等价，所以向量组 A 能由向量组 B 线性表示，向量组 B 也能由向量组 A 线性表示，由定理 3.5，可同时有 $r\leqslant s$ 及 $s\leqslant r$，故 $r=s$。

注意：推论 1 的逆命题不一定成立，即**秩相同的两个向量组并不一定等价**。

推论 2 设向量组 A 中有 r 个向量 $\boldsymbol{a}_1,\boldsymbol{a}_2,\cdots,\boldsymbol{a}_r$ 满足

(1) $\boldsymbol{a}_1,\boldsymbol{a}_2,\cdots,\boldsymbol{a}_r$ 线性无关。

(2) 任取向量 $\boldsymbol{a}\in A$，$\boldsymbol{a}$ 能由向量组 $\boldsymbol{a}_1,\boldsymbol{a}_2,\cdots,\boldsymbol{a}_r$ 线性表示。

则向量组 $\boldsymbol{a}_1,\boldsymbol{a}_2,\cdots,\boldsymbol{a}_r$ 是向量组 A 的最大无关组，数 r 是向量组 A 的秩。

证 由向量组的最大无关组及秩的定义，只要证明 A 中任意 $r+1$ 个向量线性相关即可。因为 A 中任一向量 $\boldsymbol{a}$ 能由向量组 $\boldsymbol{a}_1,\boldsymbol{a}_2,\cdots,\boldsymbol{a}_r$ 线性表示，所以向量 A 组能由它的部分组 $\boldsymbol{a}_1,\boldsymbol{a}_2,\cdots,\boldsymbol{a}_r$ 线性表示，而向量组 $\boldsymbol{a}_1,\boldsymbol{a}_2,\cdots,\boldsymbol{a}_r$ 显然可以由向

量组 A 线性表示。故两个向量组等价。又因为向量组 $\boldsymbol{a}_1,\boldsymbol{a}_2,\cdots,\boldsymbol{a}_r$ 线性无关，所以向量组 $\boldsymbol{a}_1,\boldsymbol{a}_2,\cdots,\boldsymbol{a}_r$ 的秩为 r。由于等价向量组有相同的秩，即向量组 A 的秩为 r，故向量组 A 中任意 $r+1$ 个向量线性相关。

推论 2 可以看作是向量组的最大线性无关组及秩的另一个定义，它与定义3.6是等价的。

注意：向量组同秩并不一定等价，但是矩阵同秩同阶一定等价。

3.4 向量空间简介

3.4.1 向量空间的概念

本章 3.1 节中将实数域上的全体 n 维向量构成的集合称为实数域上的 n 维向量空间 $\mathbb{R}^n$。下面引进向量空间的概念。

定义 3.8 设 V 是 $\mathbb{R}^n$ 的一个非空子集，如果

(1) V 对向量加法运算是封闭的，即：$\forall \boldsymbol{\alpha},\boldsymbol{\beta}\in V$，有 $\boldsymbol{\alpha}+\boldsymbol{\beta}\in V$。

(2) V 对数乘运算是封闭的，即：$\forall \boldsymbol{\alpha}\in V$，$\forall k\in\mathbb{R}$，有 $k\boldsymbol{\alpha}\in V$，则称 V 为向量空间。

例 3.14 三维向量的全体 $\mathbb{R}^3$ 是一个向量空间。

因为任意两个三维向量之和仍是三维向量，数 k 乘三维向量也仍是三维向量，即 $\mathbb{R}^3$ 对加法和数乘是封闭的，因此，$\mathbb{R}^3$ 是一个向量空间。

类似地，全体 n 维向量构成的集合 $\mathbb{R}^n$ 也是向量空间。

例 3.15 $V=\{(x,-x,0)^{\mathrm{T}}\mid x\in\mathbb{R}\}$ 是向量空间。

解 设 $\boldsymbol{\alpha}=(a,-a,0)^{\mathrm{T}}\in V$，$\boldsymbol{\beta}=(b,-b,0)^{\mathrm{T}}\in V$，则 $\boldsymbol{\alpha}+\boldsymbol{\beta}=(a+b,-a-b,0)^{\mathrm{T}}\in V$，$\lambda\boldsymbol{\alpha}=(\lambda a,-\lambda a,0)^{\mathrm{T}}\in V$，即 V 对加法和数乘是封闭的，因此 V 是向量空间。

例 3.16 $V=\{(1,0,z)^{\mathrm{T}}\mid z\in\mathbb{R}\}$ 不是向量空间。

解 若 $\boldsymbol{\alpha}=(1,0,a)^{\mathrm{T}}\in V$，而 $\lambda\boldsymbol{\alpha}=(\lambda,0,\lambda a)^{\mathrm{T}}\notin V$，即 V 对数乘不封闭，故 V 不是向量空间。

例 3.17 设 $\boldsymbol{a},\boldsymbol{b}$ 为已知的两个 n 维向量，集合 $V=\{\boldsymbol{x}=\lambda\boldsymbol{a}+\mu\boldsymbol{b}\mid\lambda,\mu\in\mathbb{R}\}$ 是一个向量空间。

解 设 $\boldsymbol{x}_1=\lambda_1\boldsymbol{a}+\mu_1\boldsymbol{b}$，$\boldsymbol{x}_2=\lambda_2\boldsymbol{a}+\mu_2\boldsymbol{b}$，则有

$$\boldsymbol{x}_1+\boldsymbol{x}_2=(\lambda_1+\lambda_2)\boldsymbol{a}+(\mu_1+\mu_2)\boldsymbol{b}\in V,\quad k\boldsymbol{x}_1=(k\lambda_1)\boldsymbol{a}+(k\mu_1)\boldsymbol{b}\in V,$$

因此，集合 V 是一个向量空间。这个向量空间叫做由向量 $\boldsymbol{a},\boldsymbol{b}$ 生成的向量空间。

一般地，由向量 $\boldsymbol{a}_1,\boldsymbol{a}_2,\cdots,\boldsymbol{a}_m$ 生成的向量空间为

$$V=\{x=\lambda_1 a_1+\lambda_2 a_2+\cdots+\lambda_m a_m \mid \lambda_1,\lambda_2,\cdots,\lambda_m \in \mathbb{R}\}$$

例 3.18 设两个向量组 $A:a_1,a_2,\cdots,a_m$ 与 $B:b_1,b_2,\cdots,b_s$ 等价，记

$$V_1=\{x=\lambda_1 a_1+\lambda_2 a_2+\cdots+\lambda_m a_m \mid \lambda_1,\lambda_2,\cdots,\lambda_m \in \mathbb{R}\},$$
$$V_2=\{x=\mu_1 b_1+\mu_2 b_2+\cdots+\mu_s b_s \mid \mu_1,\mu_2,\cdots,\mu_s \in \mathbb{R}\},$$

试证：$V_1=V_2$。

证 设 $x\in V_1$，则 x 可由 $a_1,a_2,\cdots,a_m$ 线性表示。由 $A:a_1,a_2,\cdots,a_m$ 与 $B:b_1,b_2,\cdots,b_s$ 等价，可知 x 可由 $b_1,b_2,\cdots,b_s$ 线性表示，即 $x\in V_2$，因此 $V_1\subset V_2$。同理可证：$V_2\subset V_1$，所以 $V_1=V_2$。

定义 3.9 设有向量空间 V_1 和 V_2，若 $V_1\subset V_2$，则称 V_1 是 V_2 的子空间。

例如 $V=\{(0,0,0)^T\}$ 是 $\mathbb{R}^3$ 的子空间，通常将此子空间叫作零子空间。又如任何由 n 维向量所组成的向量空间 V，总有 $V\subset\mathbb{R}^n$，所以这样的向量空间 V 总是 $\mathbb{R}^n$ 的子空间。

3.4.2 向量空间的基和维数

定义 3.10 设 V 为向量空间，如果有 r 个向量 $a_1,a_2,\cdots,a_r\in V$，且满足

(1) $a_1,a_2,\cdots,a_r$ 线性无关。

(2) V 中任意向量可由 $a_1,a_2,\cdots,a_r$ 线性表示，

则向量组 $a_1,a_2,\cdots,a_r$ 称为向量空间 V 的一个基，数 r 称为向量空间 V 的维数，并称 V 为 r 维向量空间。

若把向量空间 V 看作是向量组，则由定理 3.4 的推论 2 可知，V 的基就是向量组的最大无关组，V 的维数就是向量组的秩。

由向量组 $a_1,a_2,\cdots,a_m$ 生成的向量空间

$$V=\{x=\lambda_1 a_1+\lambda_2 a_2+\cdots+\lambda_m a_m \mid \lambda_1,\lambda_2,\cdots,\lambda_m \in \mathbb{R}\}$$

显然向量空间 V 与向量组 $a_1,a_2,\cdots,a_m$ 等价，所以向量组 $a_1,a_2,\cdots,a_m$ 的最大无关组就是向量空间 V 的一个基，向量组 $a_1,a_2,\cdots,a_m$ 的秩就是 V 的维数。

若向量组 $a_1,a_2,\cdots,a_r$ 是向量空间 V 的一个基，则向量空间

$$V=\{x=\lambda_1 a_1+\lambda_2 a_2+\cdots+\lambda_r a_r \mid \lambda_1,\lambda_2,\cdots,\lambda_r \in \mathbb{R}\}。$$

这较为清楚地表示出向量空间 V 的构造。

例 3.19 设 $A=(a_1,a_2,a_3)=\begin{pmatrix}2&2&-1\\1&-2&-2\\-2&1&-2\end{pmatrix}$，$B=(b_1,b_2)=\begin{pmatrix}1&4\\4&-2\\0&-3\end{pmatrix}$，验证 a_1,a_2,a_3 是 $\mathbb{R}^3$ 的一个基，并把 b_1,b_2 用这个基线性表示。

解 要证 a_1,a_2,a_3 是 $\mathbb{R}^3$ 的一个基，只要证 a_1,a_2,a_3 线性无关。

设 b_1,b_2 能用 a_1,a_2,a_3 线性表示，即存在系数矩阵 K，使

$$(\boldsymbol{b}_1,\boldsymbol{b}_2)=(\boldsymbol{a}_1,\boldsymbol{a}_2,\boldsymbol{a}_3)\begin{pmatrix}k_{11}&k_{12}\\k_{21}&k_{22}\\k_{31}&k_{32}\end{pmatrix},\text{记作 }\boldsymbol{B}=\boldsymbol{AK}。$$

对矩阵$(\boldsymbol{A}\vdots\boldsymbol{B})$实施初等行变换，若$\boldsymbol{A}$能变为$\boldsymbol{E}$，则$\boldsymbol{a}_1,\boldsymbol{a}_2,\boldsymbol{a}_3$线性无关，即$\boldsymbol{a}_1,\boldsymbol{a}_2,\boldsymbol{a}_3$是$\mathbb{R}^3$的一个基，且当$\boldsymbol{A}$能变为$\boldsymbol{E}$时，$\boldsymbol{B}$变为$\boldsymbol{K}=\boldsymbol{A}^{-1}\boldsymbol{B}$。

$$(\boldsymbol{A}\vdots\boldsymbol{B})=\left(\begin{array}{ccc:cc}2&2&-1&1&4\\1&-2&-2&4&-2\\-2&1&-2&0&-3\end{array}\right)\xrightarrow[r_3+2r_1]{\substack{r_1+r_2+r_3\\r_2-r_1}}\left(\begin{array}{ccc:cc}1&1&-5&5&-1\\0&-3&3&-1&-1\\0&3&-12&10&-5\end{array}\right)$$

$$\xrightarrow{r_3+r_2}\left(\begin{array}{ccc:cc}1&1&-5&5&-1\\0&-3&3&-1&-1\\0&0&-9&9&-6\end{array}\right)\xrightarrow[r_2\div(-3)]{r_3\div(-9)}\left(\begin{array}{ccc:cc}1&1&-5&5&-1\\0&1&-1&\frac{1}{3}&\frac{1}{3}\\0&0&1&-1&\frac{2}{3}\end{array}\right)$$

$$\xrightarrow[r_1-r_2]{\substack{r_2+r_3\\r_1+5r_3}}\left(\begin{array}{ccc:cc}1&0&0&\frac{2}{3}&\frac{4}{3}\\0&1&0&-\frac{2}{3}&1\\0&0&1&-1&\frac{2}{3}\end{array}\right)$$

故$R(\boldsymbol{a}_1,\boldsymbol{a}_2,\boldsymbol{a}_3)=3$，$\boldsymbol{a}_1,\boldsymbol{a}_2,\boldsymbol{a}_3$是$\mathbb{R}^3$的一个基，且

$$(\boldsymbol{b}_1,\boldsymbol{b}_2)=(\boldsymbol{a}_1,\boldsymbol{a}_2,\boldsymbol{a}_3)\begin{pmatrix}\frac{2}{3}&\frac{4}{3}\\-\frac{2}{3}&1\\-1&\frac{2}{3}\end{pmatrix}$$

习题3

1. 设$\boldsymbol{\alpha}_1=(-1,2,1)^{\mathrm{T}}$，$\boldsymbol{\alpha}_2=(2,0,1)^{\mathrm{T}}$，$\boldsymbol{\alpha}_3=(1,2,2)^{\mathrm{T}}$，求$\boldsymbol{\alpha}_1-2\boldsymbol{\alpha}_2$及$2\boldsymbol{\alpha}_2-\boldsymbol{\alpha}_3+3\boldsymbol{\alpha}_1$。

2. 已知$3(\boldsymbol{a}_1+\boldsymbol{a}_2)+2(\boldsymbol{a}_2-\boldsymbol{a}_4)=5\boldsymbol{a}_3-\boldsymbol{a}_1$，且$\boldsymbol{a}_1=\begin{pmatrix}1\\1\\3\end{pmatrix}$，$\boldsymbol{a}_2=\begin{pmatrix}2\\4\\5\end{pmatrix}$，$\boldsymbol{a}_3=\begin{pmatrix}1\\-1\\0\end{pmatrix}$，求$\boldsymbol{a}_4$。

3. 已知$\boldsymbol{\alpha}_1=(2,5,1,3)^{\mathrm{T}}$，$\boldsymbol{\alpha}_2=(10,1,5,10)^{\mathrm{T}}$，$\boldsymbol{\alpha}_3=(4,1,-1,1)^{\mathrm{T}}$满足$3(\boldsymbol{\alpha}_1-$

$\boldsymbol{\alpha})+2(\boldsymbol{\alpha}_2+\boldsymbol{\alpha})-5(\boldsymbol{\alpha}_3+\boldsymbol{\alpha})=\mathbf{0}$,求 $\boldsymbol{\alpha}$。

4. 已知向量组 $\boldsymbol{v}_1,\boldsymbol{v}_2$ 可由向量组 $\boldsymbol{\beta}_1,\boldsymbol{\beta}_2,\boldsymbol{\beta}_3$ 线性表示,且 $\boldsymbol{v}_1=3\boldsymbol{\beta}_1-\boldsymbol{\beta}_2+\boldsymbol{\beta}_3$,$\boldsymbol{v}_2=\boldsymbol{\beta}_1+2\boldsymbol{\beta}_2+4\boldsymbol{\beta}_3$。向量组 $\boldsymbol{\beta}_1,\boldsymbol{\beta}_2,\boldsymbol{\beta}_3$ 可由向量组 $\boldsymbol{\alpha}_1,\boldsymbol{\alpha}_2,\boldsymbol{\alpha}_3$ 线性表示,且 $\boldsymbol{\beta}_1=2\boldsymbol{\alpha}_1+\boldsymbol{\alpha}_2-5\boldsymbol{\alpha}_3$,$\boldsymbol{\beta}_2=\boldsymbol{\alpha}_1+3\boldsymbol{\alpha}_2+\boldsymbol{\alpha}_3$,$\boldsymbol{\beta}_3=-\boldsymbol{\alpha}_1+4\boldsymbol{\alpha}_2-\boldsymbol{\alpha}_3$,问向量组 $\boldsymbol{v}_1,\boldsymbol{v}_2$ 是否必能由 $\boldsymbol{\alpha}_1,\boldsymbol{\alpha}_2,\boldsymbol{\alpha}_3$ 线性表示?若能,求出此表达式。

5. $\boldsymbol{\alpha}_1=(1,2,1)^{\mathrm{T}}$,$\boldsymbol{\alpha}_2=(1,1,1)^{\mathrm{T}}$,$\boldsymbol{\alpha}_3=(1,1-1)^{\mathrm{T}}$,$\boldsymbol{\alpha}_4=(1,-1,-1)^{\mathrm{T}}$ 是否线性相关?若线性相关,试问 $\boldsymbol{\alpha}_1$ 能否由 $\boldsymbol{\alpha}_2,\boldsymbol{\alpha}_3,\boldsymbol{\alpha}_4$ 线性表示?若能,请写出表达式。

6. 设 $\boldsymbol{\alpha}_1=\begin{pmatrix}1\\0\\2\\3\end{pmatrix}$,$\boldsymbol{\alpha}_2=\begin{pmatrix}1\\1\\3\\5\end{pmatrix}$,$\boldsymbol{\alpha}_3=\begin{pmatrix}1\\-1\\a+2\\1\end{pmatrix}$,$\boldsymbol{\alpha}_4=\begin{pmatrix}1\\2\\4\\a+8\end{pmatrix}$,$\boldsymbol{\beta}=\begin{pmatrix}1\\1\\b+3\\5\end{pmatrix}$。试问

(1) a,b 为何值时,$\boldsymbol{\beta}$ 不能表示成 $\boldsymbol{\alpha}_1,\boldsymbol{\alpha}_2,\boldsymbol{\alpha}_3,\boldsymbol{\alpha}_4$ 的线性组合?

(2) a,b 为何值时,$\boldsymbol{\beta}$ 可由 $\boldsymbol{\alpha}_1,\boldsymbol{\alpha}_2,\boldsymbol{\alpha}_3,\boldsymbol{\alpha}_4$ 唯一线性表示?

7. 已知向量组 $\boldsymbol{\alpha}_1,\boldsymbol{\alpha}_2,\boldsymbol{\alpha}_3$ 线性无关,问常数 a,b,c 满足什么条件时,向量组 $a\boldsymbol{\alpha}_2-\boldsymbol{\alpha}_1,b\boldsymbol{\alpha}_2-\boldsymbol{\alpha}_3,c\boldsymbol{\alpha}_3-\boldsymbol{\alpha}_1$ 线性无关。

8. 判断下列命题是否正确,若判为正确则给出证明,若判为错误则举出反例:

(1) 若向量组 $\boldsymbol{a}_1,\boldsymbol{a}_2,\cdots,\boldsymbol{a}_s$ 线性相关,则其任一部分组也必线性相关;

(2) 若向量组 $\boldsymbol{a}_1,\boldsymbol{a}_2,\cdots,\boldsymbol{a}_s$ 线性相关,则其中任一向量皆可由组内其余向量线性表示;

(3) 向量组 $\boldsymbol{a}_1,\boldsymbol{a}_2,\cdots,\boldsymbol{a}_s$ 线性无关的充要条件是其中任一向量皆不能由组内其余向量线性表示;

(4) 若两个向量组等价,则两向量组的向量个数必相等;

(5) 若向量组 $\boldsymbol{a}_1,\boldsymbol{a}_2,\cdots,\boldsymbol{a}_s$ 的秩为 r,则其任一向量个数不超过 r 的部分组都是线性无关部分组;

(6) 若向量组 $\boldsymbol{a}_1,\boldsymbol{a}_2,\cdots,\boldsymbol{a}_s$ 的秩为 s,则其任一部分组都是线性无关部分组。

9. 设向量组$(a,3,1)^{\mathrm{T}},(2,b,3)^{\mathrm{T}},(1,2,1)^{\mathrm{T}},(2,3,1)^{\mathrm{T}}$ 的秩为 2,求 a,b。

10. 求下列向量组的秩和一个最大线性无关组,并用该最大无关组表示向量组中其余向量:

(1) $\boldsymbol{v}_1=(1,2,-1,4)^{\mathrm{T}}$,$\boldsymbol{v}_2=(9,100,10,4)^{\mathrm{T}}$,$\boldsymbol{v}_3=(-2,-4,2,-8)^{\mathrm{T}}$;

(2) $\boldsymbol{v}_1^{\mathrm{T}}=(1,2,1,3)$,$\boldsymbol{v}_2^{\mathrm{T}}=(4,-1,-5,-6)$,$\boldsymbol{v}_3^{\mathrm{T}}=(1,-3,-4,-7)$,$\boldsymbol{v}_4^{\mathrm{T}}=(-2,-4,2,-8)$;

(3) $\boldsymbol{\alpha}_1=(5,6,7,7)^{\mathrm{T}}$,$\boldsymbol{\alpha}_2=(2,1,0,0)^{\mathrm{T}}$,$\boldsymbol{\alpha}_3=(0,1,0,0)^{\mathrm{T}}$,$\boldsymbol{\alpha}_4=(0,-1,-1,0)^{\mathrm{T}}$;

(4) $\boldsymbol{\alpha}_1=(6,4,1,-1,2)^{\mathrm{T}}$,$\boldsymbol{\alpha}_2=(1,0,2,3,-4)^{\mathrm{T}}$,$\boldsymbol{\alpha}_3=(1,4,-9,-16,22)^{\mathrm{T}}$,$\boldsymbol{\alpha}_4=(7,1,0,-1,3)^{\mathrm{T}}$。

11. 设向量 $\boldsymbol{\alpha}1,\boldsymbol{\alpha}_2,\boldsymbol{\alpha}_3$ 线性无关,试证向量 $\boldsymbol{\beta}_1=\boldsymbol{\alpha}_1-\boldsymbol{\alpha}_2+\boldsymbol{\alpha}_3,\boldsymbol{\beta}_2=\boldsymbol{\alpha}_1+\boldsymbol{\alpha}_2+2\boldsymbol{\alpha}_3$ 线性无关。

12. 若 $\boldsymbol{\beta}$ 可由 $\boldsymbol{\alpha}_1,\boldsymbol{\alpha}_2,\cdots,\boldsymbol{\alpha}_r$ 线性表示,且表示法唯一,则向量 $\boldsymbol{\alpha}_1,\boldsymbol{\alpha}_2,\cdots,\boldsymbol{\alpha}_r$ 必线性无关。

13. 已知向量组 $\boldsymbol{\alpha}_1,\boldsymbol{\alpha}_2,\cdots,\boldsymbol{\alpha}_n(n\geqslant 2)$ 线性无关,设 $\boldsymbol{\beta}_1=\boldsymbol{\alpha}_1+\boldsymbol{\alpha}_2,\boldsymbol{\beta}_2=\boldsymbol{\alpha}_2+\boldsymbol{\alpha}_3,\cdots,\boldsymbol{\beta}_{n-1}=\boldsymbol{\alpha}_{n-1}+\boldsymbol{\alpha}_n,\boldsymbol{\beta}_n=\boldsymbol{\alpha}_n+\boldsymbol{\alpha}_1$,讨论向量组 $\boldsymbol{\beta}_1,\boldsymbol{\beta}_2,\cdots,\boldsymbol{\beta}_n$ 的线性相关性。

14. 若向量组 $\boldsymbol{\alpha}_1,\boldsymbol{\alpha}_2,\cdots,\boldsymbol{\alpha}_n(n>1)$ 线性无关,且 $\boldsymbol{\beta}_1=\boldsymbol{\alpha}_2+\boldsymbol{\alpha}_3+\cdots+\boldsymbol{\alpha}_n,\boldsymbol{\beta}_2=\boldsymbol{\alpha}_1+\boldsymbol{\alpha}_3+\cdots+\boldsymbol{\alpha}_n,\cdots,\boldsymbol{\beta}_n=\boldsymbol{\alpha}_1+\boldsymbol{\alpha}_2+\cdots+\boldsymbol{\alpha}_{n-1}$,试证 $\boldsymbol{\beta}_2,\boldsymbol{\beta}_2,\cdots,\boldsymbol{\beta}_n$ 线性无关。

15. 设 $\boldsymbol{\beta},\boldsymbol{\alpha}_1,\boldsymbol{\alpha}_2$ 线性相关,$\boldsymbol{\beta},\boldsymbol{\alpha}_2,\boldsymbol{\alpha}_3$ 线性无关,证明 $\boldsymbol{\alpha}_1$ 必可由 $\boldsymbol{\beta},\boldsymbol{\alpha}_2,\boldsymbol{\alpha}_3$ 线性表示。

16. 设 $\boldsymbol{u}_1=\boldsymbol{v}_1,\boldsymbol{u}_2=\boldsymbol{v}_1+\boldsymbol{v}_2,\cdots,\boldsymbol{u}_m=\boldsymbol{v}_1+\boldsymbol{v}_2+\cdots+\boldsymbol{v}_m$,且向量组 $\boldsymbol{v}_1,\boldsymbol{v}_2,\cdots,\boldsymbol{v}_m$ 线性无关,证明向量组 $\boldsymbol{u}_1,\boldsymbol{u}_2,\cdots,\boldsymbol{u}_m$ 也线性无关。

17. 设 β 可由向量组 $\boldsymbol{a}_1,\boldsymbol{\alpha}_2,\cdots,\boldsymbol{\alpha}_m$ 线性表示,但不能由 $\boldsymbol{a}_1,\boldsymbol{a}_2,\cdots,\boldsymbol{a}_{m-1}$ 线性表示,证明 $\boldsymbol{a}_m$ 可由 $\boldsymbol{a}_1,\boldsymbol{a}_2,\cdots,\boldsymbol{a}_{m-1},\beta$ 线性表示。(提示:由 $\beta=k_1\boldsymbol{a}_1+k_2\boldsymbol{a}_2+\cdots+k_m\boldsymbol{a}_)$,只要证明 $k_m\neq 0$,则 $\boldsymbol{a}_m$ 可由 $\boldsymbol{a}_1,\boldsymbol{a}_2,\cdots,\boldsymbol{a}_{m-1},\beta$ 线性表示。)

18. 设 $\boldsymbol{A}$ 是任意的 n 阶方阵,试证:若存在 n 维向量 $\boldsymbol{x}^*$,使 $\boldsymbol{A}^{k+1}\boldsymbol{x}^*=0$,而 $\boldsymbol{A}^k\boldsymbol{x}^*\neq 0$($k$ 为正整数),则向量组 $\boldsymbol{x}^*,\boldsymbol{A}\boldsymbol{x}^*,\boldsymbol{A}^2\boldsymbol{x}^*,\cdots,\boldsymbol{A}^k\boldsymbol{x}^*$ 必线性无关。

19. 设 $\boldsymbol{a}_i^{\mathrm{T}}=(a_{i1},a_{i2},\cdots,a_{in})(i=1,2,\cdots,n)$,$\boldsymbol{b}^{\mathrm{T}}=(b_1,b_2,\cdots,b_n)$,试证:若方程组

$$\begin{cases}a_{11}x_1+a_{12}x_2+\cdots+a_{1n}x_n=0\\ a_{21}x_1+a_{22}x_2+\cdots+a_{2n}x_n=0\\ \cdots\cdots\cdots\cdots\cdots\cdots\cdots\cdots\\ a_{r1}x_1+a_{r2}x_2+\cdots+a_{rn}x_n=0\end{cases}$$

是解全是方程 $b_1x_1+b_2x_2+\cdots+b_nx_n=0$ 的解,则行向量 $\boldsymbol{b}^{\mathrm{T}}$ 可由行向量组 $\boldsymbol{a}_1^{\mathrm{T}},\boldsymbol{a}_2^{\mathrm{T}},\cdots,\boldsymbol{a}_n^{\mathrm{T}}$ 线性表示。

20. 设 $V_1=\{x=(x_1,x_2,\cdots,x_n)^{\mathrm{T}}\mid x_1,x_2,\cdots,x_n\in\boldsymbol{R}$ 满足 $x_1+x_2+\cdots+x_n=0\}$,$V_2=\{x=(x_1,x_2,\cdots,x_n)^{\mathrm{T}}\mid x_1,x_2,\cdots,x_n\in\boldsymbol{R}$ 满足 $x_1+x_2+\cdots+x_n=1\}$,问 V_1,V_2 是不是向量空间?为什么?

21. 试证:由 $\alpha_1=(0,2,1)^{\mathrm{T}},\alpha_2=(2,0,1)^{\mathrm{T}},\alpha_3=(1,0,2)^{\mathrm{T}}$ 所生成的向量空间就是 $\boldsymbol{R}^3$。

22. 验证 $\alpha_1=(2,1,0)^{\mathrm{T}},\alpha_2=(1,0,1)^{\mathrm{T}},\alpha_3(1,3,2)^{\mathrm{T}}$ 是 $\boldsymbol{R}^3$ 的一个基,并把 $\boldsymbol{v}_1=(-1,3,2)^{\mathrm{T}},\boldsymbol{v}_2=(1,-8,1)^{\mathrm{T}}$ 用这个基线性表示。

23. 由 $\alpha_1=(1,1,0,0)^{\mathrm{T}},\alpha_2=(1,0,1,1)^{\mathrm{T}}$ 所生成的向量空间记作 V_1,由 $\boldsymbol{b}_1=(2,-1,3,3)^{\mathrm{T}},\boldsymbol{b}_2(0,1,-1,-1)^{\mathrm{T}}$ 所生成的向量空间记作 V_2,试证 $V_1=V_2$。

第4章　线性方程组

线性方程组的求解问题是线性代数的主要内容之一，它是代数理论和实践中一个非常重要的课题。

本章的学习要点：掌握在求解线性方程组中需要解决的三个问题——确定方程组有解、无解的条件；确定方程组解的个数的条件；若方程组有解，这些解之间有什么关系？即确定方程组解的结构；同时掌握求解方程组的方法。

4.1　线性方程组解的存在性

4.1.1　齐次线性方程组与非齐次线性方程组

含有 n 个未知量 $x_1, x_2, \cdots, x_n$ 的 m 个方程所组成的线性方程组可以写成

$$\begin{cases} a_{11}x_1 + a_{12}x_2 + \cdots + a_{1n}x_n = b_1 \\ a_{21}x_1 + a_{22}x_2 + \cdots + a_{2n}x_n = b_2 \\ \quad\vdots \qquad \vdots \qquad\qquad \vdots \qquad \vdots \\ a_{m1}x_1 + a_{m2}x_2 + \cdots + a_{mn}x_n = b_m \end{cases} \tag{4.1}$$

用矩阵形式可以写成

$$\boldsymbol{Ax} = \boldsymbol{b} \tag{4.2}$$

其中

$$\boldsymbol{A} = \begin{pmatrix} a_{11} & a_{12} & \cdots & a_{1n} \\ a_{21} & a_{22} & \cdots & a_{2n} \\ \vdots & \vdots & & \vdots \\ a_{m1} & a_{m2} & \cdots & a_{mn} \end{pmatrix}, \boldsymbol{b} = \begin{pmatrix} b_1 \\ b_2 \\ \vdots \\ b_m \end{pmatrix}, \boldsymbol{x} = \begin{pmatrix} x_1 \\ x_2 \\ \vdots \\ x_n \end{pmatrix}$$

$\boldsymbol{A}$ 称作方程组(4.1)的系数矩阵。当 $\boldsymbol{b}=\boldsymbol{0}$，即 $\boldsymbol{Ax}=\boldsymbol{0}$ 时，称作齐次线性方程组，否则，即 $\boldsymbol{b}\neq\boldsymbol{0}$ 时，称作非齐次线性方程组。

如设

$$\boldsymbol{a}_i = \begin{pmatrix} a_{1i} \\ a_{2i} \\ \vdots \\ a_{mi} \end{pmatrix} \quad (i = 1, 2, \cdots, n)$$

则方程组(4.1)可以写成向量形式为

$$x_1\boldsymbol{a}_1+x_2\boldsymbol{a}_2+\cdots+x_n\boldsymbol{a}_n=\boldsymbol{b} \tag{4.3}$$

式(4.1),(4.2) 和(4.3)是同一线性方程组的不同表示式,因此它们是等价的。

若 $x_1=k_1,x_2=k_2,\cdots,x_n=k_n$ 为方程组(4.1)的解,则

$$\boldsymbol{x}=\begin{pmatrix}k_1\\k_2\\\vdots\\k_n\end{pmatrix}$$

称为方程组(4.1)的解向量,它也是方程组(4.2)和(4.3)的解。

4.1.2 线性方程组解的存在定理

对非齐次线性方程组(4.1),把常数列 $\boldsymbol{b}$ 中的元素添加到系数矩阵 $\boldsymbol{A}$ 的元素的后面,得到矩阵

$$\boldsymbol{B}=\begin{pmatrix}a_{11}&\cdots&a_{1n}&b_1\\a_{21}&\cdots&a_{2n}&b_2\\\vdots&&\vdots&\vdots\\a_{m1}&\cdots&a_{mn}&b_m\end{pmatrix}$$

矩阵 $\boldsymbol{B}$ 称为方程组(4.1)的增广矩阵。

如果方程组(4.1)有解,并设 $x_1=k_1,x_2=k_2,\cdots,x_n=k_n$ 是它的一组解,则

$$\begin{cases}a_{11}k_1+a_{12}k_2+\cdots+a_{1n}k_n=b_1\\a_{21}k_1+a_{22}k_2+\cdots+a_{2n}k_n=b_2\\\quad\vdots\qquad\quad\vdots\qquad\qquad\quad\vdots\qquad\ \vdots\\a_{m1}k_1+a_{m2}k_2+\cdots+a_{mn}k_n=b_m\end{cases}$$

用列向量表示为

$$k_1\boldsymbol{a}_1+k_2\boldsymbol{a}_2+\cdots+k_n\boldsymbol{a}_n=\boldsymbol{b}$$

即

$$k_1\begin{pmatrix}a_{11}\\a_{21}\\\vdots\\a_{m1}\end{pmatrix}+k_2\begin{pmatrix}a_{12}\\a_{22}\\\vdots\\a_{m2}\end{pmatrix}+\cdots+k_n\begin{pmatrix}a_{1n}\\a_{2n}\\\vdots\\a_{mn}\end{pmatrix}=\begin{pmatrix}b_1\\b_2\\\vdots\\b_m\end{pmatrix} \tag{4.4}$$

这表示矩阵 $\boldsymbol{B}$ 的最后一列是前 n 列的线性组合,故 $\mathrm{r}(\boldsymbol{B})=\mathrm{r}(\boldsymbol{A})$。

反之,如果 $\mathrm{r}(\boldsymbol{A})=\mathrm{r}(\boldsymbol{B})$,根据线性相关的理论,容易得到 $\boldsymbol{B}$ 的最后一列能够用前 n 列线性表示,即式(4.4)成立。因此 $x_1=k_1,x_2=k_2,\cdots,x_n=k_n$ 是方程组(4.1)的一组解,这说明方程组(4.1)有解。根据上面的讨论,有

定理 4.1 线性方程组(4.1)有解的充分必要条件是其增广矩阵 $\boldsymbol{B}$ 的秩等于系数矩阵 $\boldsymbol{A}$ 的秩,即

$$\mathrm{r}(\boldsymbol{A}) = \mathrm{r}(\boldsymbol{B})$$

例 4.1 判断线性方程组 $\begin{cases} 2x_1 - x_2 + 3x_3 = 1 \\ 4x_1 - 2x_2 + 5x_3 = 4 \\ 2x_1 - x_2 + 4x_3 = 0 \end{cases}$ 是否有解?

解 对相应的增广矩阵进行初等行变换

$$\boldsymbol{B} = \begin{pmatrix} 2 & -1 & 3 & 1 \\ 4 & -2 & 5 & 4 \\ 2 & -1 & 4 & 0 \end{pmatrix} \xrightarrow[r_3 - r_1]{r_2 - 2r_1} \begin{pmatrix} 2 & -1 & 3 & 1 \\ 0 & 0 & -1 & 2 \\ 0 & 0 & 1 & -1 \end{pmatrix} \xrightarrow{r_3 + r_2} \begin{pmatrix} 2 & -1 & 3 & 1 \\ 0 & 0 & -1 & 2 \\ 0 & 0 & 0 & 1 \end{pmatrix}$$

则 $\mathrm{r}(\boldsymbol{A})=2$,$\mathrm{r}(\boldsymbol{B})=3$,$\mathrm{r}(\boldsymbol{A})\neq \mathrm{r}(\boldsymbol{B})$,所以,原线性方程组无解。

例 4.2 λ 为何值时,线性方程组 $\begin{cases} 2x_1 - x_2 + x_3 + x_4 = 1 \\ x_1 + 2x_2 - x_3 + 4x_4 = 2 \\ x_1 + 7x_2 - 4x_3 + 11x_4 = \lambda \end{cases}$ 有解?

解 对相应的增广矩阵进行初等行变换

$$\boldsymbol{B} = \begin{pmatrix} 2 & -1 & 1 & 1 & 1 \\ 1 & 2 & -1 & 4 & 2 \\ 1 & 7 & -4 & 11 & \lambda \end{pmatrix} \xrightarrow{r_1 \leftrightarrow r_2} \begin{pmatrix} 1 & 2 & -1 & 4 & 2 \\ 2 & -1 & 1 & 1 & 1 \\ 1 & 7 & -4 & 11 & \lambda \end{pmatrix}$$

$$\xrightarrow[r_3 - r_1]{r_2 - 2r_1} \begin{pmatrix} 1 & 2 & -1 & 4 & 2 \\ 0 & -5 & 3 & -7 & -3 \\ 0 & 5 & -3 & 7 & \lambda - 2 \end{pmatrix} \xrightarrow{r_3 + r_2} \begin{pmatrix} 1 & 2 & -1 & 4 & 2 \\ 0 & -5 & 3 & -7 & -3 \\ 0 & 0 & 0 & 0 & \lambda - 5 \end{pmatrix}$$

当 $\lambda=5$ 时,$\mathrm{r}(\boldsymbol{A})=\mathrm{r}(\boldsymbol{B})=2$,线性方程组有解。

消元法是求解线性方程组的最直接、最有效的方法。下面我们介绍的高斯(Gauss)消元法和高斯-约当消元法,是解线性方程组的一种简便方法。

1. 高斯消元法

例 4.3 解线性方程组

$$\begin{cases} 2x_1 + 4x_2 - 2x_3 = 6 \\ x_1 - x_2 + 5x_3 = 0 \\ 4x_1 + x_2 - 2x_3 = 2 \end{cases} \tag{4.5}$$

解 将方程组(4.5)中的第 1 个方程与第 2 个方程交换,得

$$\begin{cases} x_1 - x_2 + 5x_3 = 0 \\ 2x_1 + 4x_2 - 2x_3 = 6 \\ 4x_1 + x_2 - 2x_3 = 2 \end{cases} \tag{4.6}$$

再把方程组(4.6)中的第1个方程的(−2)倍加到第2个方程上，将第1个方程的(−4)倍加到第3个方程上，消去后两个方程中的x_1，得

$$\begin{cases} x_1 - x_2 + 5x_3 = 0 \\ 6x_2 - 12x_3 = 6 \\ 5x_2 - 22x_3 = 2 \end{cases} \tag{4.7}$$

把方程组(4.7)中的第2个方程两边乘上$\frac{1}{6}$得，

$$\begin{cases} x_1 - x_2 + 5x_3 = 0 \\ x_2 - 2x_3 = 1 \\ 5x_2 - 22x_3 = 2 \end{cases} \tag{4.8}$$

再把方程组(4.8)中的第2个方程的(−5)倍加到第3个方程上，把第3个方程中的x_2消去，得

$$\begin{cases} x_1 - x_2 + 5x_3 = 0 \\ x_2 - 2x_3 = 1 \\ -12x_3 = -3 \end{cases} \tag{4.9}$$

方程组(4.9)的解是很容易得到的。从第3个方程中立即可得$x_3=\frac{1}{4}$；将它代入第2个方程便可得到$x_2=\frac{3}{2}$；再将x_2，x_3的值代入第1个方程即得$x_1=\frac{1}{4}$，这样就得到方程组(4.5)的解。

上述将方程组(4.5)化为方程组(4.9)(称其为阶梯形方程组)的过程称为消元过程，从方程组(4.9)求出解x_1，x_2，x_3的过程称为回代过程。

分析一下消元法不难看出，它实质上是反复地对方程组进行变换，而所作的变换也只是由以下三种基本的变换所构成：

(1) 互换两个方程的位置。

(2) 用一个非零数乘某一个方程。

(3) 把一个方程的若干倍加到另一个方程上去(这一步主要是为了消元)。

上述三种变换称为**线性方程组的初等变换**，可以验证线性方程组的初等变换是同解变换。因此，经过初等变换，把原方程组变成阶梯形方程组，而阶梯形方程组与原方程组同解。

从例4.3可以看到，用消元法解方程组实质上是对方程组的系数进行运算，由此简化其运算的表达形式，即对方程组作初等变换就相当于对方程组的增广矩阵$\boldsymbol{B}$进行初等行变换，将其变换成行阶梯矩阵。因此，前面的消元过程可以简写成对方程组的增广矩阵$\boldsymbol{B}$作如下的初等行变换：

$$\boldsymbol{B}=\begin{pmatrix}2&4&-2&6\\1&-1&5&0\\4&1&-2&2\end{pmatrix}\xrightarrow{r_1\leftrightarrow r_2}\begin{pmatrix}1&-1&5&0\\2&4&-2&6\\4&1&-2&2\end{pmatrix}\xrightarrow[r_3-4r_1]{r_2-2r_1}\begin{pmatrix}1&-1&5&0\\0&6&-12&6\\0&5&-22&2\end{pmatrix}$$

$$\xrightarrow{\frac{1}{6}r_2}\begin{pmatrix}1&-1&5&0\\0&1&-2&1\\0&5&-22&2\end{pmatrix}\xrightarrow{r_3-5r_2}\begin{pmatrix}1&-1&5&0\\0&1&-2&1\\0&0&-12&-3\end{pmatrix}$$

下面，考虑一般的线性方程组

$$\begin{cases}a_{11}x_1+a_{12}x_2+\cdots+a_{1n}x_n=b_1\\a_{21}x_1+a_{22}x_2+\cdots+a_{2n}x_n=b_2\\\quad\vdots\qquad\quad\vdots\qquad\qquad\quad\vdots\qquad\ \vdots\\a_{m1}x_1+a_{m2}x_2+\cdots+a_{mn}x_n=b_m\end{cases}\tag{4.10}$$

由于 x_1 的 m 个系数不全为零，通过换行，总能使第一个方程中的 x_1 系数不为零，不妨设 $a_{11}\neq0$，利用第三种初等变换，可将后 $m-1$ 个方程中 x_1 的系数全化为零，即

$$\begin{pmatrix}a_{11}&a_{12}&\cdots&a_{1n}&b_1\\a_{21}&a_{22}&\cdots&a_{2n}&b_2\\\vdots&\vdots&&\vdots&\vdots\\a_{m1}&a_{m2}&\cdots&a_{mn}&b_m\end{pmatrix}\longrightarrow\begin{pmatrix}a_{11}&a_{12}&\cdots&a_{1n}&b_1\\0&a'_{22}&\cdots&a'_{2n}&b'_2\\\vdots&\vdots&&\vdots&\vdots\\0&a'_{m2}&\cdots&a'_{mn}&b'_m\end{pmatrix}$$

用类似方法考察第二行到第 m 行，若 $a'_{22},a'_{32},\cdots,a'_{m2}$ 不全为零（否则考察 $a'_{23},a'_{33},\cdots,a'_{m3}$），不妨设 $a'_{22}\neq0$，再利用第三种初等变换，将后 $m-2$ 个方程中 x_2 的系数全化为零；重复这个步骤，最后得到如下结果：

$$\begin{pmatrix}c_{11}&c_{12}&\cdots&c_{1r}&\cdots&c_{1n}&d_1\\&c_{22}&\cdots&c_{2r}&\cdots&c_{2n}&d_2\\&&\ddots&\vdots&&\vdots&\vdots\\&&&c_{rr}&\cdots&c_{rn}&d_r\\&&&&&&d_{r+1}\\&&&&&&0\\&&&&&&\vdots\\&&&&&&0\end{pmatrix}$$

其中 $c_{ii}\neq0(i=1,2,\cdots,r)$ 。

其相应的阶梯形方程组为

$$
\begin{cases}
c_{11}x_1 + c_{12}x_2 + \cdots + c_{1r}x_r + \cdots + c_{1n}x_n = d_1 \\
c_{22}x_2 + \cdots + c_{2r}x_r + \cdots + c_{2n}x_n = d_2 \\
\quad\vdots \\
c_{rr}x_r + \cdots + c_{rn}x_n = d_r \\
0 = d_{r+1}
\end{cases}
\tag{4.11}
$$

由上面的讨论易知，方程组(4.11) 与方程组(4.10) 是同解方程组。只要讨论方程组(4.11) 解的各种情形，就可知道原方程组(4.10) 解的情形。

(1) 若 $d_{r+1} \neq 0$，则方程组(4.11) 无解。

(2) 若 $d_{r+1} = 0$，又分两种情形：

① 当 $r = n$ 时，方程组(4.11)的形式是

$$
\begin{cases}
c_{11}x_1 + c_{12}x_2 + \cdots + c_{1n}x_n = d_1 \\
c_{22}x_2 + \cdots + c_{2n}x_n = d_2 \\
\quad\vdots \\
c_{nn}x_n = d_n
\end{cases}
$$

其中 $c_{ii} \neq 0 (i = 1, 2, \cdots, r)$ 。由最后一个方程开始，逐个算出 $x_n, x_{n-1}, \cdots, x_1$ 的值，从而得到方程组(4.10) 的唯一解。

② 当 $r < n$ 时，方程组(4.11) 可改写成

$$
\begin{cases}
c_{11}x_1 + c_{12}x_2 + \cdots + c_{1r}x_r = d_1 - c_{1,r+1}x_{r+1} - \cdots - c_{1n}x_n \\
c_{22}x_2 + \cdots + c_{2r}x_r = d_2 - c_{2,r+1}x_{r+1} - \cdots - c_{2n}x_n \\
\quad\vdots \\
c_{rr}x_r = d_n - c_{r,r+1}x_{r+1} - \cdots - c_{rn}x_n
\end{cases}
\tag{4.12}
$$

任给 $x_{r+1}, x_{r+2}, \cdots, x_n$ 一组值，代入方程组(4.12)中就可唯一确定 $x_1, x_2, \cdots, x_r$ 的值，从而得到方程组(4.10)的一组解。由此可见当 $r < n$ 时，方程组(4.10) 有无穷多解，称 $x_{r+1}, x_{r+2}, \cdots, x_n$ 为自由未知量。

综上所述，用消元法解线性方程组的步骤如下：用初等行变换化方程组(4.10) 的增广矩阵为行阶梯矩阵，根据 d_{r+1} 等于或不等于零，判定方程组(4.10) 是否有解。在有解的情况下，当 $r = n$ 时，有唯一解；当 $r < n$ 时，有无穷多解，然后回代求出方程组(4.10) 的解。

例 4.4 求线性方程组

$$
\begin{cases}
x_1 + 3x_2 - 5x_3 = -1 \\
2x_1 + 6x_2 - 3x_3 = 5 \\
3x_1 + 9x_2 - 10x_3 = 0
\end{cases}
$$

的解。

$$\text{解}\quad \boldsymbol{B}=\begin{pmatrix}1 & 3 & -5 & -1\\ 2 & 6 & -3 & 5\\ 3 & 9 & -10 & 0\end{pmatrix}\xrightarrow[r_3-3r_1]{r_2-2r_1}\begin{pmatrix}1 & 3 & -5 & -1\\ 0 & 0 & 7 & 7\\ 0 & 0 & 5 & 3\end{pmatrix}$$

$$\xrightarrow{r_3-\frac{5}{7}r_2}\begin{pmatrix}1 & 3 & -5 & -1\\ 0 & 0 & 7 & 7\\ 0 & 0 & 0 & -2\end{pmatrix}$$

由于 $d_{r+1}=-2\neq 0$，所以原方程组无解。

例 4.5 求线性方程组

$$\begin{cases}x_1-2x_2+3x_3-4x_4= 4\\ \qquad x_2-x_3+x_4=-3\\ x_1+3x_2-\qquad 3x_4= 1\\ \quad -7x_2+3x_3+x_4=-3\end{cases}$$

的解。

$$\text{解}\quad \boldsymbol{B}=\begin{pmatrix}1 & -2 & 3 & -4 & 4\\ 0 & 1 & -1 & 1 & -3\\ 1 & 3 & 0 & -3 & 1\\ 0 & -7 & 3 & 1 & -3\end{pmatrix}\xrightarrow{r_3-r_1}\begin{pmatrix}1 & -2 & 3 & -4 & 4\\ 0 & 1 & -1 & 1 & -3\\ 0 & 5 & -3 & 1 & -3\\ 0 & -7 & 3 & 1 & -3\end{pmatrix}$$

$$\xrightarrow[r_4+7r_2]{r_3-5r_2}\begin{pmatrix}1 & -2 & 3 & -4 & 4\\ 0 & 1 & -1 & 1 & -3\\ 0 & 0 & 2 & -4 & 12\\ 0 & 0 & -4 & 8 & -24\end{pmatrix}\xrightarrow[r_3\times\frac{1}{2}]{r_4+2r_3}\begin{pmatrix}1 & -2 & 3 & -4 & 4\\ 0 & 1 & -1 & 1 & -3\\ 0 & 0 & 1 & -2 & 6\\ 0 & 0 & 0 & 0 & 0\end{pmatrix}$$

于是，得到相应的方程组为

$$\begin{cases}x_1-2x_2+3x_3-4x_4= 4\\ \qquad x_2-x_3+x_4=-3\\ \qquad\qquad x_3-2x_4= 6\end{cases}$$

将这方程组改写为

$$\begin{cases}x_1-2x_2+3x_3= 4+4x_4\\ \qquad x_2-x_3=-3-x_4\\ \qquad\qquad x_3= 6+2x_4\end{cases}$$

通过回代，可以用 x_4 把 x_1,x_2,x_3 唯一地表示出来

$$\begin{cases}x_1=-8\\ x_2= 3+x_4\\ x_3= 6+2x_4\end{cases}$$

其中 x_4 是自由未知量。取 $x_4=C$，得方程组的全部解为

$$\begin{cases} x_1 = -8 \\ x_2 = 3 + C \\ x_3 = 6 + 2C \\ x_4 = C \end{cases}$$

其中 C 是任意常数,故此方程组有无穷多个解。

2. 高斯-约当消元法

高斯消元法的消元过程把方程组化为具有同解的阶梯形方程组,如果再进一步把它化为等价的对角形方程组,并且使对角线上的系数均为 1,那就直接得到了方程组的解,而无需再进行回代过程了,这样的消元法称为高斯-约当消元法或无回代消元法。

上述过程相当于用初等行变换将线性方程组的增广矩阵化为行最简型。

例 4.6 求线性方程组

$$\begin{cases} x_1 + 2x_2 + x_3 = 8 \\ 2x_1 - x_2 + 3x_3 = 9 \\ x_2 - x_3 = -1 \end{cases}$$

的解。

解 $\begin{pmatrix} 1 & 2 & 1 & 8 \\ 2 & -1 & 3 & 9 \\ 0 & 1 & -1 & -1 \end{pmatrix} \xrightarrow{r_2 - 2r_1} \begin{pmatrix} 1 & 2 & 1 & 8 \\ 0 & -5 & 1 & -7 \\ 0 & 1 & -1 & -1 \end{pmatrix}$

$$\xrightarrow{r_2 \leftrightarrow r_3} \begin{pmatrix} 1 & 2 & 1 & 8 \\ 0 & 1 & -1 & -1 \\ 0 & -5 & 1 & -7 \end{pmatrix} \xrightarrow{r_3 + 5r_2} \begin{pmatrix} 1 & 2 & 1 & 8 \\ 0 & 1 & -1 & -1 \\ 0 & 0 & -4 & -12 \end{pmatrix}$$

$$\xrightarrow{r_3 \times \left(-\frac{1}{4}\right)} \begin{pmatrix} 1 & 2 & 1 & 8 \\ 0 & 1 & -1 & -1 \\ 0 & 0 & 1 & 3 \end{pmatrix} \xrightarrow[r_1 - r_3]{r_2 + r_3} \begin{pmatrix} 1 & 2 & 0 & 5 \\ 0 & 1 & 0 & 2 \\ 0 & 0 & 1 & 3 \end{pmatrix}$$

$$\xrightarrow{r_1 - 2r_2} \begin{pmatrix} 1 & 0 & 0 & 1 \\ 0 & 1 & 0 & 2 \\ 0 & 0 & 1 & 3 \end{pmatrix}$$

所以,得到方程组的解为

$$\begin{cases} x_1 = 1 \\ x_2 = 2 \\ x_3 = 3 \end{cases}$$

例 4.7 求线性方程组

$$\begin{cases} x_1+2x_2-\ x_3+2x_4= & 1 \\ 2x_1+4x_2+\ x_3+\ x_4= & 5 \\ -x_1-2x_2-2x_3+\ x_4= & -4 \end{cases}$$

的解。

解 $\begin{pmatrix} 1 & 2 & -1 & 2 & 1 \\ 2 & 4 & 1 & 1 & 5 \\ -1 & -2 & -2 & 1 & -4 \end{pmatrix} \xrightarrow[r_3+r_1]{r_2-2r_1} \begin{pmatrix} 1 & 2 & -1 & 2 & 1 \\ 0 & 0 & 3 & -3 & 3 \\ 0 & 0 & -3 & 3 & -3 \end{pmatrix}$

$\xrightarrow{r_3+r_2} \begin{pmatrix} 1 & 2 & -1 & 2 & 1 \\ 0 & 0 & 3 & -3 & 3 \\ 0 & 0 & 0 & 0 & 0 \end{pmatrix} \xrightarrow{r_2\times\frac{1}{3}} \begin{pmatrix} 1 & 2 & -1 & 2 & 1 \\ 0 & 0 & 1 & -1 & 1 \\ 0 & 0 & 0 & 0 & 0 \end{pmatrix}$

$\xrightarrow{r_1+r_2} \begin{pmatrix} 1 & 2 & 0 & 1 & 2 \\ 0 & 0 & 1 & -1 & 1 \\ 0 & 0 & 0 & 0 & 0 \end{pmatrix}$

于是得到同解方程组为

$$\begin{cases} x_1+2x_2\quad +x_4=2 \\ \qquad\qquad x_3-x_4=1 \end{cases}$$

将 x_2, x_4 作为自由未知量移到等号右边得到

$$\begin{cases} x_1=2-2x_2-x_4 \\ x_2=\qquad x_2 \\ x_3=1\qquad\quad +x_4 \\ x_4=\qquad\qquad x_4 \end{cases}$$

取 $x_2=C_1, x_4=C_2$，得方程组的全部解为

$$\begin{pmatrix} x_1 \\ x_2 \\ x_3 \\ x_4 \end{pmatrix} = \begin{pmatrix} 2 \\ 0 \\ 1 \\ 0 \end{pmatrix} + C_1\begin{pmatrix} -2 \\ 1 \\ 0 \\ 0 \end{pmatrix} + C_2\begin{pmatrix} -1 \\ 0 \\ 1 \\ 1 \end{pmatrix}$$（其中 C_1, C_2 为常数）。

4.2 线性方程组的解的结构

4.2.1 齐次线性方程组的解的结构

设齐次线性方程组

$$\boldsymbol{Ax}=\boldsymbol{0} \tag{4.13}$$

其中 $\boldsymbol{A}=\begin{pmatrix} a_{11} & a_{12} & \cdots & a_{1n} \\ a_{21} & a_{22} & \cdots & a_{2n} \\ \vdots & \vdots & & \vdots \\ a_{m1} & a_{m2} & \cdots & a_{mn} \end{pmatrix}$, $\boldsymbol{x}=\begin{pmatrix} x_1 \\ x_2 \\ \vdots \\ x_n \end{pmatrix}$, $\boldsymbol{0}=\begin{pmatrix} 0 \\ 0 \\ \vdots \\ 0 \end{pmatrix}$

容易看出对于齐次线性方程组 $\boldsymbol{Ax}=\boldsymbol{0}$,总有 $\mathrm{r}(\boldsymbol{A})=\mathrm{r}(\boldsymbol{B})$,因此 $\boldsymbol{Ax}=\boldsymbol{0}$ 总有解。事实上,齐次线性方程组总有零解。

对于齐次线性方程组 $\boldsymbol{Ax}=\boldsymbol{0}$,是否有非零解?如果有非零解,是否唯一?其解的形式又如何?

若 $\boldsymbol{Ax}=\boldsymbol{0}$ 有非零解 $\boldsymbol{x}=\begin{pmatrix} k_1 \\ k_2 \\ \vdots \\ k_n \end{pmatrix}$,则必满足方程

$$k_1\boldsymbol{a}_1+k_2\boldsymbol{a}_2+\cdots+k_n\boldsymbol{a}_n=\boldsymbol{0}$$

其中,$\boldsymbol{a}_1,\boldsymbol{a}_2,\cdots,\boldsymbol{a}_n$ 为系数矩阵 $\boldsymbol{A}$ 的列向量。

由于 $k_1,k_2,\cdots,k_n$ 不全为零,故上式成立等价于系数矩阵 $\boldsymbol{A}$ 的列向量 $\boldsymbol{a}_1,\boldsymbol{a}_2,\cdots,\boldsymbol{a}_n$ 线性相关,则 $\mathrm{r}(\boldsymbol{A})<n$。如果 $\mathrm{r}(\boldsymbol{A})=n$,由克莱姆法则可知,方程组 $\boldsymbol{Ax}=\boldsymbol{0}$ 只有唯一零解。当方程组(4.13)有非零解时,显然非零解不是唯一的。

定理 4.2 设齐次线性方程组(4.13)的系数矩阵 $\boldsymbol{A}$ 的秩为 r,即 $\mathrm{r}(\boldsymbol{A})=r$,则当 $r=n$ 时,方程组只有唯一零解;当 $r<n$ 时,方程组有无穷多个解。

当方程组的系数矩阵的秩小于未知量的个数,即 $r<n$ 时,方程组(4.13)有无穷多个解,那么这些解之间有什么关系?这就是解的结构问题。对齐次线性方程组 $\boldsymbol{Ax}=\boldsymbol{0}$ 的一组解:$x_1,x_2,\cdots,x_n$,将其看成一个 n 维列向量,则可称其为齐次线性方程组的一个解向量 $(x_1,x_2,\cdots,x_n)^{\mathrm{T}}$。齐次线性方程组的解向量有以下性质:

性质 1 设 $\boldsymbol{\xi}_1,\boldsymbol{\xi}_2$ 是齐次线性方程组(4.13)的两个解向量,则 $\boldsymbol{\xi}_1+\boldsymbol{\xi}_2$ 也是方程组(4.13)的解向量。

证 因 $\boldsymbol{\xi}_1,\boldsymbol{\xi}_2$ 是方程 $\boldsymbol{Ax}=\boldsymbol{0}$ 的解向量,则 $\boldsymbol{A\xi}_1=\boldsymbol{0}$ 及 $\boldsymbol{A\xi}_2=\boldsymbol{0}$,从而 $\boldsymbol{A}(\boldsymbol{\xi}_1+\boldsymbol{\xi}_2)=\boldsymbol{A\xi}_1+\boldsymbol{A\xi}_2=\boldsymbol{0}+\boldsymbol{0}=\boldsymbol{0}$,所以 $\boldsymbol{\xi}_1+\boldsymbol{\xi}_2$ 是方程组(4.13)的解向量。

性质 2 设 $\boldsymbol{\xi}$ 是方程组(4.13)的解向量,k 是任意常数,则 $k\boldsymbol{\xi}$ 是方程组(4.13)的解向量。

证 设 $\boldsymbol{\xi}$ 是 $\boldsymbol{Ax}=\boldsymbol{0}$ 的解向量,则 $\boldsymbol{A\xi}=\boldsymbol{0}$,从而 $\boldsymbol{A}(k\boldsymbol{\xi})=k(\boldsymbol{A\xi})=k\times\boldsymbol{0}=\boldsymbol{0}$,所以 $k\boldsymbol{\xi}$ 是方程组(4.13)的解向量。

由性质 1 与性质 2 可以得到:若 $\boldsymbol{\xi}_1,\boldsymbol{\xi}_2,\cdots,\boldsymbol{\xi}_l$ 是方程组(4.13)的解向量,$k_1,k_2,\cdots,k_l$ 是任意常数,则 $k_1\boldsymbol{\xi}_1+k_2\boldsymbol{\xi}_2+\cdots+k_l\boldsymbol{\xi}_l$ 也是方程组(4.13)的解向量。

若用 S 表示齐次线性方程组(4.13)的所有解向量所组成的集合,由性质 1、2

可得

(1) 若 $\boldsymbol{\xi}_1 \in S, \boldsymbol{\xi}_2 \in S$，则 $\boldsymbol{\xi}_1 + \boldsymbol{\xi}_2 \in S$。

(2) 若 $\boldsymbol{\xi}_1 \in S, k \in \mathbb{R}$，则 $k\boldsymbol{\xi}_1 \in S$。

这表示 S 对向量的线性运算是封闭的，所以集合 S 是一个向量空间，称为齐次线性方程组(4.13)的解空间。

下面来求解空间 S 的一个基。

设系数矩阵 $\mathbf{A}$ 的秩为 r，并且不妨设 $\mathbf{A}$ 的前 r 个列向量线性无关，对 $\mathbf{A}$ 作初等行变换化成如下形状：

$$\begin{pmatrix} 1 & 0 & \cdots & 0 & k_{1,r+1} & \cdots & k_{1,n} \\ 0 & 1 & \cdots & 0 & k_{2,r+1} & \cdots & k_{2,n} \\ \vdots & \vdots & & \vdots & \vdots & & \vdots \\ 0 & 0 & \cdots & 1 & k_{r,r+1} & \cdots & k_{r,n} \\ \vdots & \vdots & & \vdots & \vdots & & \vdots \\ 0 & 0 & \cdots & 0 & 0 & \cdots & 0 \end{pmatrix}$$

这说明齐次线性方程组(4.13)与下列方程组同解：

$$\begin{cases} x_1 = -k_{1,r+1}x_{r+1} - \cdots - k_{1,n}x_n \\ x_2 = -k_{2,r+1}x_{r+1} - \cdots - k_{2,n}x_n \\ \vdots \qquad\quad \vdots \qquad\qquad\quad \vdots \\ x_r = -k_{r,r+1}x_{r+1} - \cdots - k_{r,n}x_n \end{cases} \tag{4.14}$$

其中 $x_{r+1}, \cdots, x_n$ 为自由未知量，任取 $x_{r+1}, \cdots, x_n$ 一组值，即可唯一确定 $x_1, \cdots, x_r$ 的值，就得到方程组(4.13)的一个解。现在令 $x_{r+1}, \cdots, x_n$ 分别取下列 $n-r$ 组数：

$$\begin{pmatrix} x_{r+1} \\ x_{r+2} \\ \vdots \\ x_n \end{pmatrix} = \begin{pmatrix} 1 \\ 0 \\ \vdots \\ 0 \end{pmatrix}, \begin{pmatrix} 0 \\ 1 \\ \vdots \\ 0 \end{pmatrix}, \cdots, \begin{pmatrix} 0 \\ 0 \\ \vdots \\ 1 \end{pmatrix}$$

就可得到齐次线性方程组(4.13)的 $n-r$ 个非零解向量为

$$\boldsymbol{\xi}_1 = \begin{pmatrix} -k_{1,r+1} \\ -k_{2,r+1} \\ \vdots \\ -k_{r,r+1} \\ 1 \\ 0 \\ \vdots \\ 0 \end{pmatrix}, \boldsymbol{\xi}_2 = \begin{pmatrix} -k_{1,r+2} \\ -k_{2,r+2} \\ \vdots \\ -k_{r,r+2} \\ 0 \\ 1 \\ \vdots \\ 0 \end{pmatrix}, \cdots, \boldsymbol{\xi}_{n-r} = \begin{pmatrix} -k_{1,n} \\ -k_{2,n} \\ \vdots \\ -k_{r,n} \\ 0 \\ 0 \\ \vdots \\ 1 \end{pmatrix}$$

下面证明 $\boldsymbol{\xi}_1,\boldsymbol{\xi}_2,\cdots,\boldsymbol{\xi}_{n-r}$ 就是解空间 S 的一个基。

首先,由于 $(x_{r+1},x_{r+2},\cdots,x_n)^{\mathrm{T}}$ 所取的 $n-r$ 个 $n-r$ 维向量

$$\begin{pmatrix}1\\0\\\vdots\\0\end{pmatrix},\begin{pmatrix}0\\1\\\vdots\\0\end{pmatrix},\cdots,\begin{pmatrix}0\\0\\\vdots\\1\end{pmatrix}$$

线性无关,所以在每个向量前面添加 r 个分量而得到的 $n-r$ 个 n 维向量 $\boldsymbol{\xi}_1$,$\boldsymbol{\xi}_2,\cdots,\boldsymbol{\xi}_{n-r}$ 也线性无关。

其次证明方程组(4.13)的任一解

$$\boldsymbol{x}=\boldsymbol{\xi}=\begin{pmatrix}\lambda_1\\\vdots\\\lambda_r\\\lambda_{r+1}\\\vdots\\\lambda_n\end{pmatrix}$$

都可以由 $\boldsymbol{\xi}_1,\boldsymbol{\xi}_2,\cdots,\boldsymbol{\xi}_{n-r}$ 线性表示。作向量

$$\boldsymbol{\eta}=\lambda_{r+1}\boldsymbol{\xi}_1+\lambda_{r+2}\boldsymbol{\xi}_2+\cdots+\lambda_n\boldsymbol{\xi}_{n-r}$$

由于 $\boldsymbol{\xi}_1,\boldsymbol{\xi}_2,\cdots,\boldsymbol{\xi}_{n-r}$ 是方程组(4.13)的解,故 $\boldsymbol{\eta}$ 也是方程组(4.13)的解,而 $\boldsymbol{\eta}$ 与 $\boldsymbol{\xi}$ 的后面 $n-r$ 个分量对应相等,由于它们都满足方程组(4.14),由方程组(4.14)知,任一解的前 r 个分量由后 $n-r$ 个分量唯一地决定,因此 $\boldsymbol{\xi}=\boldsymbol{\eta}$,即

$$\boldsymbol{\xi}=\lambda_{r+1}\boldsymbol{\xi}_1+\lambda_{r+2}\boldsymbol{\xi}_2+\cdots+\lambda_n\boldsymbol{\xi}_{n-r}$$

这样,$\boldsymbol{\xi}_1,\boldsymbol{\xi}_2,\cdots,\boldsymbol{\xi}_{n-r}$ 就是解空间 S 的一个基,故解空间 S 的维数是 $n-r$。解空间 S 的基称为方程组(4.13)的基础解系。

当 $\mathrm{r}(\boldsymbol{A})=n$ 时,方程组(4.13)只有零解,因而没有基础解系。而当 $\mathrm{r}(\boldsymbol{A})=r<n$ 时,方程组(4.13)必有含 $n-r$ 个向量的基础解系。设 $\boldsymbol{\xi}_1,\boldsymbol{\xi}_2,\cdots,\boldsymbol{\xi}_{n-r}$ 为方程组(4.13)的一个基础解系,则方程组(4.13)的解可表示为

$$\boldsymbol{x}=k_1\boldsymbol{\xi}_1+k_2\boldsymbol{\xi}_2+\cdots+k_{n-r}\boldsymbol{\xi}_{n-r}$$

其中 $k_1,k_2,\cdots,k_{n-r}$ 为任意实数,此式称为方程组(4.13)的通解。这时解空间可表示为

$$S=\{\boldsymbol{x}=k_1\boldsymbol{\xi}_1+k_2\boldsymbol{\xi}_2+\cdots+k_{n-r}\boldsymbol{\xi}_{n-r}\mid k_1,k_2,\cdots,k_{n-r}\in\mathbb{R}\}$$

而上面证明的过程也是求解空间的基的一种方法。

例 4.8 求齐次线性方程组

$$\begin{cases}x_1-x_2-x_3+x_4=0\\x_1-3x_2+x_3-3x_4=0\\x_1-2x_3+3x_4=0\end{cases}$$

的基础解系。

解 对系数矩阵作初等行变换，变为行最简形矩阵，有

$$\boldsymbol{A}=\begin{pmatrix}1&-1&-1&1\\1&-3&1&-3\\1&0&-2&3\end{pmatrix}\xrightarrow[r_3-r_1]{r_2-r_1}\begin{pmatrix}1&-1&-1&1\\0&-2&2&-4\\0&1&-1&2\end{pmatrix}$$

$$\xrightarrow{r_3+\frac{1}{2}r_2}\begin{pmatrix}1&-1&-1&1\\0&-2&2&-4\\0&0&0&0\end{pmatrix}\xrightarrow{r_2\times\left(-\frac{1}{2}\right)}\begin{pmatrix}1&-1&-1&1\\0&1&-1&2\\0&0&0&0\end{pmatrix}$$

$$\xrightarrow{r_1+r_2}\begin{pmatrix}1&0&-2&3\\0&1&-1&2\\0&0&0&0\end{pmatrix}$$

由此得到原方程组同解的方程组

$$\begin{cases}x_1-2x_3+3x_4=0\\x_2-\ \ x_3+2x_4=0\end{cases}$$

即得

$$\begin{cases}x_1=2x_3-3x_4\\x_2=\ \ x_3-2x_4\end{cases}$$

令$\begin{pmatrix}x_3\\x_4\end{pmatrix}$分别取$\begin{pmatrix}1\\0\end{pmatrix}$，$\begin{pmatrix}0\\1\end{pmatrix}$，得$\begin{pmatrix}x_1\\x_2\end{pmatrix}=\begin{pmatrix}2\\1\end{pmatrix}$，$\begin{pmatrix}-3\\-2\end{pmatrix}$，则得原方程组的一个基础解系

$$\boldsymbol{\xi}_1=\begin{pmatrix}2\\1\\1\\0\end{pmatrix},\ \boldsymbol{\xi}_2=\begin{pmatrix}-3\\-2\\0\\1\end{pmatrix}$$

例 4.9 λ为何值时齐次线性方程组$\begin{cases}x_1+\ \ x_2+2x_3=0\\x_1+2x_2+\ \ x_3=0\\2x_1+\ \ x_2+\lambda x_3=0\end{cases}$有基础解系？

解 $\boldsymbol{A}=\begin{pmatrix}1&1&2\\1&2&1\\2&1&\lambda\end{pmatrix}\xrightarrow[r_3-2r_1]{r_2-r_1}\begin{pmatrix}1&1&2\\0&1&-1\\0&-1&\lambda-4\end{pmatrix}\xrightarrow{r_3+r_2}\begin{pmatrix}1&1&2\\0&1&-1\\0&0&\lambda-5\end{pmatrix}$

当$\lambda-5\neq0$时，$\mathrm{r}(\boldsymbol{A})=3$，方程组只有零解，没有基础解系；

当$\lambda-5=0$，即$\lambda=5$时，$\mathrm{r}(\boldsymbol{A})=2<3$，齐次线性方程组有基础解系，且基础解系中只有一个解向量。

例 4.10 设$\boldsymbol{A},\boldsymbol{B}$都是$n$阶方阵，且$\boldsymbol{AB}=\boldsymbol{0}$，证明：$\mathrm{r}(\boldsymbol{A})+\mathrm{r}(\boldsymbol{B})\leqslant n$。

证 设$\boldsymbol{B}=(\boldsymbol{b}_1,\boldsymbol{b}_2,\cdots,\boldsymbol{b}_n)$，$\boldsymbol{b}_i$为$\boldsymbol{B}$的第$i$列向量，则

$$\boldsymbol{AB} = (\boldsymbol{Ab}_1, \boldsymbol{Ab}_2, \cdots, \boldsymbol{Ab}_n)$$

由 $\boldsymbol{AB}=\boldsymbol{0}$ 知，$\boldsymbol{Ab}_i=\boldsymbol{0}$，因此 $\boldsymbol{b}_i(i=1,2,\cdots,n)$ 是方程组 $\boldsymbol{Ax}=\boldsymbol{0}$ 的解。

设 $\mathrm{r}(\boldsymbol{A})=r$，则方程组 $\boldsymbol{Ax}=\boldsymbol{0}$ 的解空间 S 的维数为 $n-r$，而 $\boldsymbol{B}$ 的列向量组为 S 的子集，故 $\boldsymbol{B}$ 的列秩$\leqslant S$ 的维数，即 $\mathrm{r}(\boldsymbol{B})\leqslant n-r$，从而 $r+\mathrm{r}(\boldsymbol{B})\leqslant n$，因此

$$\mathrm{r}(\boldsymbol{A}) + \mathrm{r}(\boldsymbol{B}) \leqslant n$$

4.2.2 非齐次线性方程组的解的结构

设非齐次线性方程组

$$\begin{cases} a_{11}x_1 + a_{12}x_2 + \cdots + a_{1n}x_n = b_1 \\ a_{21}x_1 + a_{22}x_2 + \cdots + a_{2n}x_n = b_2 \\ \quad\vdots \qquad\quad \vdots \qquad\qquad\quad \vdots \qquad\quad \vdots \\ a_{m1}x_1 + a_{m2}x_2 + \cdots + a_{mn}x_n = b_m \end{cases}$$

其矩阵形式为

$$\boldsymbol{Ax} = \boldsymbol{b} \tag{4.15}$$

若(4.15)式的右端取为零向量，则得

$$\boldsymbol{Ax} = \boldsymbol{0} \tag{4.16}$$

称(4.16)式为与(4.15)式相应的齐次线性方程组。

非齐次线性方程组(4.15) 和与其相应的齐次线性方程组(4.16) 有如下关系：

性质 3 非齐次线性方程组(4.15) 的一个解向量 $\boldsymbol{\eta}$ 与其相应的齐次线性方程组(4.16) 的一个解向量 $\boldsymbol{\xi}$ 之和 $\boldsymbol{\xi}+\boldsymbol{\eta}$ 仍是(4.15)式的一个解向量。

证 由条件可知 $\boldsymbol{A\xi}=\boldsymbol{0}$，$\boldsymbol{A\eta}=\boldsymbol{b}$，故

$$\boldsymbol{A}(\boldsymbol{\xi}+\boldsymbol{\eta}) = \boldsymbol{A\xi} + \boldsymbol{A\eta} = \boldsymbol{0} + \boldsymbol{b} = \boldsymbol{b}$$

所以 $\boldsymbol{\xi}+\boldsymbol{\eta}$ 是(4.15)式的解向量。

性质 4 非齐次线性方程组(4.15) 的两个解向量 $\boldsymbol{\eta}_1$ 与 $\boldsymbol{\eta}_2$ 之差 $\boldsymbol{\eta}_1-\boldsymbol{\eta}_2$，是其相应的齐次线性方程组(4.16) 的解向量。

证 由条件得 $\boldsymbol{A\eta}_1=\boldsymbol{b}$，$\boldsymbol{A\eta}_2=\boldsymbol{b}$，故

$$\boldsymbol{A}(\boldsymbol{\eta}_1 - \boldsymbol{\eta}_2) = \boldsymbol{A\eta}_1 - \boldsymbol{A\eta}_2 = \boldsymbol{b} - \boldsymbol{b} = \boldsymbol{0}$$

所以 $\boldsymbol{\eta}_1-\boldsymbol{\eta}_2$ 是(4.16)式的解向量。

下面的定理给出求非齐次线性方程组(4.15) 的全部解的方法。

定理 4.3 如果 $\boldsymbol{\eta}$ 是非齐次线性方程组(4.15) 的一个解，$\boldsymbol{\xi}$ 是与其相应的齐次线性方程组(4.16)式的通解，则(4.15) 式的任一解总可表示为 $\boldsymbol{x}=\boldsymbol{\xi}+\boldsymbol{\eta}$。

证 设 $\boldsymbol{\eta}'$ 是(4.15)式的任一解，由于 $\boldsymbol{\eta}$ 也是(4.15)式的一个解，由性质 4 知 $\boldsymbol{\eta}'-\boldsymbol{\eta}$ 是(4.16)式的解，由于 $\boldsymbol{\xi}$ 是(4.16)式的通解，故 $\boldsymbol{\eta}'-\boldsymbol{\eta}$ 必包含在 $\boldsymbol{\xi}$ 之中，而

$\boldsymbol{\eta}'=\boldsymbol{\eta}+(\boldsymbol{\eta}'-\boldsymbol{\eta})$也必包含在$\boldsymbol{\xi}+\boldsymbol{\eta}$之中，又由性质3知$\boldsymbol{\xi}+\boldsymbol{\eta}$是(4.15)式的解，所以(4.15)式的任一解可表示为$\boldsymbol{x}=\boldsymbol{\xi}+\boldsymbol{\eta}$。

由此可知，如果非齐次线性方程组有解，则只需求出它的一个解$\boldsymbol{\eta}$，并求出其相应的齐次线性方程组的基础解系$\boldsymbol{\xi}_1,\boldsymbol{\xi}_2,\cdots,\boldsymbol{\xi}_{n-r}$，则其全部解可以表示为

$$\boldsymbol{\xi}=k_1\boldsymbol{\xi}_1+k_2\boldsymbol{\xi}_2+\cdots+k_{n-r}\boldsymbol{\xi}_{n-r}+\boldsymbol{\eta}$$

此式称为非齐次线性方程组(4.15)的通解。

例 4.11 求非齐次线性方程组

$$\begin{cases}x_1-x_2-x_3+\ x_4=1\\x_1+x_2-x_3-3x_4=5\\x_1\qquad\quad-x_3-\ x_4=3\end{cases}$$

的解。

解 $\boldsymbol{B}=\begin{pmatrix}1&-1&-1&1&1\\1&1&-1&-3&5\\1&0&-1&-1&3\end{pmatrix}\xrightarrow[r_3-r_1]{r_2-r_1}\begin{pmatrix}1&-1&-1&1&1\\0&2&0&-4&4\\0&1&0&-2&2\end{pmatrix}$

$$\xrightarrow{r_2\leftrightarrow r_3}\begin{pmatrix}1&-1&-1&1&1\\0&1&0&-2&2\\0&2&0&-4&4\end{pmatrix}\xrightarrow{r_3-2r_2}\begin{pmatrix}1&-1&-1&1&1\\0&1&0&-2&2\\0&0&0&0&0\end{pmatrix}$$

$$\xrightarrow{r_1+r_2}\begin{pmatrix}1&0&-1&-1&3\\0&1&0&-2&2\\0&0&0&0&0\end{pmatrix}$$

可见$\mathrm{r}(\boldsymbol{B})=\mathrm{r}(\boldsymbol{A})=2$，故方程组有解，并且有

$$\begin{cases}x_1=x_3+\ x_4+3\\x_2=\qquad\ 2x_4+2\end{cases}$$

取$x_3=x_4=0$，即得方程组的一个解

$$\boldsymbol{\eta}=\begin{pmatrix}3\\2\\0\\0\end{pmatrix}$$

同时可得其通解为

$$\begin{pmatrix}x_1\\x_2\\x_3\\x_4\end{pmatrix}=k_1\begin{pmatrix}1\\0\\1\\0\end{pmatrix}+k_2\begin{pmatrix}1\\2\\0\\1\end{pmatrix}+\begin{pmatrix}3\\2\\0\\0\end{pmatrix},(k_1,k_2,\in\mathbb{R})$$

例 4.12 问a,b为何值时，线性方程组

$$\begin{cases} x_1+x_2+x_3+x_4=0 \\ x_2-x_3+2x_4=1 \\ -x_2+ax_3-2x_4=b \\ 3x_1+2x_2+4x_3+ax_4=-1 \end{cases}$$

无解？有唯一解？有无穷多解？并在有无穷多解时，求其通解。

解 $\boldsymbol{B}=\begin{pmatrix} 1 & 1 & 1 & 1 & 0 \\ 0 & 1 & -1 & 2 & 1 \\ 0 & -1 & a & -2 & b \\ 3 & 2 & 4 & a & -1 \end{pmatrix} \xrightarrow{r_4-3r_1} \begin{pmatrix} 1 & 1 & 1 & 1 & 0 \\ 0 & 1 & -1 & 2 & 1 \\ 0 & -1 & a & -2 & b \\ 0 & -1 & 1 & a-3 & -1 \end{pmatrix}$

$\xrightarrow[r_4+r_2]{r_3+r_2} \begin{pmatrix} 1 & 1 & 1 & 1 & 0 \\ 0 & 1 & -1 & 2 & 1 \\ 0 & 0 & a-1 & 0 & b+1 \\ 0 & 0 & 0 & a-1 & 0 \end{pmatrix}$。

当 $a\neq1$ 时，方程组有唯一解；

当 $a=1$ 时，若 $b\neq-1$，则 $\mathrm{r}(\mathbf{A})=2$，$\mathrm{r}(\boldsymbol{B})=3$，$\mathrm{r}(\mathbf{A})\neq\mathrm{r}(\boldsymbol{B})$，此时方程组无解；

若 $b=-1$，则 $\mathrm{r}(\mathbf{A})=\mathrm{r}(\boldsymbol{B})=2$，故方程组有无穷多解。此时，行阶梯阵为

$$\begin{pmatrix} 1 & 1 & 1 & 1 & 0 \\ 0 & 1 & -1 & 2 & 1 \\ 0 & 0 & 0 & 0 & 0 \\ 0 & 0 & 0 & 0 & 0 \end{pmatrix} \xrightarrow{r_1-r_2} \begin{pmatrix} 1 & 0 & 2 & -1 & -1 \\ 0 & 1 & -1 & 2 & 1 \\ 0 & 0 & 0 & 0 & 0 \\ 0 & 0 & 0 & 0 & 0 \end{pmatrix}$$

并有

$$\begin{cases} x_1=-2x_3+x_4-1 \\ x_2=x_3-2x_4+1 \end{cases}$$

故有通解

$$\begin{pmatrix} x_1 \\ x_2 \\ x_3 \\ x_4 \end{pmatrix}=k_1\begin{pmatrix} -2 \\ 1 \\ 1 \\ 0 \end{pmatrix}+k_2\begin{pmatrix} 1 \\ -2 \\ 0 \\ 1 \end{pmatrix}+\begin{pmatrix} -1 \\ 1 \\ 0 \\ 0 \end{pmatrix},(k_1,k_2\in\mathbb{R})$$

习题 4

1. 用高斯消元法解线性方程组：

(1) $\begin{cases} x_1-2x_2+3x_3-4x_4=4 \\ x_2-x_3+x_4=-3 \\ x_1+3x_2-x_4=1 \\ -7x_2+3x_3+x_4=-3 \end{cases}$； (2) $\begin{cases} x_1+3x_2+x_3+2x_4=4 \\ 3x_1+4x_2+2x_3-3x_4=6 \\ -x_1-5x_2+4x_3+x_4=11 \\ 2x_1+7x_2+x_3-6x_4=-1 \end{cases}$。

2. 求下列齐次线性方程组的一个基础解系：

(1) $\begin{cases} x_1-x_3+x_4=0 \\ 2x_1+x_2-3x_3-x_4=0 \\ x_2-x_3-x_4=0 \end{cases}$； (2) $\begin{cases} 2x_1+3x_2-x_3+5x_4=0 \\ 3x_1+x_2+2x_3-7x_4=0 \\ 4x_1+x_2-3x_3+6x_4=0 \\ x_1-2x_2+4x_3-7x_4=0 \end{cases}$。

3. 求下列方程组的通解：

(1) $\begin{cases} x_1+x_3=0 \\ 2x_1+3x_2-2x_3=0 \\ 2x_1-3x_2+6x_3=0 \end{cases}$； (2) $\begin{cases} x_1-x_2+5x_3-x_4=0 \\ x_1+x_2-2x_3+3x_4=0 \\ 3x_1-x_2+8x_3+x_4=0 \\ x_1+3x_2-9x_3+7x_4=0 \end{cases}$；

(3) $\begin{cases} x_1-3x_2+x_3-2x_4=0 \\ -5x_1+x_2-2x_3+3x_4=0 \\ -x_1-11x_2+2x_3-5x_4=0 \\ 3x_1+5x_2+x_4=0 \end{cases}$； (4) $\begin{cases} 2x_1+x_2-2x_3+x_4=0 \\ x_1-2x_2+4x_3-7x_4=0 \\ 3x_1-x_2+2x_3-4x_4=0 \end{cases}$。

4. 设 $\boldsymbol{A}$ 为 $m\times n$ 矩阵，证明：若任一 n 维向量都是 $\boldsymbol{Ax}=\boldsymbol{0}$ 的解，则 $\boldsymbol{A}=\boldsymbol{0}$。

5. 设 $\boldsymbol{A}$ 是 $m\times s$ 矩阵，$\boldsymbol{B}$ 是 $s\times n$ 矩阵，$\boldsymbol{x}$ 是 n 维列向量，证明：若 $(\boldsymbol{AB})\boldsymbol{x}=\boldsymbol{0}$ 与 $\boldsymbol{Bx}=\boldsymbol{0}$ 是同解方程组，则 $\mathrm{r}(\boldsymbol{AB})=\mathrm{r}(\boldsymbol{B})$。

6. 设 $\boldsymbol{\xi}_1,\boldsymbol{\xi}_2,\cdots,\boldsymbol{\xi}_r$ 是齐次线性方程组的一个基础解系，试证：$\boldsymbol{\xi}_1+\boldsymbol{\xi}_2,\boldsymbol{\xi}_2,\cdots,\boldsymbol{\xi}_r$ 也是此方程组的一个基础解系。

7. 判断下列命题是否正确：

(1) 若 $\boldsymbol{Ax}=\boldsymbol{0}$ 只有零解，则 $\boldsymbol{Ax}=\boldsymbol{b}$ 有唯一解；

(2) 若 $\boldsymbol{\eta}_1,\boldsymbol{\eta}_2,\boldsymbol{\eta}_3,\boldsymbol{\eta}_4$ 是 $\boldsymbol{Ax}=\boldsymbol{0}$ 的基础解系，则 $\boldsymbol{\eta}_1+\boldsymbol{\eta}_2,\boldsymbol{\eta}_2+\boldsymbol{\eta}_3,\boldsymbol{\eta}_3+\boldsymbol{\eta}_4,\boldsymbol{\eta}_4+\boldsymbol{\eta}_1$ 也是 $\boldsymbol{Ax}=\boldsymbol{0}$ 的基础解系；

(3) 若 $\boldsymbol{Ax}=\boldsymbol{b}$ 有唯一解，则 $\boldsymbol{Ax}=\boldsymbol{0}$ 只有零解。

8. 求下列非齐次线性方程组的通解：

(1) $\begin{cases} 2x_1+7x_2+3x_3+x_4=6 \\ 3x_1+5x_2+2x_3+2x_4=4 \\ 9x_1+4x_2+x_3+7x_4=2 \end{cases}$； (2) $\begin{cases} 2x_1+3x_2+x_3=4 \\ x_1-2x_2+4x_3=-5 \\ 4x_1-x_2+9x_3=-6 \\ 3x_1+8x_2-2x_3=13 \end{cases}$；

(3) $\begin{cases} 2x_1+x_2-x_3+x_4=1 \\ x_1+2x_2+x_3-x_4=2; \\ x_1+x_2+2x_3+x_4=3 \end{cases}$ (4) $\begin{cases} x_1+2x_2+x_3-x_4=4 \\ 3x_1+6x_2-x_3-3x_4=8。 \\ 5x_1+10x_2+x_3-5x_4=16 \end{cases}$

9. λ 取何值时,下列非齐次线性方程组有唯一解? 无解? 有无穷多解?

(1) $\begin{cases} x_1+x_2-x_3=1 \\ 2x_1+3x_2+\lambda x_3=3; \\ x_1+\lambda x_2+3x_3=2 \end{cases}$

(2) $\begin{cases} (\lambda+3)x_1+x_2+2x_3=\lambda \\ \lambda x_1+(\lambda-1)x_2+x_3=2\lambda; \\ 3(\lambda+1)x_1+\lambda x_2+(\lambda+3)x_3=3 \end{cases}$

(3) $\begin{cases} (3-2\lambda)x_1+(2-\lambda)x_2+x_3=\lambda \\ (2-\lambda)x_1+(2-\lambda)x_2+x_3=1。 \\ x_1+x_2+(2-\lambda)x_3=1 \end{cases}$

10. 已知 $\begin{vmatrix} a_{11} & a_{12} & \cdots & a_{1n} \\ a_{21} & a_{22} & \cdots & a_{2n} \\ \vdots & \vdots & & \vdots \\ a_{n1} & a_{n2} & \cdots & a_{nn} \end{vmatrix} \neq 0$,试证明:线性方程组

$$\begin{cases} a_{11}x_1+a_{12}x_2+\cdots+a_{1,n-1}x_{n-1}=a_{1n} \\ a_{21}x_1+a_{22}x_2+\cdots+a_{2,n-1}x_{n-1}=a_{2n} \\ \vdots \qquad \vdots \qquad\qquad \vdots \qquad \vdots \\ a_{n1}x_1+a_{n2}x_2+\cdots+a_{n,n-1}x_{n-1}=a_{nn} \end{cases}$$

无解。

11. 设四元非齐次线性方程组的系数矩阵的秩为 3,已知 $\boldsymbol{\eta}_1,\boldsymbol{\eta}_2,\boldsymbol{\eta}_3$ 是它的三个解向量,且

$$\boldsymbol{\eta}_1+\boldsymbol{\eta}_2=\begin{pmatrix}1\\2\\2\\1\end{pmatrix},\boldsymbol{\eta}_3=\begin{pmatrix}1\\2\\3\\4\end{pmatrix},$$

求这方程组的通解。

12. λ,μ 取何值时,下列非齐次线性方程组有唯一解? 无解? 有无穷多解?

(1) $\begin{cases} x_1+2x_2+3x_3-x_4=\mu \\ -x_1+x_2+4x_4=3-\mu; \\ 2x_1+3x_2+5x_3+\lambda x_4=1 \end{cases}$

(2) $\begin{cases} 3x_1+\ x_2+\ \lambda x_3+4x_4=\ \ 1 \\ x_1-3x_2-\ 6x_3+2x_4=-1 \\ x_1-\ x_2-\ 2x_3+3x_4=\ \ 0 \\ x_1+5x_2+10x_3-\ x_4=\ \ \mu \end{cases}$。

13. 设非齐次线性方程组

$$\begin{cases} x_1 - x_2 = a_1 \\ x_2 - x_3 = a_2 \\ x_3 - x_4 = a_3 \\ x_4 - x_5 = a_4 \\ x_5 - x_1 = a_5 \end{cases}$$

证明:这个方程组有解的充分必要条件为 $\sum_{i=1}^{5} a_i=0$。在有解的情形,求出它的通解。

14. 设 $\boldsymbol{\eta}_1,\boldsymbol{\eta}_2,\cdots,\boldsymbol{\eta}_s$ 是非齐次线性方程组 $\mathbf{A}\boldsymbol{x}=\boldsymbol{b}$ 的 s 个解,$k_1,k_2,\cdots,k_s$ 为实数,满足 $k_1+k_2+\cdots+k_s=1$。证明 $\boldsymbol{x}=k_1\boldsymbol{\eta}_1+k_2\boldsymbol{\eta}_2+\cdots+k_s\boldsymbol{\eta}_s$ 也是它的解。

第5章　矩阵相似对角化

本章首先把几何空间$\mathbb{R}^3$中的数量积推广到向量空间$\mathbb{R}^n$，定义欧氏空间，然后讨论矩阵的特征值、特征向量及矩阵相似对角化问题。

5.1　欧氏空间$\mathbb{R}^n$

在n维向量空间$\mathbb{R}^n$的定义中，只有向量的线性运算，没有向量的长度和夹角，因此不能建立直角坐标系。那么怎样才能在向量空间里建立度量呢？首先引进内积的概念。

5.1.1　内积的概念

定义 5.1　在n维向量空间$\mathbb{R}^n$中，对任意两个向量

$$\boldsymbol{x}=\begin{pmatrix}x_1\\x_2\\\vdots\\x_n\end{pmatrix},\quad \boldsymbol{y}=\begin{pmatrix}y_1\\y_2\\\vdots\\y_n\end{pmatrix}$$

令
$$[\boldsymbol{x},\boldsymbol{y}]=x_1y_1+x_2y_2+\cdots+x_ny_n=\boldsymbol{x}^{\mathrm{T}}\boldsymbol{y} \tag{5.1}$$

$[\boldsymbol{x},\boldsymbol{y}]$称为向量$\boldsymbol{x}$与$\boldsymbol{y}$的内积。

根据定义不难证明内积具有下列性质(其中$\boldsymbol{x},\boldsymbol{y},\boldsymbol{z}$为$n$维向量，$\lambda$为实数)：

(1) 对称性$[\boldsymbol{x},\boldsymbol{y}]=[\boldsymbol{y},\boldsymbol{x}]$。

(2) 线性性$[\boldsymbol{x}+\boldsymbol{y},\boldsymbol{z}]=[\boldsymbol{x},\boldsymbol{z}]+[\boldsymbol{y},\boldsymbol{z}]$，$[\lambda\boldsymbol{x},\boldsymbol{y}]=\lambda[\boldsymbol{x},\boldsymbol{y}]$。

(3) 正定性$[\boldsymbol{x},\boldsymbol{x}]\geqslant 0$，等号成立当且仅当$\boldsymbol{x}=\boldsymbol{0}$。

$\mathbb{R}^n$及其上定义的内积$[\boldsymbol{x},\boldsymbol{y}]$称为欧氏(Euclid)空间。

定义 5.2　令$\|\boldsymbol{x}\|=\sqrt{[\boldsymbol{x},\boldsymbol{x}]}=\sqrt{x_1^2+x_2^2+\cdots+x_n^2}$，$\|\boldsymbol{x}\|$称为$n$维向量$\boldsymbol{x}$的长度(或范数)。

$\|\boldsymbol{x}\|=1$的向量$\boldsymbol{x}$称为单位向量。如果非零向量$\boldsymbol{x}$的长度不为1，取$\boldsymbol{x}^0=\dfrac{\boldsymbol{x}}{\|\boldsymbol{x}\|}$，则$\boldsymbol{x}^0$为单位向量，称$\boldsymbol{x}^0$为$\boldsymbol{x}$的单位向量。

定理 5.1　向量的内积满足施瓦茨不等式

$$[\boldsymbol{x},\boldsymbol{y}]^2\leqslant[\boldsymbol{x},\boldsymbol{x}][\boldsymbol{y},\boldsymbol{y}] \tag{5.2}$$

与三角不等式

$$\|\boldsymbol{x}+\boldsymbol{y}\| \leqslant \|\boldsymbol{x}\|+\|\boldsymbol{y}\| \tag{5.3}$$

其中等号成立的充分必要条件是向量 $\boldsymbol{x}$ 与 $\boldsymbol{y}$ 线性相关。

定理 5.1 这里不予以证明，由(5.2) 式可得

$$\left|\frac{[\boldsymbol{x},\boldsymbol{y}]}{\|\boldsymbol{x}\|\|\boldsymbol{y}\|}\right| \leqslant 1(\text{当}\|\boldsymbol{x}\|\|\boldsymbol{y}\| \neq 0\text{时}),$$

于是有下面的定义：

当 $\|\boldsymbol{x}\| \neq 0$，$\|\boldsymbol{y}\| \neq 0$ 时，$\theta=\arccos\dfrac{[\boldsymbol{x},\boldsymbol{y}]}{\|\boldsymbol{x}\|\|\boldsymbol{y}\|}$称为 n 维向量 $\boldsymbol{x}$ 与 $\boldsymbol{y}$ 的夹角。

当$[\boldsymbol{x},\boldsymbol{y}]=0$ 时，称向量 $\boldsymbol{x}$ 与 $\boldsymbol{y}$ 正交。显然，若 $\boldsymbol{x}=\boldsymbol{0}$，则 $\boldsymbol{x}$ 与任何向量都正交。

例 5.1 已知 $\boldsymbol{x}=(-1,\sqrt{2},1,0)^{\mathrm{T}}$，$\boldsymbol{y}=(2,0,-3,2\sqrt{3})^{\mathrm{T}}$，

(1) 求$\|\boldsymbol{x}\|$、$\|\boldsymbol{y}\|$，并使向量 $\boldsymbol{x}$ 和 $\boldsymbol{y}$ 单位化。

(2) 求$[\boldsymbol{x},\boldsymbol{y}]$及$[\boldsymbol{x}+\boldsymbol{y},\boldsymbol{x}-\boldsymbol{y}]$。

(3) 求 $\boldsymbol{x}$ 与 $\boldsymbol{y}$ 的夹角 θ 及$\|\boldsymbol{x}+\boldsymbol{y}\|$。

(4) 验证满足施瓦茨不等式和三角不等式。

解 (1) $\|\boldsymbol{x}\|=\sqrt{[\boldsymbol{x},\boldsymbol{x}]}=\sqrt{(-1)^2+(\sqrt{2})^2+1^2+0^2}=2$

$$\|\boldsymbol{y}\|=\sqrt{[\boldsymbol{y},\boldsymbol{y}]}=\sqrt{2^2+0^2+(-3)^2+(2\sqrt{3})^2}=5$$

$$\boldsymbol{x}^0=\frac{\boldsymbol{x}}{\|\boldsymbol{x}\|}=\frac{1}{2}(-1,\sqrt{2},1,0)^{\mathrm{T}}=\left(-\frac{1}{2},\frac{\sqrt{2}}{2},\frac{1}{2},0\right)^{\mathrm{T}}$$

$$\boldsymbol{y}^0=\frac{\boldsymbol{y}}{\|\boldsymbol{y}\|}=\frac{1}{5}(2,0,-3,2\sqrt{3})^{\mathrm{T}}=\left(\frac{2}{5},0,-\frac{3}{5},\frac{2\sqrt{3}}{5}\right)^{\mathrm{T}};$$

(2)
$$[\boldsymbol{x},\boldsymbol{y}]=\boldsymbol{x}^{\mathrm{T}}\boldsymbol{y}=(-1,\sqrt{2},1,0)\begin{pmatrix}2\\0\\-3\\2\sqrt{3}\end{pmatrix}=-5;$$

$$\boldsymbol{x}+\boldsymbol{y}=(1,\sqrt{2},-2,2\sqrt{3})^{\mathrm{T}},\boldsymbol{x}-\boldsymbol{y}=(-3,\sqrt{2},4,-2\sqrt{3})^{\mathrm{T}};$$

$$[\boldsymbol{x}+\boldsymbol{y},\boldsymbol{x}-\boldsymbol{y}]=-3+2-8-12=-21$$

(3)
$$\cos\theta=\frac{[\boldsymbol{x},\boldsymbol{y}]}{\|\boldsymbol{x}\|\|\boldsymbol{y}\|}=-\frac{1}{2},\theta=\frac{2\pi}{3}$$

$$\|\boldsymbol{x}+\boldsymbol{y}\|=\sqrt{[\boldsymbol{x}+\boldsymbol{y},\boldsymbol{x}+\boldsymbol{y}]}=\sqrt{1^2+(\sqrt{2})^2+(-2)^2+(2\sqrt{3})^2}=\sqrt{19}$$

(4) 施瓦茨不等式显然成立，因为

$$[\boldsymbol{x},\boldsymbol{y}]^2=(-5)^2=25\leqslant 100=4\times 25=[\boldsymbol{x},\boldsymbol{x}]\cdot[\boldsymbol{y},\boldsymbol{y}]$$

三角不等式也成立，因为$\|\boldsymbol{x}+\boldsymbol{y}\|=\sqrt{19}\leqslant\sqrt{49}=7=2+5=\|\boldsymbol{x}\|+\|\boldsymbol{y}\|$。

5.1.2 标准正交基

定义 5.3 欧氏空间中两两正交的非零向量组称为正交向量组；由单位向量组成的正交向量组称为标准正交向量组；如果一组基中的向量是两两正交的，则称为正交基；如果正交基中每个向量都是单位向量，则称为标准正交基。

设$\boldsymbol{e}_1,\boldsymbol{e}_2,\cdots,\boldsymbol{e}_r$是向量空间$V(V\subset\mathbb{R}^n)$的一个标准正交基，等价于它们满足

$$[\boldsymbol{e}_i,\boldsymbol{e}_j]=\delta_{ij}\quad(i,j=1,2,\cdots,r)\tag{5.4}$$

其中$\delta_{ij}=\begin{cases}1 & i=j\\ 0 & i\neq j\end{cases}\quad(i,j=1,2,\cdots,r)$。

定理 5.2 设n维向量$\boldsymbol{a}_1,\boldsymbol{a}_2,\cdots,\boldsymbol{a}_r$是一组两两正交的非零向量，则$\boldsymbol{a}_1,\boldsymbol{a}_2,\cdots,\boldsymbol{a}_r$线性无关。

证 设有$\lambda_1,\lambda_2,\cdots,\lambda_r$，使

$$\lambda_1\boldsymbol{a}_1+\lambda_2\boldsymbol{a}_2+\cdots+\lambda_r\boldsymbol{a}_r=\boldsymbol{0}$$

以$\boldsymbol{a}_i^{\mathrm{T}}$左乘上式两端，得

$$\lambda_i\boldsymbol{a}_i^{\mathrm{T}}\boldsymbol{a}_i=\boldsymbol{0}$$

因$\boldsymbol{a}_i\neq\boldsymbol{0}$，故$\boldsymbol{a}_i^{\mathrm{T}}\boldsymbol{a}_i=\|\boldsymbol{a}_i\|^2>0$，从而必有$\lambda_i=0\ (i=1,2,\cdots,r)$，即$\boldsymbol{a}_1,\boldsymbol{a}_2,\cdots,\boldsymbol{a}_r$线性无关。

定理 5.2 中设$\boldsymbol{a}_1,\boldsymbol{a}_2,\cdots,\boldsymbol{a}_r$是$n$维向量组，若$r=n$，则向量组$\boldsymbol{a}_1,\boldsymbol{a}_2,\cdots,\boldsymbol{a}_r$即为$\mathbb{R}^n$的一组正交基。这说明，$n$维欧氏空间中，两两正交的向量组不能超过$n$个。如在平面上找不到三条两两垂直的直线；在空间找不到四个两两垂直的平面。

在欧氏空间$\mathbb{R}^n$中，标准正交基是应用最广泛的基，下面重点讨论标准正交基的求法。

定理 5.3 （Schmidt 正交化方法）设$\boldsymbol{a}_1,\boldsymbol{a}_2,\cdots,\boldsymbol{a}_r$是欧氏空间$\mathbb{R}^n$中线性无关的向量组，则由如下方法：

$$\begin{aligned}&\boldsymbol{b}_1=\boldsymbol{a}_1\\&\boldsymbol{b}_k=\boldsymbol{a}_k-\sum_{i=1}^{k-1}\frac{[\boldsymbol{b}_i,\boldsymbol{a}_k]}{[\boldsymbol{b}_i,\boldsymbol{b}_i]}\boldsymbol{b}_i\quad(k=2,3,\cdots,r)\end{aligned}\tag{5.5}$$

所得向量组$\boldsymbol{b}_1,\boldsymbol{b}_2,\cdots,\boldsymbol{b}_r$是与$\boldsymbol{a}_1,\boldsymbol{a}_2,\cdots,\boldsymbol{a}_r$等价的正交向量组。

当$r=n$时，Schmidt 正交化方法就可以把$\mathbb{R}^n$中的一组基$\boldsymbol{a}_1,\boldsymbol{a}_2,\cdots,\boldsymbol{a}_n$化为正交向量组$\boldsymbol{b}_1,\boldsymbol{b}_2,\cdots,\boldsymbol{b}_n$，然后单位化

$$\boldsymbol{e}_i=\frac{\boldsymbol{b}_i}{\|\boldsymbol{b}_i\|},\quad(i=1,2,\cdots,n)$$

则$\boldsymbol{e}_1,\boldsymbol{e}_2,\cdots,\boldsymbol{e}_n$是$\mathbb{R}^n$的一组标准正交基。

例 5.2 设 $\boldsymbol{a}_1=\begin{pmatrix}1\\0\\1\end{pmatrix},\boldsymbol{a}_2=\begin{pmatrix}1\\1\\0\end{pmatrix},\boldsymbol{a}_3=\begin{pmatrix}0\\1\\1\end{pmatrix}$ 为$\mathbb{R}^3$的一组基,求与它等价的一组标准正交基。

解 (1) 利用 Schmidt 正交化方法先将基正交化。

$\boldsymbol{b}_1=\boldsymbol{a}_1$

$$\boldsymbol{b}_2=\boldsymbol{a}_2-\frac{[\boldsymbol{b}_1,\boldsymbol{a}_2]}{[\boldsymbol{b}_1,\boldsymbol{b}_1]}\boldsymbol{b}_1=\begin{pmatrix}1\\1\\0\end{pmatrix}-\frac{1}{2}\begin{pmatrix}1\\0\\1\end{pmatrix}=\begin{pmatrix}\frac{1}{2}\\1\\-\frac{1}{2}\end{pmatrix}$$

$$\boldsymbol{b}_3=\boldsymbol{a}_3-\frac{[\boldsymbol{b}_1,\boldsymbol{a}_3]}{[\boldsymbol{b}_1,\boldsymbol{b}_1]}\boldsymbol{b}_1-\frac{[\boldsymbol{b}_2,\boldsymbol{a}_3]}{[\boldsymbol{b}_2,\boldsymbol{b}_2]}\boldsymbol{b}_2=\begin{pmatrix}0\\1\\1\end{pmatrix}-\frac{1}{2}\begin{pmatrix}1\\0\\1\end{pmatrix}-\frac{\frac{1}{2}}{\frac{3}{2}}\begin{pmatrix}\frac{1}{2}\\1\\-\frac{1}{2}\end{pmatrix}=\begin{pmatrix}-\frac{2}{3}\\\frac{2}{3}\\\frac{2}{3}\end{pmatrix}$$

$\boldsymbol{b}_1,\boldsymbol{b}_2,\boldsymbol{b}_3$ 即为与 $\boldsymbol{a}_1,\boldsymbol{a}_2,\boldsymbol{a}_3$ 等价的正交基。

(2) 将 $\boldsymbol{b}_1,\boldsymbol{b}_2,\boldsymbol{b}_3$ 单位化:

$$\boldsymbol{e}_1=\frac{\boldsymbol{b}_1}{\|\boldsymbol{b}_1\|}=\frac{1}{\sqrt{2}}\begin{pmatrix}1\\0\\1\end{pmatrix}=\begin{pmatrix}\frac{1}{\sqrt{2}}\\0\\\frac{1}{\sqrt{2}}\end{pmatrix},\quad \boldsymbol{e}_2=\frac{\boldsymbol{b}_2}{\|\boldsymbol{b}\|_2}=\frac{1}{\sqrt{\frac{3}{2}}}\begin{pmatrix}\frac{1}{2}\\1\\-\frac{1}{2}\end{pmatrix}=\begin{pmatrix}\frac{1}{\sqrt{6}}\\\frac{2}{\sqrt{6}}\\-\frac{1}{\sqrt{6}}\end{pmatrix}$$

$$\boldsymbol{e}_3=\frac{\boldsymbol{b}}{\|\boldsymbol{b}\|_3}=\frac{1}{\sqrt{\frac{4}{3}}}\begin{pmatrix}-\frac{2}{3}\\\frac{2}{3}\\\frac{2}{3}\end{pmatrix}=\begin{pmatrix}-\frac{1}{\sqrt{3}}\\\frac{1}{\sqrt{3}}\\\frac{1}{\sqrt{3}}\end{pmatrix}$$

$\boldsymbol{e}_1,\boldsymbol{e}_2,\boldsymbol{e}_3$ 即合所求。

实际上,如果 V 是$\mathbb{R}^n$的子空间,则 V 的任一组基都可以适当添加向量扩充为$\mathbb{R}^n$的一个基,再利用 Schmidt 方法正交化,即$\mathbb{R}^n$中任一正交向量组(理解为某个子空间的一个正交基)都可以扩充为$\mathbb{R}^n$的一个正交基,再单位化,即可得$\mathbb{R}^n$的一个标准正交基。

例 5.3 设 $\boldsymbol{a}_1=(1,1,-1)^{\mathrm{T}}$，$\boldsymbol{a}_2=(1,2,0)^{\mathrm{T}}$ 求与 $\boldsymbol{a}_1,\boldsymbol{a}_2$ 等价的正交向量组，再扩充为$\mathbb{R}^3$的一个正交基，并把它们单位化得到标准正交基。

解 先利用 Schmidt 正交化方法 $\boldsymbol{a}_1,\boldsymbol{a}_2$ 将正交化。

$$\boldsymbol{b}_1=\boldsymbol{a}_1=(1,1,-1)^{\mathrm{T}}$$

$$\boldsymbol{b}_2=\boldsymbol{a}_2-\frac{[\boldsymbol{b}_1,\boldsymbol{a}_2]}{[\boldsymbol{b}_1,\boldsymbol{b}_1]}\boldsymbol{b}_1=(1,2,0)^{\mathrm{T}}-\frac{3}{3}(1,1,-1)^{\mathrm{T}}=(0,1,1)^{\mathrm{T}}$$

$\boldsymbol{b}_1,\boldsymbol{b}_2$ 就是与 $\boldsymbol{a}_1,\boldsymbol{a}_2$ 等价的正交向量组。

设 $\boldsymbol{b}_3=(x_1,x_2,x_3)^{\mathrm{T}}$ 与 $\boldsymbol{b}_1,\boldsymbol{b}_2$ 都正交，即

$$\begin{cases}x_1+x_2-x_3=0\\ \qquad x_2+x_3=0\end{cases}$$

由此可得 $\boldsymbol{b}_3=(2,-1,1)^{\mathrm{T}}$（可以相差常数倍），$\boldsymbol{b}_1,\boldsymbol{b}_2,\boldsymbol{b}_3$ 即为$\mathbb{R}^3$的一个正交基，单位化得标准正交基

$$\boldsymbol{e}_1=\left(\frac{1}{\sqrt{3}},\frac{1}{\sqrt{3}},-\frac{1}{\sqrt{3}}\right)^{\mathrm{T}},\boldsymbol{e}_2=\left(0,\frac{1}{\sqrt{2}},\frac{1}{\sqrt{2}}\right)^{\mathrm{T}},\ \boldsymbol{e}_3=\left(\frac{2}{\sqrt{6}},-\frac{1}{\sqrt{6}},\frac{1}{\sqrt{6}}\right)^{\mathrm{T}}。$$

5.1.3 正交矩阵及其性质

定义 5.4 如果 n 阶矩阵 $\boldsymbol{A}$ 满足

$$\boldsymbol{A}^{\mathrm{T}}\boldsymbol{A}=\boldsymbol{E}\quad(\text{即 }\boldsymbol{A}^{-1}=\boldsymbol{A}^{\mathrm{T}})$$

那么称 $\boldsymbol{A}$ 为正交矩阵。

上式用 $\boldsymbol{A}$ 的列向量表示，得到

$$\begin{pmatrix}\boldsymbol{a}_1^{\mathrm{T}}\\ \boldsymbol{a}_2^{\mathrm{T}}\\ \vdots\\ \boldsymbol{a}_n^{\mathrm{T}}\end{pmatrix}(\boldsymbol{a}_1,\boldsymbol{a}_2,\cdots,\boldsymbol{a}_n)=\boldsymbol{E}$$

亦即
$$(\boldsymbol{a}_i^{\mathrm{T}}\boldsymbol{a}_j)=(\delta_{ij})$$

这也就是 n^2 个关系式

$$\boldsymbol{a}_i^{\mathrm{T}}\boldsymbol{a}_j=\delta_{ij}=\begin{cases}1 & (i=j)\\ 0 & (i\neq j)\end{cases}\quad(i,j=1,2,\cdots,n)$$

这就说明：方阵 $\boldsymbol{A}$ 为正交矩阵的充分必要条件是 $\boldsymbol{A}$ 的列向量都是单位向量，且两两正交。

考虑到 $\boldsymbol{A}^{\mathrm{T}}\boldsymbol{A}=\boldsymbol{E}$ 与 $\boldsymbol{A}\boldsymbol{A}^{\mathrm{T}}=\boldsymbol{E}$ 等价，所以上述结论对 $\boldsymbol{A}$ 的行向量亦成立。因此，正交矩阵 $\boldsymbol{A}$ 的 n 列(行) 向量构成向量空间$\mathbb{R}^n$的一个标准正交基。

例 5.4 验证矩阵

$$P=\begin{pmatrix} \frac{1}{3} & 0 & \frac{4}{3\sqrt{2}} \\ -\frac{2}{3} & \frac{1}{\sqrt{2}} & \frac{1}{3\sqrt{2}} \\ \frac{2}{3} & \frac{1}{\sqrt{2}} & -\frac{1}{3\sqrt{2}} \end{pmatrix}$$

是正交矩阵。

解 $\boldsymbol{P}$ 的每一个列向量都是单位向量，且两两正交，所以 $\boldsymbol{P}$ 是正交矩阵。

正交矩阵有以下性质：

① 若 $\boldsymbol{A}$ 是正交矩阵，则 $|\boldsymbol{A}|=\pm1$。

② 若 $\boldsymbol{A}$ 是正交矩阵，则 $\boldsymbol{A}^{\mathrm{T}}$ 和 $\boldsymbol{A}^{-1}$ 均为正交矩阵。

③ 若 $\boldsymbol{A},\boldsymbol{B}$ 都是正交矩阵，则 $\boldsymbol{AB}$ 也是正交矩阵。

定义 5.5 若 $\boldsymbol{P}$ 为正交矩阵，则线性变换 $\boldsymbol{y}=\boldsymbol{Px}$ 称为正交变换。

设 $\boldsymbol{y}=\boldsymbol{Px}$ 为正交变换，则有

$$\|\boldsymbol{y}\|=\sqrt{\boldsymbol{y}^{\mathrm{T}}\boldsymbol{y}}=\sqrt{\boldsymbol{x}^{\mathrm{T}}\boldsymbol{P}^{\mathrm{T}}\boldsymbol{Px}}=\sqrt{\boldsymbol{x}^{\mathrm{T}}\boldsymbol{x}}=\|\boldsymbol{x}\|$$

按 $\|\boldsymbol{x}\|$ 表示向量的长度，相当于线段的长度。$\|\boldsymbol{y}\|=\|\boldsymbol{x}\|$ 说明经正交变换线段长度保持不变，这是正交变换的优良特性。

5.2 方阵的特征值和特征向量

工程技术中的一些问题，如振动问题和稳定性问题，常可归结为求一个方阵的特征值和特征向量的问题。数学中诸如方阵的对角化及解微分方程组等问题，也都用到特征值的理论。

5.2.1 特征值和特征向量的概念

定义 5.6 设 $\boldsymbol{A}$ 是 n 阶矩阵，如果存在数 λ 和 n 维非零向量 $\boldsymbol{x}$，使得

$$\boldsymbol{Ax}=\lambda\boldsymbol{x} \tag{5.6}$$

则称 λ 是矩阵 $\boldsymbol{A}$ 的一个特征值，$\boldsymbol{x}$ 是 $\boldsymbol{A}$ 的属于(对应于) λ 的一个特征向量。

根据定义 5.6，特征向量一定为非零向量，特征值和特征向量仅对方阵而言。

例如，设 $\boldsymbol{A}=\begin{pmatrix} 2 & 0 & 0 \\ 0 & 2 & 0 \\ 0 & 0 & 2 \end{pmatrix}$，由于 $\boldsymbol{A}=2\boldsymbol{E}$，故任取 $\boldsymbol{0}\neq\boldsymbol{x}\in\mathbb{R}^3$，有

$$\boldsymbol{Ax}=2\boldsymbol{Ex}=2\boldsymbol{x}$$

由定义 5.6，数 2 是 $\boldsymbol{A}$ 的一个特征值。而任一三维非零向量都是 $\boldsymbol{A}$ 的属于 2 的特

征向量。

根据定义，n 阶矩阵 $\boldsymbol{A}$ 的特征值，就是使齐次线性方程组

$$(\boldsymbol{A}-\lambda\boldsymbol{E})\boldsymbol{x}=\boldsymbol{0} \tag{5.7}$$

有非零解的 λ 值，即满足方程

$$|\boldsymbol{A}-\lambda\boldsymbol{E}|=0 \tag{5.8}$$

的 λ 都是矩阵 $\boldsymbol{A}$ 的特征值。因此，$\boldsymbol{A}$ 的特征值是多项式 $|\boldsymbol{A}-\lambda\boldsymbol{E}|$ 的根。

记 $f(\lambda)=|\boldsymbol{A}-\lambda\boldsymbol{E}|=\begin{vmatrix} a_{11}-\lambda & a_{12} & \cdots & a_{1n} \\ a_{21} & a_{22}-\lambda & \cdots & a_{2n} \\ \vdots & \vdots & & \vdots \\ a_{n1} & a_{n2} & \cdots & a_{nn}-\lambda \end{vmatrix}$

称 $f(\lambda)$ 为矩阵 $\boldsymbol{A}$ 的特征多项式。因为 $f(\lambda)$ 是一个 n 次多项式，在复数域内必有 n 个根（n 个重根算 n 个），它们就是矩阵 $\boldsymbol{A}$ 的全部特征值，即 n 阶方阵 $\boldsymbol{A}$ 在复数域内的 n 个特征值。

例 5.5 求矩阵 $\boldsymbol{A}=\begin{pmatrix} -1 & 1 & 0 \\ -4 & 3 & 0 \\ 1 & 0 & 2 \end{pmatrix}$ 的特征值和特征向量。

解 $\boldsymbol{A}$ 的特征多项式为

$$|\boldsymbol{A}-\lambda\boldsymbol{E}|=\begin{vmatrix} -1-\lambda & 1 & 0 \\ -4 & 3-\lambda & 0 \\ 1 & 0 & 2-\lambda \end{vmatrix}=(2-\lambda)(1-\lambda)^2$$

所以 $\boldsymbol{A}$ 的特征值为 $\lambda_1=2, \lambda_2=\lambda_3=1$。

当 $\lambda_1=2$ 时，解方程 $(\boldsymbol{A}-2\boldsymbol{E})\boldsymbol{x}=\boldsymbol{0}$。由

$$\boldsymbol{A}-2\boldsymbol{E}=\begin{pmatrix} -3 & 1 & 0 \\ -4 & 1 & 0 \\ 1 & 0 & 0 \end{pmatrix}\longrightarrow\begin{pmatrix} 1 & 0 & 0 \\ 0 & 1 & 0 \\ 0 & 0 & 0 \end{pmatrix}$$

得基础解系 $\boldsymbol{p}_1=\begin{pmatrix} 0 \\ 0 \\ 1 \end{pmatrix}$

所以 $k\boldsymbol{p}_1(k\neq 0)$ 是对应于 $\lambda_1=2$ 的全部特征向量。

当 $\lambda_2=\lambda_3=1$ 时，解方程 $(\boldsymbol{A}-\boldsymbol{E})\boldsymbol{x}=\boldsymbol{0}$。由

$$\boldsymbol{A}-\boldsymbol{E}=\begin{pmatrix} -2 & 1 & 0 \\ -4 & 2 & 0 \\ 1 & 0 & 1 \end{pmatrix}\longrightarrow\begin{pmatrix} 1 & 0 & 1 \\ 0 & 1 & 2 \\ 0 & 0 & 0 \end{pmatrix}$$

得基础解系
$$\boldsymbol{p}_2=\begin{pmatrix}-1\\-2\\1\end{pmatrix}$$

所以 $k\boldsymbol{p}_2(k\neq 0)$是对应于 $\lambda_2=\lambda_3=1$ 的全部特征向量。

当方阵 $\boldsymbol{A}$ 是非具体的数值矩阵时，需用定义来估计或求矩阵的特征值和特征向量。

例 5.6 设 $\boldsymbol{A}$ 为 n 阶幂等方阵($\boldsymbol{A}^2=\boldsymbol{A}$)，证明 $\boldsymbol{A}$ 的特征值为 1 或 0。

证 设 λ 为 $\boldsymbol{A}$ 的特征值，$\boldsymbol{x}$ 为对应的特征向量，则有
$$\boldsymbol{A}\boldsymbol{x}=\lambda\boldsymbol{x}$$
而 $\boldsymbol{A}^2\boldsymbol{x}=\boldsymbol{A}(\boldsymbol{A}\boldsymbol{x})=\boldsymbol{A}(\lambda\boldsymbol{x})=\lambda(\boldsymbol{A}\boldsymbol{x})=\lambda^2\boldsymbol{x}$，由于 $\boldsymbol{A}^2=\boldsymbol{A}$，所以 $\lambda^2\boldsymbol{x}=\lambda\boldsymbol{x}$，即
$$(\lambda^2-\lambda)\boldsymbol{x}=\boldsymbol{0}$$
因为 $\boldsymbol{x}\neq\boldsymbol{0}$，所以 $\lambda^2-\lambda=0$，即 $\lambda=1$ 或 $\lambda=0$。

5.2.2 特征值和特征向量的性质

定理 5.4 设 $\boldsymbol{A}=(a_{ij})$为 n 阶方阵，$\lambda_1,\lambda_2,\cdots,\lambda_n$ 为 $\boldsymbol{A}$ 的 n 个特征值，则

(1) $\sum\limits_{i=1}^{n}\lambda_i=\sum\limits_{i=1}^{n}a_{ii}$。

(2) $\lambda_1\lambda_2\cdots\lambda_n=|\boldsymbol{A}|$。

证明留给读者作为练习。

推论 n 阶方阵 $\boldsymbol{A}$ 可逆的充分必要条件是 $\boldsymbol{A}$ 的 n 个特征值均非零。

定理 5.5 设 λ 是方阵 $\boldsymbol{A}$ 的特征值，$\boldsymbol{x}$ 为 $\boldsymbol{A}$ 的属于 λ 的特征向量，则

(1) $a+\lambda$ 是 $a\boldsymbol{E}+\boldsymbol{A}$ 的特征值(a 为常数)。

(2) $k\lambda$ 是 $k\boldsymbol{A}$ 的特征值(k 为常数)。

(3) λ^m 是 $\boldsymbol{A}^m$ 的特征值(m 为正整数)。

(4) 当 $\boldsymbol{A}$ 可逆时，$\frac{1}{\lambda}$是 $\boldsymbol{A}^{-1}$ 的特征值，且 $\boldsymbol{x}$ 仍然为矩阵 $a\boldsymbol{E}+\boldsymbol{A},k\boldsymbol{A},\boldsymbol{A}^m,\boldsymbol{A}^{-1}$ 的分别对应于特征值 $a+\lambda,k\lambda,\lambda^m$ 和$\frac{1}{\lambda}$的特征向量。

证 (1) 由已知条件 $\boldsymbol{A}\boldsymbol{x}=\lambda\boldsymbol{x}$，可得
$$(a\boldsymbol{E}+\boldsymbol{A})\boldsymbol{x}=a\boldsymbol{E}\boldsymbol{x}+\boldsymbol{A}\boldsymbol{x}=a\boldsymbol{x}+\lambda\boldsymbol{x}=(a+\lambda)\boldsymbol{x}$$
故 $a+\lambda$ 是 $a\boldsymbol{E}+\boldsymbol{A}$ 的一个特征值，$\boldsymbol{x}$ 为 $a\boldsymbol{E}+\boldsymbol{A}$ 的属于 $a+\lambda$ 的特征向量。

(4) 当 $\boldsymbol{A}$ 可逆时，由推论知 $\lambda\neq 0$，由 $\boldsymbol{A}\boldsymbol{x}=\lambda\boldsymbol{x}$ 可得
$$\boldsymbol{A}^{-1}(\boldsymbol{A}\boldsymbol{x})=\boldsymbol{A}^{-1}(\lambda\boldsymbol{x})=\lambda\boldsymbol{A}^{-1}\boldsymbol{x}$$
由此
$$\boldsymbol{A}^{-1}\boldsymbol{x}=\frac{1}{\lambda}\boldsymbol{x}$$

故$\frac{1}{\lambda}$是$\boldsymbol{A}^{-1}$的特征值，且$\boldsymbol{x}$为$\boldsymbol{A}^{-1}$的对应于$\frac{1}{\lambda}$的特征向量。

定理 5.5(2)、(3) 留给读者作为练习。

设 $\varphi(x)=a_0+a_1x+\cdots+a_mx^m$ 为 m 次多项式，λ 为 $\boldsymbol{A}$ 的特征值，$\boldsymbol{x}$ 为 $\boldsymbol{A}$ 的属于λ 的特征向量。由于

$$\begin{aligned}\varphi(\boldsymbol{A})\boldsymbol{x} &= (a_0\boldsymbol{E}+a_1\boldsymbol{A}+\cdots+a_m\boldsymbol{A}^m)\boldsymbol{x}\\ &= a_0\boldsymbol{x}+a_1\lambda\boldsymbol{x}+\cdots+a_m\lambda^m\boldsymbol{x}=\varphi(\lambda)\boldsymbol{x}\end{aligned}$$

所以，$\varphi(\lambda)$为矩阵多项式 $\varphi(\boldsymbol{A})=a_0\boldsymbol{E}+a_1\boldsymbol{A}+\cdots+a_m\boldsymbol{A}^m$ 的特征值，$\boldsymbol{x}$ 为对应的特征向量。

定理 5.6 若 $\boldsymbol{x}_1$ 和 $\boldsymbol{x}_2$ 都是 $\boldsymbol{A}$ 的属于λ_0 的特征向量，则非零线性组合 $k_1\boldsymbol{x}_1+k_2\boldsymbol{x}_2$ 也是 $\boldsymbol{A}$ 的属于 λ_0 的特征向量。

证 由于 $\boldsymbol{x}_1$ 和 $\boldsymbol{x}_2$ 是齐次线性方程组

$$(\boldsymbol{A}-\lambda_0\boldsymbol{E})\boldsymbol{x}=\boldsymbol{0}$$

的解，因此 $k_1\boldsymbol{x}_1+k_2\boldsymbol{x}_2$ 也是上式的解。故当 $k_1\boldsymbol{x}_1+k_2\boldsymbol{x}_2\neq 0$ 时，它一定也是 $\boldsymbol{A}$ 的属于 λ_0 的特征向量。

例 5.7 求 $\boldsymbol{A}=\begin{pmatrix}1 & -3 & 3\\ 3 & -5 & 3\\ 6 & -6 & 4\end{pmatrix}$ 的特征值和特征向量。

解 $|\boldsymbol{A}-\lambda\boldsymbol{E}|=\begin{vmatrix}1-\lambda & -3 & 3\\ 3 & -5-\lambda & 3\\ 6 & -6 & 4-\lambda\end{vmatrix}=(\lambda+2)^2(4-\lambda)$

由 $|\boldsymbol{A}-\lambda\boldsymbol{E}|=0$，得到 $\boldsymbol{A}$ 的特征值为 $\lambda_1=\lambda_2=-2$，$\lambda_3=4$。

当 $\lambda_1=\lambda_2=-2$ 时，解方程$(\boldsymbol{A}+2\boldsymbol{E})\boldsymbol{x}=\boldsymbol{0}$。由

$$\boldsymbol{A}+2\boldsymbol{E}=\begin{pmatrix}3 & -3 & 3\\ 3 & -3 & 3\\ 6 & -6 & 6\end{pmatrix}\longrightarrow\begin{pmatrix}1 & -1 & 1\\ 0 & 0 & 0\\ 0 & 0 & 0\end{pmatrix}$$

得基础解系
$$\boldsymbol{p}_1=\begin{pmatrix}1\\ 1\\ 0\end{pmatrix},\boldsymbol{p}_2=\begin{pmatrix}-1\\ 0\\ 1\end{pmatrix}$$

所以对应于 $\lambda_1=\lambda_2=-2$ 的全部特征向量为

$$k_1\boldsymbol{p}_1+k_2\boldsymbol{p}_2 \quad (k_1,k_2 \text{ 不同时为 } 0)$$

当 $\lambda_3=4$ 时，解方程$(\boldsymbol{A}-4\boldsymbol{E})\boldsymbol{x}=\boldsymbol{0}$。由

$$\boldsymbol{A}-4\boldsymbol{E}=\begin{pmatrix}-3 & -3 & 3\\ 3 & -9 & 3\\ 6 & -6 & 0\end{pmatrix}\to\begin{pmatrix}1 & 1 & -1\\ 0 & -2 & 1\\ 0 & 0 & 0\end{pmatrix}\to\begin{pmatrix}1 & -1 & 0\\ 0 & -2 & 1\\ 0 & 0 & 0\end{pmatrix}$$

得基础解系
$$p_3=\begin{pmatrix}1\\1\\2\end{pmatrix}$$
所以对应于 $\lambda_3=4$ 的全部特征向量为 $k\boldsymbol{p}_3(k\neq0)$。

关于方阵的特征值和特征向量,一个特征值可以有不同的特征向量,但一个特征向量不能属于不同的特征值。事实上,如果 $\boldsymbol{x}$ 同时是 $\boldsymbol{A}$ 的属于特征值 λ_1,λ_2 $(\lambda_1\neq\lambda_2)$的特征向量,

即有
$$\boldsymbol{Ax}=\lambda_1\boldsymbol{x},\quad \boldsymbol{Ax}=\lambda_2\boldsymbol{x}$$
从而有
$$(\lambda_1-\lambda_2)\boldsymbol{x}=\boldsymbol{0}$$

由于 $\lambda_1\neq\lambda_2$,则 $\boldsymbol{x}=\boldsymbol{0}$,这与 $\boldsymbol{x}$ 为特征向量矛盾。

关于特征向量间的线性相关性有下面的结论:

定理 5.7 设 $\boldsymbol{p}_1,\boldsymbol{p}_2,\cdots,\boldsymbol{p}_m$ 分别是方阵 $\boldsymbol{A}$ 的属于不同特征值 $\lambda_1,\lambda_2,\cdots,\lambda_m$ 的特征向量,则 $\boldsymbol{p}_1,\boldsymbol{p}_2,\cdots,\boldsymbol{p}_m$ 线性无关。

证 设有常数 $x_1,x_2,\cdots,x_m$ 使
$$x_1\boldsymbol{p}_1+x_2\boldsymbol{p}_2+\cdots+x_m\boldsymbol{p}_m=\boldsymbol{0}$$
则 $\boldsymbol{A}(x_1\boldsymbol{p}_1+x_2\boldsymbol{p}_2+\cdots+x_m\boldsymbol{p}_m)=\boldsymbol{0}$,即
$$\lambda_1x_1\boldsymbol{p}_1+\lambda_2x_2\boldsymbol{p}_2+\cdots+\lambda_mx_m\boldsymbol{p}_m=\boldsymbol{0}$$
类推之,有
$$\lambda_1^kx_1\boldsymbol{p}_1+\lambda_2^kx_2\boldsymbol{p}_2+\cdots+\lambda_m^kx_m\boldsymbol{p}_m=\boldsymbol{0}\ (k=1,2,\cdots,m-1)$$
把上列各式合写成矩阵形式,得
$$(x_1\boldsymbol{p}_1,x_2\boldsymbol{p}_2,\cdots,x_m\boldsymbol{p}_m)\begin{pmatrix}1&\lambda_1&\cdots&\lambda_1^{m-1}\\1&\lambda_2&\cdots&\lambda_2^{m-1}\\\vdots&\vdots&&\vdots\\1&\lambda_m&\cdots&\lambda_m^{m-1}\end{pmatrix}=(\boldsymbol{0},\boldsymbol{0},\cdots,\boldsymbol{0})$$
上式等号左端第二个矩阵的行列式为范德蒙德行列式,当 λ_i 各不相等时该行列式不等于 0,从而该矩阵可逆。于是有
$$(x_1\boldsymbol{p}_1,x_2\boldsymbol{p}_2,\cdots,x_m\boldsymbol{p}_m)=(\boldsymbol{0},\boldsymbol{0},\cdots,\boldsymbol{0})$$
即 $x_j\boldsymbol{p}_j=0(j=1,2,\cdots,m)$。但 $\boldsymbol{p}_j\neq\boldsymbol{0}$,故 $x_j=0(j=1,2,\cdots,m)$。
所以,向量组 $\boldsymbol{p}_1,\boldsymbol{p}_2,\cdots,\boldsymbol{p}_m$ 线性无关。

5.3 矩阵相似对角化条件

所谓矩阵相似对角化是指矩阵与某对角形矩阵相似。

5.3.1 相似矩阵

定义 5.7 设 $\boldsymbol{A},\boldsymbol{B}$ 都是 n 阶矩阵，若有可逆矩阵 $\boldsymbol{P}$，使

$$\boldsymbol{P}^{-1}\boldsymbol{A}\boldsymbol{P}=\boldsymbol{B}$$

则称 $\boldsymbol{B}$ 是 $\boldsymbol{A}$ 的相似矩阵，或说矩阵 $\boldsymbol{A}$ 与 $\boldsymbol{B}$ 相似，对 $\boldsymbol{A}$ 进行运算 $\boldsymbol{P}^{-1}\boldsymbol{A}\boldsymbol{P}$ 称为对 $\boldsymbol{A}$ 进行相似变换。

定理 5.8 若 n 阶矩阵 $\boldsymbol{A}$ 与 $\boldsymbol{B}$ 相似，则 $\boldsymbol{A}$ 与 $\boldsymbol{B}$ 的特征多项式相同，从而 $\boldsymbol{A}$ 与 $\boldsymbol{B}$ 的特征值亦相同。

证 因 $\boldsymbol{A}$ 与 $\boldsymbol{B}$ 相似，即有可逆矩阵 $\boldsymbol{P}$，使 $\boldsymbol{P}^{-1}\boldsymbol{A}\boldsymbol{P}=\boldsymbol{B}$。故

$$|\boldsymbol{B}-\lambda\boldsymbol{E}|=|\boldsymbol{P}^{-1}\boldsymbol{A}\boldsymbol{P}-\boldsymbol{P}^{-1}(\lambda\boldsymbol{E})\boldsymbol{P}|=|\boldsymbol{P}^{-1}(\boldsymbol{A}-\lambda\boldsymbol{E})\boldsymbol{P}|=|\boldsymbol{A}-\lambda\boldsymbol{E}|$$

注 上述结论的逆命题不成立。例如 $\boldsymbol{E}=\begin{pmatrix}1&0\\0&1\end{pmatrix}$，$\boldsymbol{A}=\begin{pmatrix}1&1\\0&1\end{pmatrix}$ 都有相同的特征多项式，因对任意的可逆矩阵 $\boldsymbol{P}$，都有 $\boldsymbol{P}^{-1}\boldsymbol{E}\boldsymbol{P}=\boldsymbol{E}\neq\boldsymbol{A}$，故 $\boldsymbol{A}$ 与 $\boldsymbol{E}$ 不相似。

推论 若 n 阶方阵 $\boldsymbol{A}$ 与对角矩阵

$$\boldsymbol{\Lambda}=\begin{pmatrix}\lambda_1&&&\\&\lambda_2&&\\&&\ddots&\\&&&\lambda_n\end{pmatrix}$$

相似，则 $\lambda_1,\lambda_2,\cdots,\lambda_n$ 就是 $\boldsymbol{A}$ 的 n 个特征值。

证 因 $\lambda_1,\lambda_2,\cdots,\lambda_n$ 即是 $\boldsymbol{\Lambda}$ 的 n 个特征值，由定理 5.8 知 $\lambda_1,\lambda_2,\cdots,\lambda_n$ 也就是 $\boldsymbol{A}$ 的 n 个特征值。

例 5.8 已知矩阵 $\boldsymbol{A}=\begin{pmatrix}2&-1&4\\0&a&7\\0&0&3\end{pmatrix}$ 与 $\boldsymbol{B}=\begin{pmatrix}1&0&0\\0&2&0\\0&0&b\end{pmatrix}$ 相似，求 a,b。

解 因为矩阵 $\boldsymbol{A}$ 与 $\boldsymbol{B}$ 相似，则 $\boldsymbol{A}$ 与 $\boldsymbol{B}$ 的特征值相同。设 $\lambda_1,\lambda_2,\lambda_3$ 为 $\boldsymbol{A}$ 与 $\boldsymbol{B}$ 的特征值。由定理 5.4，$\lambda_1+\lambda_2+\lambda_3=\sum\limits_{i=1}^{3}a_{ii}=\sum\limits_{i=1}^{3}b_{ii}$，$\lambda_1\cdot\lambda_2\cdot\lambda_3=|\boldsymbol{A}|=|\boldsymbol{B}|$，得到

$$\begin{cases}2+a+3=1+2+b\\2\cdot a\cdot 3=1\cdot 2\cdot b\end{cases}$$

解之得 $a=1,b=3$。

在矩阵的运算中，对角矩阵的运算很简便。如果一个矩阵能够相似于对角矩阵，则可以简化某些运算。例如，令 $\boldsymbol{A}=\begin{pmatrix}7&-6\\9&-8\end{pmatrix}$，取 $\boldsymbol{P}=\begin{pmatrix}1&2\\1&3\end{pmatrix}$，不难验算

$\boldsymbol{P}^{-1}\boldsymbol{AP}=\begin{pmatrix}1 & \\ & -2\end{pmatrix}=\boldsymbol{\Lambda}$。如果要计算 $\boldsymbol{A}^{10}$ 或 $\boldsymbol{A}^n$，直接计算，运算量很大，也不容易找出规律。利用 $\boldsymbol{A}$ 相似于对角矩阵的性质可得

$$\boldsymbol{A}^n=(\boldsymbol{P\Lambda P}^{-1})^n=\boldsymbol{P\Lambda}^n\boldsymbol{P}^{-1}=\begin{pmatrix}3+(-2)^{n+1} & -2-(-2)^{n+1}\\ 3-3(-2)^n & -2+3(-2)^n\end{pmatrix}$$

一般地，若有可逆矩阵 $\boldsymbol{P}$ 使 $\boldsymbol{P}^{-1}\boldsymbol{AP}=\boldsymbol{\Lambda}$ 为对角矩阵，则 $\boldsymbol{A}=\boldsymbol{P\Lambda P}^{-1}$，$\boldsymbol{A}^k=\boldsymbol{P\Lambda}^k\boldsymbol{P}^{-1}$。$\boldsymbol{A}$ 的多项式

$$\varphi(\boldsymbol{A})=\boldsymbol{P}\varphi(\boldsymbol{\Lambda})\boldsymbol{P}^{-1}$$

而对于对角矩阵 $\boldsymbol{\Lambda}$，有

$$\boldsymbol{\Lambda}^k=\begin{pmatrix}\lambda_1^k & & & \\ & \lambda_2^k & & \\ & & \ddots & \\ & & & \lambda_n^k\end{pmatrix},\varphi(\boldsymbol{\Lambda})=\begin{pmatrix}\varphi(\lambda_1) & & & \\ & \varphi(\lambda_2) & & \\ & & \ddots & \\ & & & \varphi(\lambda_n)\end{pmatrix}$$

由此可方便地计算 $\boldsymbol{A}$ 的多项式 $\varphi(\boldsymbol{A})$。

那么，是否每一个矩阵都能相似于对角矩阵？如果一个矩阵 $\boldsymbol{A}$ 相似于对角矩阵，怎样求出这个对角矩阵及相应的可逆矩阵 $\boldsymbol{P}$？下面就来讨论这个问题。

5.3.2 矩阵可对角化的条件

定理 5.9 n 阶矩阵 $\boldsymbol{A}$ 与对角矩阵相似（即 $\boldsymbol{A}$ 能对角化）的充分必要条件是 $\boldsymbol{A}$ 有 n 个线性无关的特征向量。

证 （充分性）设 $\boldsymbol{p}_1,\boldsymbol{p}_2,\cdots,\boldsymbol{p}_n$ 是 $\boldsymbol{A}$ 的 n 个线性无关的特征向量，$\lambda_1,\lambda_2,\cdots,\lambda_n$ 是相应的特征值，即 $\boldsymbol{Ap}_i=\lambda_i\boldsymbol{p}_i\quad(i=1,2,\cdots,n)$，

$$\begin{aligned}\boldsymbol{A}(\boldsymbol{p}_1,\boldsymbol{p}_2,\cdots,\boldsymbol{p}_n)&=(\boldsymbol{Ap}_1,\boldsymbol{Ap}_2,\cdots,\boldsymbol{Ap}_n)\\&=(\lambda_1\boldsymbol{p}_1,\lambda_2\boldsymbol{p}_2,\cdots,\lambda_n\boldsymbol{p}_n)\\&=(\boldsymbol{p}_1,\boldsymbol{p}_2,\cdots,\boldsymbol{p}_n)\begin{pmatrix}\lambda_1 & & & \\ & \lambda_2 & & \\ & & \ddots & \\ & & & \lambda_n\end{pmatrix}\end{aligned}\tag{5.9}$$

令 $\boldsymbol{P}=(\boldsymbol{p}_1,\boldsymbol{p}_2,\cdots,\boldsymbol{p}_n)$，因为 $\boldsymbol{p}_1,\boldsymbol{p}_2,\cdots,\boldsymbol{p}_n$ 线性无关，所以 $|\boldsymbol{P}|\neq 0$，从而矩阵 $\boldsymbol{P}$ 可逆。由式(5.9)得

$$\boldsymbol{AP}=\boldsymbol{P\Lambda}$$

从而 $\boldsymbol{P}^{-1}\boldsymbol{AP}=\boldsymbol{\Lambda}$，故 $\boldsymbol{A}$ 与对角矩阵 $\boldsymbol{\Lambda}$ 相似。

（必要性）设 $\boldsymbol{A}$ 与对角矩阵 $\boldsymbol{\Lambda}$ 相似，即有可逆矩阵 $\boldsymbol{P}$ 使 $\boldsymbol{P}^{-1}\boldsymbol{AP}=\boldsymbol{\Lambda}$ 或 $\boldsymbol{AP}=$

$\boldsymbol{PA}$。将 $\boldsymbol{P}$ 用其列向量表示为 $\boldsymbol{P}=(\boldsymbol{p}_1,\boldsymbol{p}_2,\cdots,\boldsymbol{p}_n)$，则有

$$\boldsymbol{A}(\boldsymbol{p}_1,\boldsymbol{p}_2,\cdots,\boldsymbol{p}_n)=(\boldsymbol{p}_1,\boldsymbol{p}_2,\cdots,\boldsymbol{p}_n)\begin{pmatrix}\lambda_1 & & & \\ & \lambda_2 & & \\ & & \ddots & \\ & & & \lambda_n\end{pmatrix}$$
$$=(\lambda_1\boldsymbol{p}_1,\lambda_2\boldsymbol{p}_2,\cdots,\lambda_n\boldsymbol{p}_n)$$

即 $\boldsymbol{Ap}_i=\lambda_i\boldsymbol{p}_i(i=1,2,\cdots,n)$，这表明 λ_i 是 $\boldsymbol{A}$ 的特征值$(i=1,2,\cdots,n)$，$\boldsymbol{P}$ 的列向量 $\boldsymbol{p}_i$ 是 $\boldsymbol{A}$ 的属于 λ_i 的特征向量。又因为 $\boldsymbol{P}$ 可逆，所以 $\boldsymbol{p}_1,\boldsymbol{p}_2,\cdots,\boldsymbol{p}_n$ 线性无关。

由定理 5.8 可得到方阵 $\boldsymbol{A}$ 相似对角化的一个充分条件。

推论 若 n 阶方阵 $\boldsymbol{A}$ 有 n 个互不相等的特征值，则 $\boldsymbol{A}$ 一定相似于一个对角矩阵。

当 n 阶方阵 $\boldsymbol{A}$ 的特征方程有重根时，就不一定有 n 个线性无关的特征向量，例 5.5 中，三阶方阵 $\boldsymbol{A}$ 只有两个线性无关的特征向量，故不可对角化。而在例 5.7 中 $\boldsymbol{A}$ 的特征方程尽管也有重根，但却能找到 3 个线性无关的特征向量，因此例 5.7 中的 $\boldsymbol{A}$ 可以对角化。并且取

$$\boldsymbol{P}=\begin{pmatrix}1 & -1 & 1\\ 1 & 0 & 1\\ 0 & 1 & 2\end{pmatrix}$$

则有

$$\boldsymbol{P}^{-1}\boldsymbol{AP}=\begin{pmatrix}-2 & 0 & 0\\ 0 & -2 & 0\\ 0 & 0 & 4\end{pmatrix}$$

一个 n 阶方阵 $\boldsymbol{A}$ 具备什么条件才能对角化？这是一个较为复杂的问题。对此不进行一般的讨论，以下仅对 $\boldsymbol{A}$ 为实对称矩阵情形进行讨论。

5.4 实对称矩阵的相似对角化

5.4.1 实对称矩阵的特征值和特征向量

设 $\boldsymbol{A}$ 为 n 阶方阵，如果 $\boldsymbol{A}$ 是实对称矩阵，则 $\boldsymbol{A}$ 满足

$\boldsymbol{A}^{\mathrm{T}}=\boldsymbol{A}$，且$\overline{\boldsymbol{A}}=\boldsymbol{A}$(其中$\overline{A}=(\overline{a}_{ij})$ 称为 $\boldsymbol{A}$ 的共轭矩阵)。

定理 5.10 设 $\boldsymbol{A}$ 为实对称矩阵，则 $\boldsymbol{A}$ 的特征值全为实数。

证 设复数 λ 为 $\boldsymbol{A}$ 的任一特征值，复向量 $\boldsymbol{x}=(x_1,x_2,\cdots,x_n)^{\mathrm{T}}$ 为对应的特征向量。由 $\boldsymbol{Ax}=\lambda\boldsymbol{x}$，两边取转置及共轭得

$$\overline{\boldsymbol{x}^{\mathrm{T}}}\boldsymbol{A}=\bar{\lambda}\,\overline{\boldsymbol{x}^{\mathrm{T}}}$$

上式两边右乘 $\boldsymbol{x}$ 得

$$\overline{\boldsymbol{x}^{\mathrm{T}}}\boldsymbol{A}\boldsymbol{x}=\bar{\lambda}\,\overline{\boldsymbol{x}^{\mathrm{T}}}\boldsymbol{x}$$

即

$$\lambda\,\overline{\boldsymbol{x}^{\mathrm{T}}}\boldsymbol{x}=\bar{\lambda}\,\overline{\boldsymbol{x}^{\mathrm{T}}}\boldsymbol{x}$$

从而$(\lambda-\bar{\lambda})\overline{\boldsymbol{x}^{\mathrm{T}}}\boldsymbol{x}=\boldsymbol{0}$，因为$\boldsymbol{x}\neq\boldsymbol{0}$，所以$\overline{\boldsymbol{x}^{\mathrm{T}}}\boldsymbol{x}=\overline{x_1}x_1+\overline{x_2}x_2+\cdots+\overline{x_n}x_n>0$，故$\lambda=\bar{\lambda}$，即$\lambda$为实数。

定理 5.11 设$\boldsymbol{A}$为实对称矩阵，则$\boldsymbol{A}$的属于不同特征值的特征向量正交。

证 设λ_1,λ_2为$\boldsymbol{A}$的两个不同的特征值，$\boldsymbol{p}_1,\boldsymbol{p}_2$分别为$\boldsymbol{A}$的对应于$\lambda_1,\lambda_2$的特征向量，即$\boldsymbol{A}\boldsymbol{p}_i=\lambda_i\boldsymbol{p}_i(i=1,2)$，由定理 5.10 可知$\lambda_1,\lambda_2$为实数，$\boldsymbol{p}_1,\boldsymbol{p}_2$为实向量。将$\lambda_1\boldsymbol{p}_1=\boldsymbol{A}\boldsymbol{p}_1$转置后再用$\boldsymbol{p}_2$右乘得

$$\lambda_1\boldsymbol{p}_1^{\mathrm{T}}\boldsymbol{p}_2=(\boldsymbol{A}\boldsymbol{p}_1)^{\mathrm{T}}\boldsymbol{p}_2=\boldsymbol{p}_1^{\mathrm{T}}\boldsymbol{A}^{\mathrm{T}}\boldsymbol{p}_2=\boldsymbol{p}_1^{\mathrm{T}}\boldsymbol{A}\boldsymbol{p}_2=\lambda_2\boldsymbol{p}_1^{\mathrm{T}}\boldsymbol{p}_2$$

即

$$(\lambda_1-\lambda_2)\boldsymbol{p}_1^{\mathrm{T}}\boldsymbol{p}_2=0$$

由于$\lambda_1\neq\lambda_2$，故$\boldsymbol{p}_1^{\mathrm{T}}\boldsymbol{p}_2=0$，即$[\boldsymbol{p}_1,\boldsymbol{p}_2]=0$，这表明$\boldsymbol{p}_1$与$\boldsymbol{p}_2$正交。

定理 5.12 设$\boldsymbol{A}$为n阶实对称矩阵，λ是$\boldsymbol{A}$的特征方程的r重根，则矩阵$\boldsymbol{A}-\lambda\boldsymbol{E}$的秩$\mathrm{r}(\boldsymbol{A}-\lambda\boldsymbol{E})=n-r$，从而对应特征值$\lambda$恰有$r$个线性无关的特征向量。

定理 5.12 这里不予证明。

5.4.2 实对称矩阵相似对角化

任一实方阵未必能相似于对角形矩阵，但实对称矩阵一定可以对角化。

定理 5.13 设$\boldsymbol{A}$为n阶实对称矩阵，则必有正交矩阵$\boldsymbol{P}$使$\boldsymbol{P}^{-1}\boldsymbol{A}\boldsymbol{P}=\boldsymbol{\Lambda}$，其中$\boldsymbol{\Lambda}$是以$\boldsymbol{A}$的$n$个特征值为对角元素的对角矩阵。

证 设$\boldsymbol{A}$的互不相等的特征值为$\lambda_1,\lambda_2,\cdots,\lambda_s$，它们的重数依次为$r_1,r_2,\cdots,r_s$，且显然有$r_1+r_2+\cdots+r_s=n$。

根据定理 5.10 和定理 5.12 知，对应特征值$\lambda_i(i=1,2,\cdots,s)$，恰有$r_i$个线性无关的实特征向量，把它们正交化并单位化，即得r_i个单位正交的特征向量。由$r_1+r_2+\cdots+r_s=n$，知这样的特征向量共得n个。

按定理 5.11 知，对应于不同特征值的特征向量正交，故这n个单位特征向量两两正交，于是以它们为列向量构成正交矩阵$\boldsymbol{P}$，并有

$$\boldsymbol{P}^{-1}\boldsymbol{A}\boldsymbol{P}=\boldsymbol{P}^{-1}\boldsymbol{P}\boldsymbol{\Lambda}=\boldsymbol{\Lambda}$$

其中对角矩阵$\boldsymbol{\Lambda}$的对角元素含r_1个λ_1，r_2个λ_2，$\cdots$，r_s个λ_s，恰是$\boldsymbol{A}$的n个特征值。

例 5.9 设$\boldsymbol{A}=\begin{pmatrix}1&2&2\\2&1&2\\2&2&1\end{pmatrix}$，求一个正交矩阵$\boldsymbol{P}$使$\boldsymbol{P}^{-1}\boldsymbol{A}\boldsymbol{P}=\boldsymbol{\Lambda}$为对角矩阵。

解 因为

$$|\boldsymbol{A}-\lambda\boldsymbol{E}|=\begin{vmatrix}1-\lambda & 2 & 2\\ 2 & 1-\lambda & 2\\ 2 & 2 & 1-\lambda\end{vmatrix}=(1+\lambda)^2(5-\lambda)$$

所以 $\boldsymbol{A}$ 的特征值为 $\lambda_1=\lambda_2=-1,\lambda_3=5$。

当 $\lambda_1=\lambda_2=-1$ 时，解方程组 $(\boldsymbol{A}+\boldsymbol{E})\boldsymbol{x}=\boldsymbol{0}$，得到线性无关的特征向量为

$$\boldsymbol{\xi}_1=\begin{pmatrix}-1\\1\\0\end{pmatrix},\quad \boldsymbol{\xi}_2=\begin{pmatrix}-1\\0\\1\end{pmatrix}$$

当 $\lambda_3=5$ 时，解方程组 $(\boldsymbol{A}-5\boldsymbol{E})\boldsymbol{x}=\boldsymbol{0}$，得到特征向量为

$$\boldsymbol{\xi}_3=\begin{pmatrix}1\\1\\1\end{pmatrix}$$

将 $\boldsymbol{\xi}_1,\boldsymbol{\xi}_2$ 正交化得

$$\boldsymbol{\eta}_1=\boldsymbol{\xi}_1=\begin{pmatrix}-1\\1\\0\end{pmatrix},\boldsymbol{\eta}_2=\boldsymbol{\xi}_2-\frac{[\boldsymbol{\xi}_2,\boldsymbol{\eta}_1]}{[\boldsymbol{\eta}_1,\boldsymbol{\eta}_1]}\boldsymbol{\eta}_1=\begin{pmatrix}-1\\0\\1\end{pmatrix}-\frac{1}{2}\begin{pmatrix}-1\\1\\0\end{pmatrix}=\begin{pmatrix}-\frac{1}{2}\\-\frac{1}{2}\\1\end{pmatrix}$$

$\boldsymbol{\xi}_3$ 与 $\boldsymbol{\xi}_1,\boldsymbol{\xi}_2$ 已经正交，取 $\boldsymbol{\eta}_3=\begin{pmatrix}1\\1\\1\end{pmatrix}$

将 $\boldsymbol{\eta}_1,\boldsymbol{\eta}_2,\boldsymbol{\eta}_3$ 单位化得 $\boldsymbol{p}_1=\begin{pmatrix}-\frac{1}{\sqrt{2}}\\\frac{1}{\sqrt{2}}\\0\end{pmatrix},\boldsymbol{p}_2=\begin{pmatrix}-\frac{1}{\sqrt{6}}\\-\frac{1}{\sqrt{6}}\\\frac{2}{\sqrt{6}}\end{pmatrix},\boldsymbol{p}_3=\begin{pmatrix}\frac{1}{\sqrt{3}}\\\frac{1}{\sqrt{3}}\\\frac{1}{\sqrt{3}}\end{pmatrix}$

令

$$\boldsymbol{P}=(\boldsymbol{p}_1,\boldsymbol{p}_2,\boldsymbol{p}_3)=\begin{pmatrix}-\frac{1}{\sqrt{2}} & -\frac{1}{\sqrt{6}} & \frac{1}{\sqrt{3}}\\\frac{1}{\sqrt{2}} & -\frac{1}{\sqrt{6}} & \frac{1}{\sqrt{3}}\\0 & \frac{2}{\sqrt{6}} & \frac{1}{\sqrt{3}}\end{pmatrix}$$

则有 $P^{-1}AP=\begin{pmatrix}-1 & & \\ & -1 & \\ & & 5\end{pmatrix}=\Lambda$。

例 5.10 设 A 为 3 阶实对称矩阵，A 的特征值是 $1,-1,0$，其中 $\lambda=1$ 和 $\lambda=0$ 对应的特征向量分别为 $(1,a,1)^{\mathrm T}$ 和 $(a,a+1,1)^{\mathrm T}$，求矩阵 A。

解 因为 A 是实对称矩阵，属于不同特征值的特征向量正交，所以

$$1\times a+a(a+1)+1\times 1=0$$

解得 $a=-1$。

设 A 的属于 $\lambda=-1$ 的特征向量为 $(x_1,x_2,x_3)^{\mathrm T}$，因为它与 $\lambda=1,\lambda=0$ 对应的特征向量均正交，于是

$$\begin{cases}x_1-x_2+x_3=0\\ -x_1\qquad +x_3=0\end{cases}$$

解得 $(1,2,1)^{\mathrm T}$ 是 $\lambda=-1$ 对应的特征向量。那么

$$P^{-1}AP=\Lambda=\begin{pmatrix}1 & & \\ & -1 & \\ & & 0\end{pmatrix}$$

其中

$$P=\begin{pmatrix}1 & 1 & -1\\ -1 & 2 & 0\\ 1 & 1 & 1\end{pmatrix}$$

故

$$A=P\Lambda P^{-1}=\frac{1}{6}\begin{pmatrix}1 & -4 & 1\\ -4 & -2 & -4\\ 1 & -4 & 1\end{pmatrix}$$

习题 5

1. 试用施密特法把下列向量组正交化：

(1) $\boldsymbol{a}_1=\begin{pmatrix}1\\1\\1\end{pmatrix},\boldsymbol{a}_2=\begin{pmatrix}0\\1\\2\end{pmatrix},\boldsymbol{a}_3=\begin{pmatrix}2\\0\\3\end{pmatrix}$；

(2) $\boldsymbol{a}_1=(1,0,-1,1)^{\mathrm T},\boldsymbol{a}_2=(1,-1,0,1)^{\mathrm T},\boldsymbol{a}_3=(-1,1,1,0)^{\mathrm T}$。

2. 判别下列矩阵是不是正交矩阵：

(1) $\begin{pmatrix} \frac{2}{3} & \frac{1}{3} & -\frac{2}{3} \\ \frac{2}{3} & -\frac{2}{3} & \frac{1}{3} \\ \frac{1}{3} & \frac{2}{3} & \frac{2}{3} \end{pmatrix}$；　　(2) $\begin{pmatrix} 1 & -\frac{1}{2} & \frac{1}{3} \\ -\frac{1}{2} & 1 & \frac{1}{2} \\ \frac{1}{3} & \frac{1}{2} & -1 \end{pmatrix}$；

(3) $\begin{pmatrix} a & b & c & d \\ -b & a & -d & c \\ -c & d & a & -b \\ -d & -c & b & a \end{pmatrix}$，其中 $a^2+b^2+c^2+d^2=1$。

3. 设 $\boldsymbol{A},\boldsymbol{B}$ 都是 n 阶正交矩阵，证明 $\boldsymbol{AB}$ 也是正交矩阵。

4. 设 $\boldsymbol{\xi}$ 是 n 维非零列向量，试证：$\boldsymbol{A}=\boldsymbol{E}_n-\frac{2}{\boldsymbol{\xi}^{\mathrm{T}}\boldsymbol{\xi}}\boldsymbol{\xi}\boldsymbol{\xi}^{\mathrm{T}}$ 为正交矩阵。

5. 求下列矩阵的特征值和特征向量：

(1) $\begin{pmatrix} 1 & 2 \\ 8 & 1 \end{pmatrix}$；　(2) $\begin{pmatrix} -2 & 1 & 1 \\ 0 & 2 & 0 \\ -4 & 1 & 3 \end{pmatrix}$；　(3) $\begin{pmatrix} 1 & 2 & 3 \\ 2 & 1 & 3 \\ 3 & 3 & 6 \end{pmatrix}$；　(4) $\begin{pmatrix} 1 & 1 & 1 & 1 \\ 1 & 1 & 1 & 1 \\ 1 & 1 & 1 & 1 \\ 1 & 1 & 1 & 1 \end{pmatrix}$。

6. 设矩阵 $\boldsymbol{A}=\begin{pmatrix} 1 & -2 & -4 \\ -2 & x & -2 \\ -4 & -2 & 1 \end{pmatrix}$ 与 $\boldsymbol{\Lambda}=\begin{pmatrix} 5 & & \\ & y & \\ & & -4 \end{pmatrix}$ 相似，求 x,y。

7. 设 3 阶方阵 $\boldsymbol{A}$ 的特征值为 1,1,2，对应的特征向量为 $(1,2,1)^{\mathrm{T}}$，$(1,1,0)^{\mathrm{T}}$，$(2,0,-1)^{\mathrm{T}}$。问 $\boldsymbol{A}$ 是否与对角矩阵 $\boldsymbol{\Lambda}$ 相似？若相似，求出 $\boldsymbol{A},\boldsymbol{\Lambda}$ 及相似变换矩阵 $\boldsymbol{P}$。

8. 设 3 阶实对称矩阵 $\boldsymbol{A}$ 的特征值为 6,3,3，与特征值 6 对应的特征向量为 $\boldsymbol{p}_1=(1,1,1)^{\mathrm{T}}$，求 $\boldsymbol{A}$。

9. 设 $\boldsymbol{A}=\begin{pmatrix} 2 & a & 2 \\ 5 & b & 3 \\ -1 & 0 & -2 \end{pmatrix}$ 的特征值全为 -1，求 a,b 及 $\boldsymbol{A}$ 的特征向量。

10. 已知 3 阶方阵 $\boldsymbol{A}$ 的特征值为 $-1,1,2$。设 $\boldsymbol{B}=\boldsymbol{A}^3-5\boldsymbol{A}^2$，试求：

(1) $\boldsymbol{B}$ 的特征值；(2) $|\boldsymbol{B}|$ 以及 $|\boldsymbol{A}-5\boldsymbol{E}|$。

11. 试求一个正交的相似变换矩阵，将下列对称矩阵化为对角矩阵：

(1) $\begin{pmatrix} 2 & 0 & 0 \\ 0 & 3 & 2 \\ 0 & 2 & 3 \end{pmatrix}$；　　(2) $\begin{pmatrix} 2 & 2 & -2 \\ 2 & 5 & -4 \\ -2 & -4 & 5 \end{pmatrix}$。

12. 设$\boldsymbol{A}=\begin{pmatrix}2 & 1 & 2\\1 & 2 & 2\\2 & 2 & 1\end{pmatrix}$,求$\varphi(\boldsymbol{A})=\boldsymbol{A}^{10}-6\boldsymbol{A}^{9}+5\boldsymbol{A}^{8}$。

13. 设$\boldsymbol{A}$是3阶方阵,已知向量$\boldsymbol{p}_1=(1,0,1)^{\mathrm{T}}$,$\boldsymbol{p}_2=(1,1,1)^{\mathrm{T}}$,$\boldsymbol{p}_3=(1,2,2)^{\mathrm{T}}$,$\boldsymbol{b}=(6,4,7)^{\mathrm{T}}$,且$\boldsymbol{p}_1$,$\boldsymbol{p}_2$是$\boldsymbol{A}$的属于特征值1的特征向量,$\boldsymbol{p}_3$是$\boldsymbol{A}$的属于特征值2的特征向量。试求$\boldsymbol{A}^{100}\boldsymbol{b}$。

第 6 章　二 次 型

在平面解析几何中，以坐标原点为中心的有心二次曲线方程 $ax^2+bxy+cy^2=d$ 经过坐标变换(将坐标系绕原点旋转适当的角 θ) $\begin{cases} x=x'\cos\theta-y'\sin\theta \\ y=x'\sin\theta+y'\cos\theta \end{cases}$ 后，可消去混乘项——含 xy 的项，化成只含平方项的标准形式 $a'x'^2+b'y'^2=d$，从而很容易地区别曲线的类型(椭圆、双曲线或退化的两平行直线)，研究它的性质。在许多经济问题(如复杂成本的最大利润)和理论问题(如多元函数极值)中也常会遇到每一项的次数均为 2 的多元函数。如果能经过适当的变量替换，将上述函数化成只含平方项的函数，那么研究这个简化了的函数就方便得多了。本章要解决的就是这个问题。

6.1　二次型

6.1.1　二次型

1. 二次型的定义

定义 6.1　含有 n 个变量 $x_1,x_2,\cdots,x_n$ 的二次齐次函数

$$f(x_1,x_2,\cdots,x_n)=a_{11}x_1^2+a_{22}x_2^2+\cdots+a_{nn}x_n^2 \\ +2a_{12}x_1x_2+2a_{13}x_1x_3+\cdots+2a_{n-1,n}x_{n-1}x_n$$

称为二次型。

当所有的 a_{ij} 均为实数时，如上的一个二次型称为实二次型；当 a_{ij} 为复数时，称为复二次型。这里仅讨论实二次型。

因为 $x_ix_j=x_jx_i$，所以当 $i\neq j$ 时，$2a_{ij}x_ix_j$ 也可记为 $a_{ij}x_ix_j$ 与 $a_{ji}x_jx_i$ 的和，其中 $a_{ij}=a_{ji}$，从而二次型唯一地对应一个实对称矩阵

$$\boldsymbol{A}=(a_{ij}),a_{ij}=a_{ji}\quad(i,j=1,2,\cdots,n)$$

并称矩阵 $\boldsymbol{A}$ 为实二次型的矩阵。实二次型也可以表示为矩阵形式

$$f(x_1,x_2,\cdots,x_n)=(x_1,x_2,\cdots,x_n)\boldsymbol{A}\begin{pmatrix} x_1 \\ x_2 \\ \vdots \\ x_n \end{pmatrix}=\boldsymbol{x}^{\mathrm{T}}\boldsymbol{A}\boldsymbol{x}$$

其中 $\boldsymbol{x}=(x_1,x_2,\cdots,x_n)^{\mathrm{T}}$。

例 6.1 将二次型 $f(x_1,x_2,x_3)=2x_1^2+3x_2^2-x_3^2+6x_1x_2-5x_1x_3+x_2x_3$ 写成矩阵形式。

解 $$f(x_1,x_2,x_3)=(x_1,x_2,x_3)\begin{pmatrix}2 & 3 & -\frac{5}{2}\\ 3 & 3 & \frac{1}{2}\\ -\frac{5}{2} & \frac{1}{2} & -1\end{pmatrix}\begin{pmatrix}x_1\\ x_2\\ x_3\end{pmatrix}$$

2. 二次型的标准形

若二次型中只含有完全平方项，即
$$f=b_1y_1^2+b_2y_2^2+\cdots+b_ny_n^2$$
则称二次型 f 为二次型的标准形。

标准形所对应的矩阵形式为
$$f=\boldsymbol{y}^{\mathrm{T}}\boldsymbol{\Lambda}\boldsymbol{y}=(y_1,y_2,\cdots,y_n)\begin{pmatrix}b_1 & & & \\ & b_2 & & \\ & & \ddots & \\ & & & b_n\end{pmatrix}\begin{pmatrix}y_1\\ y_2\\ \vdots\\ y_n\end{pmatrix}$$

对于二次型，我们讨论的主要问题是，寻求可逆的线性变换
$$\begin{cases}x_1=c_{11}y_1+c_{12}y_2+\cdots+c_{1n}y_n\\ x_2=c_{21}y_1+c_{22}y_2+\cdots+c_{2n}y_n\\ \quad\vdots\qquad\vdots\qquad\vdots\qquad\qquad\vdots\\ x_n=c_{n1}y_1+c_{n2}y_2+\cdots+c_{nn}y_n\end{cases}$$
使二次型 $f(x_1,x_2,\cdots,x_n)$ 化为标准形。

6.1.2 用正交变换化二次型为标准形

1. 二次型的秩的定义

设二次型 $f=\boldsymbol{x}^{\mathrm{T}}\boldsymbol{A}\boldsymbol{x}$（其中 $\boldsymbol{A}^{\mathrm{T}}=\boldsymbol{A}$），称矩阵 $\boldsymbol{A}$ 的秩为二次型 f 的秩。

如例 6.1 中，二次型 f 的矩阵

$$A=\begin{pmatrix} 2 & 3 & -\frac{5}{2} \\ 3 & 3 & \frac{1}{2} \\ -\frac{5}{2} & \frac{1}{2} & -1 \end{pmatrix} \to \begin{pmatrix} 2 & 3 & -\frac{5}{2} \\ 1 & 0 & 3 \\ -\frac{5}{2} & \frac{1}{2} & -1 \end{pmatrix} \to \begin{pmatrix} 1 & 0 & 3 \\ 0 & 3 & -\frac{17}{2} \\ 0 & \frac{1}{2} & \frac{13}{2} \end{pmatrix}$$

$$\to \begin{pmatrix} 1 & 0 & 3 \\ 0 & 1 & 13 \\ 0 & 3 & -\frac{17}{2} \end{pmatrix} \to \begin{pmatrix} 1 & 0 & 3 \\ 0 & 1 & 13 \\ 0 & 0 & -\frac{95}{2} \end{pmatrix}$$

故 $r(\boldsymbol{A})=3$,即二次型 f 的秩为 3。

2. 二次型化标准形

将二次型 $f=\boldsymbol{x}^{\mathrm{T}}\boldsymbol{A}\boldsymbol{x}$(其中 $\boldsymbol{A}^{\mathrm{T}}=\boldsymbol{A}$)化为标准形,就是求一个满秩线性变换 $\boldsymbol{x}=\boldsymbol{P}\boldsymbol{y}$,使 $f=\boldsymbol{x}^{\mathrm{T}}\boldsymbol{A}\boldsymbol{x}=(\boldsymbol{P}\boldsymbol{y})^{\mathrm{T}}\boldsymbol{A}(\boldsymbol{P}\boldsymbol{y})=\boldsymbol{y}^{\mathrm{T}}(\boldsymbol{P}^{\mathrm{T}}\boldsymbol{A}\boldsymbol{P})\boldsymbol{y}=\boldsymbol{y}^{\mathrm{T}}\boldsymbol{\Lambda}\boldsymbol{y}$。

关键是 $\boldsymbol{P}^{\mathrm{T}}\boldsymbol{A}\boldsymbol{P}=\boldsymbol{\Lambda}\to$对角阵。

定理 6.1 对任给可逆矩阵 $\boldsymbol{C}$,令 $\boldsymbol{B}=\boldsymbol{C}^{\mathrm{T}}\boldsymbol{A}\boldsymbol{C}$,如果 $\boldsymbol{A}$ 为对称矩阵,则 $\boldsymbol{B}$ 亦为对称矩阵,且 $r(\boldsymbol{B})=r(\boldsymbol{A})$。

证 $\boldsymbol{A}$ 为对称矩阵,即有 $\boldsymbol{A}^{\mathrm{T}}=\boldsymbol{A}$,于是

$$\boldsymbol{B}^{\mathrm{T}}=(\boldsymbol{C}^{\mathrm{T}}\boldsymbol{A}\boldsymbol{C})^{\mathrm{T}}=\boldsymbol{C}^{\mathrm{T}}\boldsymbol{A}^{\mathrm{T}}\boldsymbol{C}=\boldsymbol{C}^{\mathrm{T}}\boldsymbol{A}\boldsymbol{C}=\boldsymbol{B},$$

即 $\boldsymbol{B}$ 为对称矩阵。

因 $\boldsymbol{B}=\boldsymbol{C}^{\mathrm{T}}\boldsymbol{A}\boldsymbol{C}$,故 $r(\boldsymbol{B})\leqslant r(\boldsymbol{A}\boldsymbol{C})\leqslant r(\boldsymbol{A})$,

因 $\boldsymbol{A}=(\boldsymbol{C}^{\mathrm{T}})^{-1}\boldsymbol{B}\boldsymbol{C}^{-1}$,故 $r(\boldsymbol{A})\leqslant r(\boldsymbol{B}\boldsymbol{C}^{-1})\leqslant r(\boldsymbol{B})$,于是 $r(\boldsymbol{B})=r(\boldsymbol{A})$。

这定理说明经可逆变换 $\boldsymbol{x}=\boldsymbol{C}\boldsymbol{y}$ 后,二次型 f 的矩阵由 $\boldsymbol{A}$ 变为 $\boldsymbol{C}^{\mathrm{T}}\boldsymbol{A}\boldsymbol{C}$,且二次型的秩不变。

对于任给的实对称矩阵 $\boldsymbol{A}$,总有正交矩阵 $\boldsymbol{P}$,使得 $\boldsymbol{P}^{-1}\boldsymbol{A}\boldsymbol{P}=\boldsymbol{\Lambda}$,即 $\boldsymbol{P}^{\mathrm{T}}\boldsymbol{A}\boldsymbol{P}=\boldsymbol{\Lambda}$,其中 $\boldsymbol{\Lambda}$ 为对角阵。把此结论应用于二次型,即有

定理 6.2 任给二次型 $f=\sum_{i,j=1}^{n} a_{ij}x_i x_j\,(a_{ij}=a_{ji})$,总有正交变换 $\boldsymbol{x}=\boldsymbol{P}\boldsymbol{y}$ ($\boldsymbol{P}$ 为正交矩阵),使 f 化为标准形

$$f=\lambda_1 y_1^2+\lambda_2 y_2^2+\cdots+\lambda_n y_n^2$$

其中 $\lambda_1,\lambda_2,\cdots,\lambda_n$ 是 f 的矩阵 $\boldsymbol{A}=(a_{ij})$ 的特征值。

例 6.2 用正交变换法,将二次型

$$f(x_1,x_2,x_3)=2x_1^2+5x_2^2+5x_3^2+4x_1x_2-4x_1x_3-8x_2x_3$$

化为标准形。

解 ① 二次型 f 的系数矩阵为 $\boldsymbol{A}=\begin{pmatrix}2&2&-2\\2&5&-4\\-2&-4&5\end{pmatrix}$；

② 求 $\boldsymbol{A}$ 的特征值和特征向量；

由 $|\boldsymbol{A}-\lambda\boldsymbol{E}|=(\lambda-1)^2(10-\lambda)=0$，得特征值 $\lambda_1=\lambda_2=1,\lambda_3=10$，由线性方程组

$$\begin{pmatrix}1&2&-2\\2&4&-4\\-2&-4&4\end{pmatrix}\begin{pmatrix}x_1\\x_2\\x_3\end{pmatrix}=\begin{pmatrix}0\\0\\0\end{pmatrix}$$

和 $\begin{pmatrix}-8&2&-2\\2&-5&-4\\-2&-4&-5\end{pmatrix}\begin{pmatrix}x_1\\x_2\\x_3\end{pmatrix}=\begin{pmatrix}0\\0\\0\end{pmatrix}$ 分别求得对应 $\lambda_{1,2}=1$ 的线性无关特征向量

$$\boldsymbol{x}_1=\begin{pmatrix}-2\\1\\0\end{pmatrix},\boldsymbol{x}_2=\begin{pmatrix}2\\0\\1\end{pmatrix}$$

和 $\lambda_3=10$ 的特征向量 $\boldsymbol{x}_3=\begin{pmatrix}1\\2\\-2\end{pmatrix}$；

③ 正交规范化；

对 $\boldsymbol{x}_1,\boldsymbol{x}_2$ 用施密特正交化方法得 $\boldsymbol{e}_1,\boldsymbol{e}_2$，再将 $\boldsymbol{x}_3$ 单位化为 $\boldsymbol{e}_3$，其中

$$\boldsymbol{e}_1=\begin{pmatrix}-\frac{2\sqrt{5}}{5}\\\frac{\sqrt{5}}{5}\\0\end{pmatrix},\boldsymbol{e}_2=\begin{pmatrix}\frac{2\sqrt{5}}{15}\\\frac{4\sqrt{5}}{15}\\\frac{\sqrt{5}}{3}\end{pmatrix},\boldsymbol{e}_3=\begin{pmatrix}\frac{1}{3}\\\frac{2}{3}\\-\frac{2}{3}\end{pmatrix}$$

由此得正交矩阵 $\boldsymbol{P}=(\boldsymbol{e}_1,\boldsymbol{e}_2,\boldsymbol{e}_3)=\begin{pmatrix}-\frac{2\sqrt{5}}{5}&\frac{2\sqrt{5}}{15}&\frac{1}{3}\\\frac{\sqrt{5}}{5}&\frac{4\sqrt{5}}{15}&\frac{2}{3}\\0&\frac{\sqrt{5}}{3}&-\frac{2}{3}\end{pmatrix}$；

④ 令正交变换 $\boldsymbol{x}=\boldsymbol{P}\boldsymbol{y}$，即

$$\begin{cases} x_1 = -\frac{2\sqrt{5}}{5}y_1 + \frac{2\sqrt{5}}{15}y_2 + \frac{1}{3}y_3 \\ x_2 = \quad \frac{\sqrt{5}}{5}y_1 + \frac{4\sqrt{5}}{15}y_2 + \frac{2}{3}y_3 \\ x_3 = \quad \frac{\sqrt{5}}{3}y_2 - \frac{2}{3}y_3 \end{cases}$$

使 $f = \boldsymbol{y}^{\mathrm{T}}\boldsymbol{\Lambda}\boldsymbol{y} = y_1^2 + y_2^2 + 10y_3^2$。

我们可以给这个例子一个几何解释。对在自然坐标系$\{\boldsymbol{\varepsilon}_1, \boldsymbol{\varepsilon}_2, \boldsymbol{\varepsilon}_3\}$下的二次曲面

$$2x_1^2 + 5x_2^2 + 5x_3^2 + 4x_1x_2 - 4x_1x_3 - 8x_2x_3 = 1,$$

若将坐标系$\{\boldsymbol{\varepsilon}_1, \boldsymbol{\varepsilon}_2, \boldsymbol{\varepsilon}_3\}$变换为另一直角坐标系

$$\boldsymbol{e}_1 = \begin{pmatrix} -\frac{2\sqrt{5}}{5} \\ \frac{\sqrt{5}}{5} \\ 0 \end{pmatrix}, \boldsymbol{e} = \begin{pmatrix} \frac{2\sqrt{5}}{15} \\ \frac{4\sqrt{5}}{15} \\ \frac{\sqrt{5}}{3} \end{pmatrix}, \boldsymbol{e}_3 = \begin{pmatrix} \frac{1}{3} \\ \frac{2}{3} \\ -\frac{2}{3} \end{pmatrix}$$

即

$$(\boldsymbol{e}_1, \boldsymbol{e}_2, \boldsymbol{e}_3) = (\boldsymbol{\varepsilon}_1, \boldsymbol{\varepsilon}_2, \boldsymbol{\varepsilon}_3)\begin{pmatrix} -\frac{2\sqrt{5}}{5} & \frac{2\sqrt{5}}{15} & \frac{1}{3} \\ \frac{\sqrt{5}}{5} & \frac{4\sqrt{5}}{15} & \frac{2}{3} \\ 0 & \frac{\sqrt{5}}{3} & -\frac{2}{3} \end{pmatrix}$$

则在坐标系$\{\boldsymbol{e}_1, \boldsymbol{e}_2, \boldsymbol{e}_3\}$下,二次曲面方程为

$$y_1^2 + y_2^2 + 10y_3^2 = 1$$

由解析几何可知,这是一个椭球面。该椭球的三个主轴长度分别为 $1, 1, \frac{1}{\sqrt{10}}$。与特征值的关系为$\frac{1}{\sqrt{|\lambda_1|}}, \frac{1}{\sqrt{|\lambda_2|}}, \frac{1}{\sqrt{|\lambda_3|}}$。特征值的符号决定了二次曲面的类型。

例 6.3 求一个正交变换,化二次型

$$f = 2x_1x_2 + 2x_1x_3 - 2x_1x_4 - 2x_2x_3 + 2x_2x_4 + 2x_3x_4$$

为标准形。

解 ① f 的系数矩阵 $\boldsymbol{A}=\begin{pmatrix}0&1&1&-1\\1&0&-1&1\\1&-1&0&1\\-1&1&1&0\end{pmatrix}$;

② $\boldsymbol{A}$ 的特征值与特征向量:由 $|\boldsymbol{A}-\lambda\boldsymbol{E}|=0$,得特征值 $\lambda_1=\lambda_2=\lambda_3=1,\lambda_4=-3$。对于 $\lambda_1=\lambda_2=\lambda_3=1$,得三个线性无关的特征向量

$$\boldsymbol{x}_1=\begin{pmatrix}1\\1\\0\\0\end{pmatrix},\boldsymbol{x}_2=\begin{pmatrix}1\\0\\1\\0\end{pmatrix},\boldsymbol{x}_3=\begin{pmatrix}-1\\0\\0\\1\end{pmatrix}$$

对于 $\lambda_4=-3$,对应的特征向量为

$$\boldsymbol{x}_4=\begin{pmatrix}1\\-1\\-1\\1\end{pmatrix};$$

③ 正交规范化:对 $\boldsymbol{x}_1,\boldsymbol{x}_2,\boldsymbol{x}_3$ 用施密特正交化方法得 $\boldsymbol{e}_1,\boldsymbol{e}_2,\boldsymbol{e}_3$,再将 $\boldsymbol{x}_4$ 单位化为 $\boldsymbol{e}_4$,其中

$$\boldsymbol{e}_1=\begin{pmatrix}\frac{1}{\sqrt{2}}\\\frac{1}{\sqrt{2}}\\0\\0\end{pmatrix},\boldsymbol{e}_2=\begin{pmatrix}\frac{1}{\sqrt{6}}\\-\frac{1}{\sqrt{6}}\\\frac{2}{\sqrt{6}}\\0\end{pmatrix},\boldsymbol{e}_3=\begin{pmatrix}-\frac{1}{2\sqrt{3}}\\-\frac{1}{2\sqrt{3}}\\\frac{1}{2\sqrt{3}}\\\frac{3}{2\sqrt{3}}\end{pmatrix},\boldsymbol{e}_4=\begin{pmatrix}\frac{1}{2}\\-\frac{1}{2}\\-\frac{1}{2}\\\frac{1}{2}\end{pmatrix}$$

由此得正交矩阵 $\boldsymbol{P}=(\boldsymbol{e}_1,\boldsymbol{e}_2,\boldsymbol{e}_3,\boldsymbol{e}_4)=\begin{pmatrix}\frac{1}{\sqrt{2}}&\frac{1}{\sqrt{6}}&-\frac{1}{2\sqrt{3}}&\frac{1}{2}\\\frac{1}{\sqrt{2}}&-\frac{1}{\sqrt{6}}&-\frac{1}{2\sqrt{3}}&-\frac{1}{2}\\0&\frac{2}{\sqrt{6}}&\frac{1}{2\sqrt{3}}&-\frac{1}{2}\\0&0&\frac{3}{2\sqrt{3}}&\frac{1}{2}\end{pmatrix}$;

④ 令正交变换 $\boldsymbol{x}=\boldsymbol{P}\boldsymbol{y}$,即

$$\begin{cases} x_1 = \frac{1}{\sqrt{2}}y_1 + \frac{1}{\sqrt{6}}y_2 - \frac{1}{2\sqrt{3}}y_3 + \frac{1}{2}y_4 \\ x_2 = \frac{1}{\sqrt{2}}y_1 - \frac{1}{\sqrt{6}}y_2 - \frac{1}{2\sqrt{3}}y_3 - \frac{1}{2}y_4 \\ x_3 = \qquad\quad \frac{2}{\sqrt{6}}y_2 + \frac{1}{2\sqrt{3}}y_3 - \frac{1}{2}y_4 \\ x_4 = \qquad\qquad\qquad\quad \frac{3}{2\sqrt{3}}y_3 + \frac{1}{2}y_4 \end{cases}$$

使 $f=\boldsymbol{y}^{\mathrm{T}}\boldsymbol{\Lambda}\boldsymbol{y}=y_1^2+y_2^2+y_3^2-3y_4^2$。

6.1.3 用配方法化二次型为标准形

用正交变换化二次型为标准形，具有保持几何形状不变的优点。如果只要求变换是一个线性变换，而不限于正交变换，那末还有其他方法把二次型化为标准形。

常用的方法是"配方法"。

例 6.4 用配方法把二次型

$$f(x_1,x_2,x_3) = 2x_1^2 + 3x_2^2 + x_3^2 + 4x_1x_2 - 4x_1x_3 - 8x_2x_3 \qquad ①$$

化为标准形，并求所用的坐标变换 $\boldsymbol{x}=\boldsymbol{C}\boldsymbol{y}$ 及变换矩阵 $\boldsymbol{C}$。

解 先按 x_1^2 及含有 x_1 的混合项配成完全平方，即

$$\begin{aligned} f(x_1,x_2,x_3) &= 2[x_1^2 + 2x_1(x_2-x_3) + (x_2-x_3)^2] - 2(x_2-x_3)^2 + 3x_2^2 + x_3^2 - 8x_2x_3 \\ &= 2(x_1+x_2-x_3)^2 + x_2^2 - x_3^2 - 4x_2x_3 \end{aligned}$$

在上式中，再按 $x_2^2-4x_2x_3$ 配成完全平方，于是

$$f(x_1,x_2,x_3) = 2(x_1+x_2-x_3)^2 + (x_2-2x_3)^2 - 5x_3^2 \qquad ②$$

令

$$\begin{cases} y_1 = x_1 + x_2 - x_3 \\ y_2 = \qquad x_2 - 2x_3 \\ y_3 = \qquad\qquad x_3 \end{cases} \qquad ③$$

将③式代入②式，得二次型的标准形

$$f = 2y_1^2 + y_2^2 - 5y_3^2 \qquad ④$$

从③式中可解出

$$\begin{cases} x_1 = y_1 - y_2 - y_3 \\ x_2 = \qquad y_2 + 2y_3 \\ x_3 = \qquad\qquad y_3 \end{cases} \qquad ⑤$$

⑤式是化二次型① 1.为标准形所作的坐标变换 $\boldsymbol{x}=\boldsymbol{C}\boldsymbol{y}$，其中变换矩阵

$$\boldsymbol{C} = \begin{pmatrix} 1 & -1 & -1 \\ 0 & 1 & 2 \\ 0 & 0 & 1 \end{pmatrix} \quad (|\boldsymbol{C}| = 1 \neq 0)$$

例 6.5 用配方法化二次型 $f(x_1,x_2,x_3)=2x_1x_2+4x_1x_3$ 为标准形，并求所作的坐标变换。

解 因为二次型 f 中不含平方项，无法配方，故先作一个坐标变换，使其出现平方项。由于含有 x_1x_2 项，利用平方差公式，令

$$\begin{cases} x_1 = y_1 + y_2 \\ x_2 = y_1 - y_2 \\ x_3 = \qquad\quad y_3 \end{cases} \qquad ①$$

将(1)代入二次型可得 $f=2(y_1+y_2)(y_1-y_2)+4(y_1+y_2)y_3$

$$=2y_1^2-2y_2^2+4y_1y_3+4y_2y_3$$

再配方，得 $f=2(y_1+y_3)^2-2(y_2-y_3)^2$，令 $\begin{cases} z_1=y_1 \qquad +y_3 \\ z_2= \qquad y_2-y_3 \\ z_3= \qquad\qquad y_3 \end{cases}$，即

$$\begin{cases} y_1 = z_1 \qquad -z_3 \\ y_2 = \qquad z_2+z_3 \\ y_3 = \qquad\qquad z_3 \end{cases} \qquad ②$$

即有 $$f=2z_1^2-2z_2^2 \qquad ③$$

将二次型化为标准形，作了①式和②式所示的两次坐标变换，将它们分别记作 $\boldsymbol{x}=\boldsymbol{C}_1\boldsymbol{y}$，$\boldsymbol{y}=\boldsymbol{C}_2\boldsymbol{z}$，其中

$$\boldsymbol{C}_1=\begin{pmatrix}1&1&0\\1&-1&0\\0&0&1\end{pmatrix},\ \boldsymbol{C}_2=\begin{pmatrix}1&0&-1\\0&1&1\\0&0&1\end{pmatrix},\ \boldsymbol{x}=\begin{pmatrix}x_1\\x_2\\x_3\end{pmatrix},\ \boldsymbol{y}=\begin{pmatrix}y_1\\y_2\\y_3\end{pmatrix},\ \boldsymbol{z}=\begin{pmatrix}z_1\\z_2\\z_3\end{pmatrix}$$

于是 $\boldsymbol{x}=(\boldsymbol{C}_1\boldsymbol{C}_2)\boldsymbol{z}$ 就是二次型化为标准形③式所作的坐标变化，其中变换矩阵

$$\boldsymbol{C}=\boldsymbol{C}_1\boldsymbol{C}_2=\begin{pmatrix}1&1&0\\1&-1&0\\0&0&1\end{pmatrix}\begin{pmatrix}1&0&-1\\0&1&1\\0&0&1\end{pmatrix}=\begin{pmatrix}1&1&0\\1&-1&-2\\0&0&1\end{pmatrix},(|\boldsymbol{C}|=-2\neq 0)$$

一般地，任何二次型都可用配方法找到可逆变换，把二次型化为标准形。由上述两例可见，标准形中所含项数与二次型 f 的秩有关。例 6.4 中二次型的秩为 3，故标准形所含的项数就是 3。例 6.5 中的二次型的秩为 2，故标准形所含的项数就是 2 项。

6.2 正定二次型

由上一节可知，二次型的标准形中所含的项数是确定的，但其形式不是唯一

的。那么不同的标准形之间究竟有何关系呢？下面的惯性定理将给出其答案。

6.2.1 惯性定理

定理 6.3 设有二次型 $f=\sum_{i=1}^{n}\sum_{j=1}^{n}a_{ij}x_ix_j=\boldsymbol{x}^{\mathrm{T}}\boldsymbol{A}\boldsymbol{x}\ (\boldsymbol{A}^{\mathrm{T}}=\boldsymbol{A})$，且它的秩为 r，若有两个实的可逆变换 $\boldsymbol{x}=\boldsymbol{P}\boldsymbol{y}$ 及 $\boldsymbol{x}=\boldsymbol{Q}\boldsymbol{z}$，使二次型化为

$$f=\lambda_1y_1^2+\lambda_2y_2^2+\cdots+\lambda_ry_r^2\quad(\lambda_i\neq 0,i=1,2,\cdots,r)$$

及

$$f=k_1z_1^2+k_2z_2^2+\cdots+k_rz_r^2\quad(k_i\neq 0,i=1,2,\cdots,r)$$

则 $\lambda_1,\lambda_2,\cdots,\lambda_r$ 中正数的个数与 $k_1,k_2,\cdots,k_r$ 中正数的个数相等，均为 m；负数的个数也相等，均为 $N=r-m$。且称 m 为正惯性指数，$r-m$ 为负惯性指数。

定理 6.3 称为惯性定理，这里不予证明。

6.2.2 正定二次型及其判别

n 元正定二次型是正惯性指数为 n 的二次型，n 阶正定矩阵是正惯性指数为 n 的实对称矩阵，它们在工程技术和最优化等问题中有着广泛的应用。现在从二元函数极值点的判别问题，引入二次型正定的概念。例如，对于

$$f(x,y)=2x^2+4xy+5y^2$$

易知：$f(0,0)=0,f'_x(0,0)=f'_y(0,0)=0$，所以原点 $(0,0)$ 是 $f(x,y)$ 的驻点。由

$$f(x,y)=2(x+y)^2+3y^2\tag{1}$$

又可知，当 x,y 不全为零，即 $\boldsymbol{a}=(x,y)^{\mathrm{T}}\neq\boldsymbol{0}$ 时，$f(x,y)$ 恒大于零，所以 $O(0,0)$ 是 $f(x,y)$ 的极小值点。这里二次型(1) 就是要讨论的正定二次型。

对于一般的 n 元函数，其驻点是否为极值点的问题，需要讨论一个 n 元二次型是否恒正、恒负的问题。下面给出其定义：

定义 6.2 如果对于任意的非零向量 $\boldsymbol{x}=(x_1,x_2,\cdots,x_n)^{\mathrm{T}}$，恒有

$$\sum_{i=1}^{n}\sum_{j=1}^{n}a_{ij}x_ix_j=\boldsymbol{x}^{\mathrm{T}}\boldsymbol{A}\boldsymbol{x}>0$$

则称 $\boldsymbol{x}^{\mathrm{T}}\boldsymbol{A}\boldsymbol{x}$ 为正定二次型，称 $\boldsymbol{A}$ 为正定矩阵。

根据定义 6.2 可以得到以下结论：

(1) 二次型 $f(y_1,y_2,\cdots,y_n)=d_1y_1^2+d_2y_2^2+\cdots+d_ny_n^2$ 正定的充分必要条件是

$$d_i>0(i=1,2,\cdots,n)$$

充分性是显然的。

必要性(用反证法证明)：倘若 $d_i\leqslant 0$，取 $y_i=1,y_j=0(j\neq i)$，代入二次型，得

$$f(0,\cdots,0,1,0,\cdots,0)=d_i\leqslant 0$$

与二次型 $f(y_1,y_2,\cdots,y_n)$正定矛盾。所以 $d_i>0$。

(2) 一个二次型 $\boldsymbol{x}^{\mathrm{T}}\boldsymbol{A}\boldsymbol{x}$,经过满秩的线性变换 $\boldsymbol{x}=\boldsymbol{C}\boldsymbol{y}$,化为 $\boldsymbol{y}^{\mathrm{T}}(\boldsymbol{C}^{\mathrm{T}}\boldsymbol{A}\boldsymbol{C})\boldsymbol{y}$,其正定性保持不变。即当

$$\boldsymbol{x}^{\mathrm{T}}\boldsymbol{A}\boldsymbol{x}\xlongequal{\boldsymbol{x}=\boldsymbol{C}\boldsymbol{y}}\boldsymbol{y}^{\mathrm{T}}(\boldsymbol{C}^{\mathrm{T}}\boldsymbol{A}\boldsymbol{C})\boldsymbol{y}(\boldsymbol{C}\text{可逆})$$

时,等式两端的二次型有相同的正定性。

事实上,对于任意的 $\boldsymbol{y}_0\neq\boldsymbol{0}$,由于 $\boldsymbol{x}=\boldsymbol{C}\boldsymbol{y}(\boldsymbol{C}$可逆),所以与 $\boldsymbol{y}_0$ 相对应的 $\boldsymbol{x}_0\neq\boldsymbol{0}$,若 $\boldsymbol{x}^{\mathrm{T}}\boldsymbol{A}\boldsymbol{x}$ 正定,则 $\boldsymbol{x}_0^{\mathrm{T}}\boldsymbol{A}\boldsymbol{x}_0>\boldsymbol{0}$。故有 $\boldsymbol{y}_0\neq\boldsymbol{0}$,$\boldsymbol{y}_0^{\mathrm{T}}(\boldsymbol{C}^{\mathrm{T}}\boldsymbol{A}\boldsymbol{C})\boldsymbol{y}_0=\boldsymbol{x}_0^{\mathrm{T}}\boldsymbol{A}\boldsymbol{x}_0>\boldsymbol{0}$。即 $\boldsymbol{y}^{\mathrm{T}}(\boldsymbol{C}^{\mathrm{T}}\boldsymbol{A}\boldsymbol{C})\boldsymbol{y}$ 是正定二次型。反之亦然。

由结论(1),(2)可知,一个二次型 $\boldsymbol{x}^{\mathrm{T}}\boldsymbol{A}\boldsymbol{x}$(或实对称矩阵 $\boldsymbol{A}$),通过坐标变换 $\boldsymbol{x}=\boldsymbol{C}\boldsymbol{y}$,将其化成标准形 $\boldsymbol{y}^{\mathrm{T}}(\boldsymbol{C}^{\mathrm{T}}\boldsymbol{A}\boldsymbol{C})\boldsymbol{y}=\sum\limits_{i=1}^{n}d_iy_i^2$,就容易判别其正定性。

下面不加证明地给出判别二次型的正定性的几个重要结论:

定理 6.4 实二次型 $f=\boldsymbol{x}^{\mathrm{T}}\boldsymbol{A}\boldsymbol{x}$ 为正定的充分必要条件是:它的标准形的 n 个系数全为正。

由定理 6.4 可以得到以下推论:

对称矩阵 $\boldsymbol{A}$ 为正定的充分必要条件是:$\boldsymbol{A}$ 的特征值全为正。

例 6.6 判断二次型

$$f(x_1,x_2,x_3)=3x_1^2+x_2^2+3x_3^2-4x_1x_2-4x_1x_3+4x_2x_3$$

是否是正定二次型。

解 任何一个二次型都可用正交变换法或配方法判断其正定性,但有时也可考虑用特征值判定。本题二次型对应的矩阵为 $\boldsymbol{A}=\begin{pmatrix}3&-2&-2\\-2&1&2\\-2&2&3\end{pmatrix}$。

由

$$|\boldsymbol{A}-\lambda\boldsymbol{E}|=\begin{vmatrix}3-\lambda&-2&-2\\-2&1-\lambda&2\\-2&2&3-\lambda\end{vmatrix}=(1-\lambda)(\lambda^2-6\lambda-3)$$

得 $\boldsymbol{A}$ 的特征值:$\lambda_1=1,\lambda_2=3+2\sqrt{3},\lambda_3=3-2\sqrt{3}<0$,所以 $\boldsymbol{A}$ 不是正定矩阵,从而二次型也不是正定的。

此题由正定二次型的定义也容易判定其非正定性。因为当 $x_1=1,x_2=1,x_3=0$ 时,二次型 $f(1,1,0)=0$,不大于零。

下面给出的是从二次型矩阵 $\boldsymbol{A}$ 的子式来判别二次型 $\boldsymbol{x}^{\mathrm{T}}\boldsymbol{A}\boldsymbol{x}$ 正定的一个充分必要条件。

定理 6.5 二次型 $\boldsymbol{x}^{\mathrm{T}}\boldsymbol{A}\boldsymbol{x}$ 为正定的充分必要条件是:$\boldsymbol{A}$ 的各阶(顺序)主子式全大于零,即

$$a_{11}>0,\begin{vmatrix}a_{11}&a_{12}\\a_{21}&a_{22}\end{vmatrix}>0,\cdots,\begin{vmatrix}a_{11}&\cdots&a_{1n}\\\vdots&&\vdots\\a_{n1}&\cdots&a_{nn}\end{vmatrix}>0$$

二次型为负定的充分必要条件是:$\boldsymbol{A}$ 的奇数阶主子式为负,而偶数阶主子式为正,即

$$(-1)^r\begin{vmatrix}a_{11}&\cdots&a_{1r}\\\vdots&&\vdots\\a_{r1}&\cdots&a_{rr}\end{vmatrix}>0\quad(r=1,2,\cdots,n)$$

这个定理称为霍尔维茨定理。

例 6.7 判别二次型 $f(x_1,x_2,x_3)=5x_1^2+3x_2^2+x_3^2-4x_1x_2-2x_2x_3$ 的正定性。

解 二次型 f 对应的矩阵为

$$\boldsymbol{A}=\begin{pmatrix}5&-2&0\\-2&3&-1\\0&-1&1\end{pmatrix}$$

而 $\boldsymbol{A}$ 的各阶主子式为

$$a_{11}=5>0,\begin{vmatrix}a_{11}&a_{12}\\a_{21}&a_{22}\end{vmatrix}=\begin{vmatrix}5&-2\\-2&3\end{vmatrix}=11>0,$$

$$|\boldsymbol{A}|=\begin{vmatrix}5&-2&0\\-2&3&-1\\0&-1&1\end{vmatrix}=6>0$$

所以二次型 f 为正定的。

例 6.8 判别二次型 $f(x_1,x_2,x_3)=-5x_1^2-6x_2^2-4x_3^2+4x_1x_2+4x_1x_3$ 的正定性。

解 二次型 f 对应的矩阵为

$$\boldsymbol{A}=\begin{pmatrix}-5&2&2\\2&-6&0\\2&0&-4\end{pmatrix}$$

而 $\boldsymbol{A}$ 的各阶主子式为

$$a_{11}=-5<0,\begin{vmatrix}a_{11}&a_{12}\\a_{21}&a_{22}\end{vmatrix}=\begin{vmatrix}-5&2\\2&-6\end{vmatrix}=26>0,$$

$$|\boldsymbol{A}|=\begin{vmatrix}-5 & 2 & 2\\ 2 & -6 & 0\\ 2 & 0 & -4\end{vmatrix}=-80<0$$

所以二次型 f 为负定的。

6.3 二次型的应用举例

例 6.9 求二次多项式

$$f(x_1,x_2,x_3,x_4)=x_1^2+4x_1x_2+2x_1x_3+8x_1x_4+5x_2^2+8x_2x_3+16x_2x_4$$
$$+8x_3^2+8x_3x_4+24x_4^2+10x_1+12x_2-4x_3-17$$

的极值。

解 先对 $f(x_1,x_2,x_3,x_4)$的二次项进行配方化简，

$$f=f(x_1,x_2,x_3,x_4)=(x_1+2x_2+x_3+4x_4)^2+(x_2+2x_3)^2$$
$$+3x_3^2+8x_4^2+10x_1+12x_2-4x_3-17$$

令

$$\begin{cases}y_1=x_1+2x_2+x_3+4x_4\\ y_2=x_2+2x_3\\ y_3=x_3\\ y_4=x_4\end{cases}$$

则

$$\begin{cases}x_1=y_1-2y_2+3y_3-4y_4\\ x_2=y_2-2y_3\\ x_3=y_3\\ x_4=y_4\end{cases}$$

$$f=y_1^2+y_2^2+3y_3^2+8y_4^2+10y_1-8y_2+2y_3-40y_4-17$$

再继续对 $y_i(i=1,2,3,4)$配方，得

$$f=(y_1+5)^2+(y_2-4)^2+3\left(y_3+\frac{1}{3}\right)^2+8\left(y_4-2\frac{1}{2}\right)^2+74\frac{1}{3}$$

显然当 $y_1=-5,y_2=4,y_3=-\dfrac{1}{3},y_4=2\dfrac{1}{2}$，即 $x_1=-24,x_2=4\dfrac{2}{3},x_3=-\dfrac{1}{3}$，$x_4=2\dfrac{1}{2}$时，$f$ 有极小值 $74\dfrac{1}{3}$。

一般，n 个实变量的函数 $f(x_1,x_2,\cdots,x_n)$，其偏导数的零点：$\boldsymbol{x}=\boldsymbol{x}_0$，$\dfrac{\partial f(\boldsymbol{x}_0)}{\partial x_i}=0(i=1,2,\cdots,n)$ 叫作 $f(\boldsymbol{x})$的驻点，其二阶连续偏导数构成的矩阵

$$H_f(\boldsymbol{x})=\begin{bmatrix}\dfrac{\partial^2 f}{\partial x_1^2} & \dfrac{\partial^2 f}{\partial x_1\partial x_2} & \cdots & \dfrac{\partial^2 f}{\partial x_1\partial x_n}\\ \dfrac{\partial^2 f}{\partial x_2\partial x_1} & \dfrac{\partial^2 f}{\partial x_2^2} & \cdots & \dfrac{\partial^2 f}{\partial x_2\partial x_n}\\ \vdots & \vdots & & \vdots\\ \dfrac{\partial^2 f}{\partial x_n\partial x_1} & \dfrac{\partial^2 f}{\partial x_n\partial x_2} & \cdots & \dfrac{\partial^2 f}{\partial x_n^2}\end{bmatrix}=\left(\dfrac{\partial^2 f}{\partial x_i\partial x_j}\right)=(f_{ij})_{n\times n}$$

叫做赫斯(Hess)矩阵，是一个对称矩阵。

由多元泰勒(Taylor)公式易知，在驻点 $\boldsymbol{x}=\boldsymbol{x}_0$ 处，若 $H_f(\boldsymbol{x}_0)$ 正定，则 $\boldsymbol{x}_0$ 是极小值点；若 $H_f(\boldsymbol{x}_0)$ 负定，则 $\boldsymbol{x}_0$ 是极大值点。若 $H_f(\boldsymbol{x}_0)$ 不定，则 $\boldsymbol{x}_0$ 不是极值点。

例 6.10 求二元函数 $f(x_1,x_2)=x_1^2+5x_2^2-6x_1+10x_2+6$ 的极值。

解 由 $\begin{cases}\dfrac{\partial f}{\partial x_1}=2x_1-6=0\\ \dfrac{\partial f}{\partial x_2}=10x_2+10=0\end{cases}$，得驻点(3，−1)。$H_f(3,-1)=\begin{pmatrix}2 & 0\\ 0 & 10\end{pmatrix}$ 正定，故(3，−1)是极小值点，极小值为 $f(3,-1)=-8$。

例 6.11 求 $f(x,y,z)=x+y-\mathrm{e}^x-\mathrm{e}^y+2\mathrm{e}^z-\mathrm{e}^{z^2}$ 的极值。

解 由 $\begin{cases}\dfrac{\partial f}{\partial x}=1-\mathrm{e}^x=0\\ \dfrac{\partial f}{\partial y}=1-\mathrm{e}^y=0\\ \dfrac{\partial f}{\partial z}=2\mathrm{e}^z-2z\mathrm{e}^{z^2}=0\end{cases}$，得驻点(0，0，1)。[由导函数 $(z\mathrm{e}^{z^2-z})'_z=\left[2\left(z-\dfrac{1}{4}\right)^2+\dfrac{7}{8}\right]\mathrm{e}^{z^2-z}>0$ 知 $z\mathrm{e}^{z^2-z}$ 严格单调上升，故仅 $z=1$ 时，$z\mathrm{e}^{z^2-z}\Big|_{z=1}=1$，即 $2\mathrm{e}^z-2z\mathrm{e}^{z^2}=0$ 仅一个根 $z=1$。]

又 $H_f(0,0,1)=\begin{bmatrix}-1 & & \\ & -1 & \\ & & -4\mathrm{e}\end{bmatrix}$ 负定，故(0，0，1)为极大值点，$f(0,0,1)=\mathrm{e}-2$ 为极大值。

例 6.12 设某企业用一种原料生产甲、乙两种产品，产量分别为 x，y 单位，原料消耗量为 $a(x^\alpha+y^\beta)$ 单位($a>0,\alpha>1,\beta>1$)，若原料、甲乙产品的价格分别为 r，m，n(万元/单位)，在只考虑原料成本情况下，求产量 x，y 多大时，企业利润最高。

解 企业利润为产量的函数 $f(x,y)=mx+ny-ra(x^\alpha+y^\beta)$，由

$$\begin{cases}\dfrac{\partial f}{\partial x}=m-ra\cdot\alpha x^{\alpha-1}=0\\[2ex]\dfrac{\partial f}{\partial y}=n-ra\cdot\beta y^{\beta-1}=0\end{cases}$$

得驻点 $$(x_0,y_0)=\left[\left(\frac{m}{ra\alpha}\right)^{\frac{1}{\alpha-1}},\left(\frac{n}{ra\beta}\right)^{\frac{1}{\beta-1}}\right]$$

$H_f(x_0,y_0)=\begin{bmatrix}-ra\alpha(\alpha-1)x_0^{\alpha-2} & 0\\ 0 & -ra\beta(\beta-1)y_0^{\beta-2}\end{bmatrix}$负定，故企业利润在驻点达到极大(当然也是最大)，这时，甲产品的产量是 $x_0=\left(\dfrac{m}{ra\alpha}\right)^{\frac{1}{\alpha-1}}$ 单位，乙产品的产量是 $y_0=\left(\dfrac{n}{ra\beta}\right)^{\frac{1}{\beta-1}}$ 单位。

例 6.13 将一般二次曲面方程

$$x^2-2y^2+10z^2+28xy-8yz+20zx-26x+32y+28z-38=0 \tag{1}$$

化为标准方程(只含纯平方项和常数项的方程)。

解 首先将方程中的二次型部分

$$x^2-2y^2+10z^2+28xy-8yz+20zx \tag{2}$$

采用正交变换法，通过求二次型(2) 对应矩阵 $\boldsymbol{A}$ 的特征值和特征向量，并对特征向量进行施密特正交化，则可得一正交矩阵 $\boldsymbol{P}=\begin{bmatrix}\frac{1}{3} & \frac{2}{3} & \frac{2}{3}\\ \frac{2}{3} & \frac{1}{3} & -\frac{2}{3}\\ -\frac{2}{3} & \frac{2}{3} & -\frac{1}{3}\end{bmatrix}$，

作正交变换 $\boldsymbol{x}=\boldsymbol{P}\boldsymbol{y}$，$\boldsymbol{x}=\begin{bmatrix}x\\y\\z\end{bmatrix}$，$\boldsymbol{y}=\begin{bmatrix}x'\\y'\\z'\end{bmatrix}$，代入(2) 式，得二次型(2) 为

$$9x'^2+18y'^2-18z'^2$$

令
$$\begin{cases}x=\frac{1}{3}x'+\frac{2}{3}y'+\frac{2}{3}z'\\[1ex] y=\frac{2}{3}x'+\frac{1}{3}y'-\frac{2}{3}z'\\[1ex] z=-\frac{2}{3}x'+\frac{2}{3}y'-\frac{1}{3}z'\end{cases} \tag{3}$$

代入曲面方程(1) 中的一次项部分，整个曲面方程(1) 就化为

$$x'^2+2y'^2-2z'^2-\frac{2}{3}x'+\frac{4}{3}y'-\frac{16}{3}z'-\frac{38}{9}=0$$

配方得 $$\left(x'-\frac{1}{3}\right)^2+2\left(y'+\frac{1}{3}\right)^2-2\left(z'+\frac{4}{3}\right)^2=1 \tag{4}$$

再令 $$\begin{cases} x''=x'-\dfrac{1}{3} \\ y''=y'+\dfrac{1}{3} \\ z''=z'+\dfrac{4}{3} \end{cases} \tag{5}$$

代入(4)式，得曲面方程(1) 的标准方程

$$x''^2+2y''^2-2z''^2=1 \tag{6}$$

故方程的图形为单叶双曲面。

本例中(1) 式是曲面在空间直角坐标系 $O-xyz$ 下的方程，方程中的 x,y,z 是空间向量在自然基$\{\boldsymbol{\varepsilon}_1,\boldsymbol{\varepsilon}_2,\boldsymbol{\varepsilon}_3\}$下的坐标，当$\{\boldsymbol{\varepsilon}_1,\boldsymbol{\varepsilon}_2,\boldsymbol{\varepsilon}_3\}$变换为$\{\boldsymbol{e}_1,\boldsymbol{e}_2,\boldsymbol{e}_3\}$，即

$$\boldsymbol{e}_1=\begin{pmatrix}\dfrac{1}{3}\\ \dfrac{2}{3}\\ -\dfrac{2}{3}\end{pmatrix},\boldsymbol{e}_2=\begin{pmatrix}\dfrac{2}{3}\\ \dfrac{1}{3}\\ \dfrac{2}{3}\end{pmatrix},\boldsymbol{e}_3=\begin{pmatrix}\dfrac{2}{3}\\ -\dfrac{2}{3}\\ -\dfrac{1}{3}\end{pmatrix}$$

时，坐标向量为 $\boldsymbol{x}=\begin{pmatrix}x\\y\\z\end{pmatrix}$ 变换为 $\boldsymbol{y}=\begin{pmatrix}x'\\y'\\z'\end{pmatrix}$，二者的关系即为正交变换 $\boldsymbol{x}=\boldsymbol{Py}$。因此(4) 式是曲面在基$\{\boldsymbol{e}_1,\boldsymbol{e}_2,\boldsymbol{e}_3\}$下的坐标方程。(5)式表示平移变换，就得到曲面在空间坐标系 $O''-x''y''z''$下的标准方程。(5)式中新坐标系的原点 O''在坐标系 $O'-x'y'z'$下的坐标为$\left(\frac{1}{3},-\frac{1}{3},-\frac{4}{3}\right)$，在 $O-xyz$ 的坐标为$(-1,1,0)$。

从本例中可看出，当二次曲面的中心与坐标原点重合时，总可以通过正交变换将其化为标准形，对中心不在坐标原点的二次曲面，可以通过一个正交变换和一个平移变换使其成为标准形。

习题 6

1. 用矩阵记号表示下列二次型：

(1) $f(x,y)=4x^2-6xy-7y^2$；

(2) $f=x^2+4xy+4y^2+2xz+z^2+4yz$；

(3) $f=x^2+y^2-7z^2-2xy-4xz-4yz$；

(4) $f=x_1^2+x_2^2+x_3^2+x_4^2-2x_1x_2+4x_1x_3-2x_1x_4+6x_2x_3-4x_2x_4$。

2. 设 n 元二次型 $f(x_1,x_2,\cdots,x_n)$ 的矩阵为 n 阶三对角对称矩阵

$$A=\begin{pmatrix} 1 & -1 & & & \\ -1 & 1 & -1 & & \\ & -1 & 1 & \ddots & \\ & & \ddots & \ddots & -1 \\ & & & -1 & 1 \end{pmatrix}$$

试写出二次型的表示式。

3. 求一个正交变换使化下列二次型成标准形：

(1) $f=2x_1^2+3x_2^2+3x_3^2+4x_2x_3$；

(2) $f=x_1^2+x_2^2+x_3^2+x_4^2+2x_1x_2-2x_1x_4-2x_2x_3+2x_3x_4$。

4. 证明：二次型 $f=\boldsymbol{x}^{\mathrm{T}}\boldsymbol{A}\boldsymbol{x}$ 在 $\|\boldsymbol{x}\|=1$ 时的最大值为矩阵 $\boldsymbol{A}$ 的最大特征值。

5. 判别下列二次型的正定性：

(1) $f=-2x_1^2-6x_2^2-4x_3^2+2x_1x_2+2x_1x_3$；

(2) $f=x_1^2+3x_2^2+9x_3^2+19x_4^2-2x_1x_2+4x_1x_3+2x_1x_4-6x_2x_4-12x_3x_4$。

6. 设 $\boldsymbol{U}$ 为可逆矩阵，$\boldsymbol{A}=\boldsymbol{U}^{\mathrm{T}}\boldsymbol{U}$，证明 $f=\boldsymbol{x}^{\mathrm{T}}\boldsymbol{A}\boldsymbol{x}$ 为正定二次型。

7. 设对称矩阵 $\boldsymbol{A}$ 为正定矩阵，证明存在可逆矩阵 $\boldsymbol{U}$，使 $\boldsymbol{A}=\boldsymbol{U}^{\mathrm{T}}\boldsymbol{U}$。

8. 设 $\boldsymbol{A}=\begin{pmatrix} 4 & -2 & 0 & 0 & 0 \\ -2 & 1 & 0 & 0 & 0 \\ 0 & 0 & 5 & 0 & 0 \\ 0 & 0 & 0 & -4 & 6 \\ 0 & 0 & 0 & 6 & 1 \end{pmatrix}$，试求正交矩阵 $\boldsymbol{Q}$，使得 $\boldsymbol{Q}^{\mathrm{T}}\boldsymbol{A}\boldsymbol{Q}$ 为对角阵。

9. 用配方法将下列二次型化为标准形，并写出所用的坐标变换：

(1) $x_1^2+4x_1x_2-3x_2x_3$；　　(2) $x_1x_2+x_1x_3-3x_2x_3$；

(3) $2x_1^2+5x_2^2+4x_3^2+4x_1x_2-8x_2x_3-4x_3x_1$。

10. 设 $\boldsymbol{C}$ 为可逆矩阵，且 $\boldsymbol{C}^{\mathrm{T}}\boldsymbol{A}\boldsymbol{C}=\mathrm{diag}(d_1,d_2,\cdots,d_n)$，问：对角矩阵的对角元是否都是 $\boldsymbol{A}$ 的特征值？并说明理由。

11. 判断下列二次型是否是正定二次型：

(1) $x_1^2+3x_2^2+20x_3^2-2x_1x_2-2x_1x_3-10x_2x_3$；

(2) $3x_1^2+4x_2^2+5x_3^2+4x_1x_2-4x_2x_3$；

(3) $x_1^2+2x_2^2+3x_3^2+4x_4^2-2x_1x_2+4x_2x_3-8x_3x_4$。

12. 求下列二次型中的参数 t，使得二次型正定：

(1) $5x_1^2+x_2^2+tx_3^2+4x_1x_2-2x_1x_3-2x_2x_3$；

(2) $2x_1^2+x_2^2+3x_3^2+2tx_1x_2+2x_1x_3$。

13. 已知二次型 $f=2x_1^2+3x_2^2+3x_3^2+2ax_2x_3\,(a>0)$ 通过正交变换化为标准

形 $f=y_1^2+2y_2^2+5y_3^2$，求参数 a 及所用的正交变换矩阵。

14. 求下列函数的极值：

(1) $f(x_1,x_2,x_3)=x_1^2+2x_1x_2+2x_1x_3+4x_2^2+2x_3^2+3x_1+4x_2-5x_3$；

(2) $f(x,y)=e^x+e^y-e^{x+y}$；

(3) $f(x,y,z)=e^{2x}+e^{-y}+e^{z^2}-(2x+2ez-y)$。

15. 某工业企业用 A 和 B 两种原料生产甲、乙、丙三种产品，产量分别为 x,y,z 单位，原材料消耗量分别为 $(3\sqrt{x}+1)x$ 和 $(\sqrt{x}+4)x$，$(2\sqrt{y}+3)y$ 和 $(4\sqrt{y}+5)y$，$(\sqrt{z}+2)z$ 和 $(3\sqrt{z}+5)z$ 单位，若原材料价格为 r_1,r_2（万元/单位），产品销售价格分别为 m_1,m_2,m_3（万元/单位）。在只考虑成本的情况下，求产量多大时，企业利润最高。

16. 利用直角坐标变换化简下面二次曲面方程，且指出二次曲面的名称：$3x^2+2y^2+2z^2+2xy+2xz-8x-6y-2z+3=0$。

第 7 章　常见的线性数学模型简介

线性代数在实际生活中有着极其广泛的应用，本章通过几个常见的应用问题举例，使读者了解线性代数在自然科学与社会科学等方面的实际应用。

7.1　投入产出模型

投入产出分析是美国哈佛大学教授列昂节夫(Leontief)在 20 世纪 30 年代提出的一种数量经济分析方法，通过编制投入产出表，运用矩阵和线性方程组的方法，通过电子计算机的运算，来揭示国民经济各部门的内在联系。因此他获得 1973 年诺贝尔经济学奖。

投入产出分析方法以表格形式反映经济问题，比较直观，便于推广应用，因此已成为一种应用较广的数量分析方法，无论是国家、地区、部门还是企业都可以应用。

投入产出模型是一种进行综合平衡的经济数学模型，它是研究某一经济系统中各部门之间的“投入”与“产出”关系的线性模型，它通过投入产出表来反映经济系统中各部门之间的数量依存关系。

投入是从事一项经济活动的各种消耗，其中包括原材料、设备、动力、人力和资金等的消耗。产出是指从事一项经济活动的结果，若从事的是生产活动，产出就是生产的产品。

设有 n 个经济部门，x_i 为 i 部门的总产出，a_{ij} 为 i 部门单位产品对 j 部门产品的消耗，d_i 为外部对 i 部门的需求，f_i 为 i 部门新创造的价值，则可列表如下：

投入＼产出		消耗部门				外部需求	总产出
		1	2	…	n		
生产部门	1	a_{11}	a_{12}	…	a_{1n}	d_1	x_1
	2	a_{21}	a_{22}	…	a_{2n}	d_2	x_2
	⋮	⋮	⋮		⋮	⋮	⋮
	n	a_{n1}	a_{n2}	…	a_{nn}	d_n	x_n
新创造价值		f_1	f_2	…	f_n		
总投入		x_1	x_2	…	x_n		

其中，$a_{ij}(i,j=1,2,\cdots,n)$ 称为直接消耗系数。

在投入产出表中反映的基本平衡关系是：

从左到右：中间需求＋外部需求＝总产出 (7.1)

从上到下：中间消耗＋新创造价值＝总投入 (7.2)

由这两个平衡关系，可得两组线性方程组。由式(7.1)可得

$$\begin{cases} a_{11}x_1+a_{12}x_2+\cdots+a_{1n}x_n+d_1=x_1 \\ a_{21}x_1+a_{22}x_2+\cdots+a_{2n}x_n+d_2=x_2 \\ \quad\vdots \qquad\quad \vdots \qquad\qquad\quad \vdots \qquad\quad \vdots \quad \vdots \\ a_{n1}x_1+a_{n2}x_2+\cdots+a_{nn}x_n+d_n=x_n \end{cases} \tag{7.3}$$

称为分配平衡方程组。由(7.2)式可得

$$\begin{cases} (a_{11}+a_{21}+\cdots+a_{n1})x_1+f_1=x_1 \\ (a_{12}+a_{22}+\cdots+a_{n2})x_2+f_2=x_2 \\ \qquad\qquad\vdots \qquad\qquad\qquad \vdots \quad \vdots \\ (a_{1n}+a_{2n}+\cdots+a_{nn})x_n+f_n=x_n \end{cases} \tag{7.4}$$

称为消耗平衡方程组。

可用矩阵表示如下：

设 $\boldsymbol{A}=\begin{pmatrix} a_{11} & a_{12} & \cdots & a_{1n} \\ a_{21} & a_{22} & \cdots & a_{2n} \\ \vdots & \vdots & & \vdots \\ a_{n1} & a_{n2} & \cdots & a_{nn} \end{pmatrix}$，$\boldsymbol{x}=\begin{pmatrix} x_1 \\ x_2 \\ \vdots \\ x_n \end{pmatrix}$，$\boldsymbol{D}=\begin{pmatrix} d_1 \\ d_2 \\ \vdots \\ d_n \end{pmatrix}$，$\boldsymbol{F}=\begin{pmatrix} f_1 \\ f_2 \\ \vdots \\ f_n \end{pmatrix}$

则方程组(7.3) 可化为

$$\boldsymbol{Ax}+\boldsymbol{D}=\boldsymbol{x}$$

移项得

$$(\boldsymbol{E}-\boldsymbol{A})\boldsymbol{x}=\boldsymbol{D}$$

这里称 $\boldsymbol{A}$ 为直接消耗矩阵，$\boldsymbol{E}-\boldsymbol{A}$ 称为列昂节夫矩阵。

令

$$\boldsymbol{C}=\begin{pmatrix} \sum_{i=1}^{n}a_{i1} & & & \\ & \sum_{i=1}^{n}a_{i2} & & \\ & & \ddots & \\ & & & \sum_{i=1}^{n}a_{in} \end{pmatrix}$$

则方程组(7.4) 可化为

$$\boldsymbol{Cx}+\boldsymbol{F}=\boldsymbol{x}$$

移项得

$$(\boldsymbol{E}-\boldsymbol{C})\boldsymbol{x}=\boldsymbol{F}$$

将方程组(7.3) 中各方程相加得

$$\sum_{i=1}^{n}a_{i1}x_1+\sum_{i=1}^{n}a_{i2}x_2+\cdots+\sum_{i=1}^{n}a_{in}x_n+\sum_{i=1}^{n}d_i=\sum_{i=1}^{n}x_i$$

将方程组(7.4) 中各方程相加得

$$\sum_{i=1}^{n}a_{i1}x_1+\sum_{i=1}^{n}a_{i2}x_2+\cdots+\sum_{i=1}^{n}a_{in}x_n+\sum_{i=1}^{n}f_i=\sum_{i=1}^{n}x_i$$

比较两方程,得

$$\sum_{i=1}^{n}d_i=\sum_{i=1}^{n}f_i$$

这表明系统外部对各部门产值的需求总和等于系统内部各部门新创造价值的总和。

可以证明直接消耗系数有如下性质:

(1) 每个 a_{ij} 都是小于 1 的非负数,即 $0\leqslant a_{ij}<1(i,j=1,2,\cdots,n)$ 。

(2) 矩阵 $\boldsymbol{A}$ 中每列元素之和小于 1,即 $\sum\limits_{i=1}^{n}a_{ij}<1(j=1,2,\cdots,n)$ 。

由以上性质可知:

在分配平衡方程组中,列昂节夫矩阵 $\boldsymbol{E}-\boldsymbol{A}$ 可逆,且$(\boldsymbol{E}-\boldsymbol{A})^{-1}$为非负矩阵,所以

$$\boldsymbol{x}=(\boldsymbol{E}-\boldsymbol{A})^{-1}\boldsymbol{D}$$

在消耗平衡方程组中,显然 $\boldsymbol{C}$ 的主对角元素全为正数,$\boldsymbol{E}-\boldsymbol{C}$ 可逆,且$(\boldsymbol{E}-\boldsymbol{C})^{-1}$为非负矩阵,所以

$$\boldsymbol{x}=(\boldsymbol{E}-\boldsymbol{C})^{-1}\boldsymbol{F}$$

例 7.1 某经济系统有三个企业:煤矿,电厂和铁路,设在一年内,企业之间直接消耗系数及外部对各企业产值需求量如下表所示:

投入 \ 产出		消耗企业			外部需求	总产值
		煤矿	电厂	铁路		
生产企业	煤矿	0	0.65	0.55	50 000	x_1
	电厂	0.25	0.05	0.10	25 000	x_2
	铁路	0.25	0.05	0	0	x_3

为使各企业产值与系统内外需求平衡，各企业一年内总产值应为多少？

解 设直接消耗矩阵 $\boldsymbol{A}$，外部需求向量 $\boldsymbol{D}$，生产向量 $\boldsymbol{x}$ 分别为

$$\boldsymbol{A}=\begin{pmatrix}0 & 0.65 & 0.55\\ 0.25 & 0.05 & 0.10\\ 0.25 & 0.05 & 0\end{pmatrix},\ \boldsymbol{D}=\begin{pmatrix}50\,000\\ 25\,000\\ 0\end{pmatrix},\ \boldsymbol{x}=\begin{pmatrix}x_1\\ x_2\\ x_3\end{pmatrix}$$

由分配平衡方程 $(\boldsymbol{E}-\boldsymbol{A})\boldsymbol{x}=\boldsymbol{D}$ 得

$$\begin{pmatrix}1.00 & -0.65 & -0.55\\ -0.25 & 0.95 & -0.10\\ -0.25 & -0.05 & 1.00\end{pmatrix}\begin{pmatrix}x_1\\ x_2\\ x_3\end{pmatrix}=\begin{pmatrix}50\,000\\ 25\,000\\ 0\end{pmatrix}$$

解得

$$\begin{pmatrix}x_1\\ x_2\\ x_3\end{pmatrix}=\frac{1}{503}\begin{pmatrix}756 & 542 & 470\\ 220 & 690 & 190\\ 200 & 170 & 630\end{pmatrix}\begin{pmatrix}50\,000\\ 25\,000\\ 0\end{pmatrix}=\begin{pmatrix}120\,087\\ 56\,163\\ 28\,330\end{pmatrix}$$

7.2 线性规划模型

在工农业生产、经济管理以及交通运输等方面，经常要涉及到使用或分配劳动力、原材料和资金等，而使得费用最小或利润最大，这就是规划问题，而线性规划是帮助我们解决这类问题的一个常用方法。

20 世纪 40 年代末，美国数学家丹捷格(Dantzig)等人发明了求解线性规划问题的单纯形法，为线性规划作为一门学科奠定了基础。随着计算机的不断发展，线性规划在经济，生产和社会生活各方面广泛应用。

下面通过例子来说明线性规划的建模和求解过程。

例 7.2 某企业生产甲、乙两种产品，要用三种不同的原料。从工艺资料知道：每生产一件产品甲，需要三种原料分别为 1,1,0 单位；每生产一件产品乙，需要三种原料分别为 1,2,1 单位；每天原料供应能力分别为 6,8,3 单位。又知道，每生产一件产品甲，企业利润收入为 300 元，每生产一件产品乙，企业利润收入为 400 元，企业应如何安排计划，使一天的总利润最大？

解 为了解决这一实际问题，应先建立该问题的数学模型。将问题中条件列表如下：

原料 \ 产品	甲	乙	原料供应量
A	1	1	6
B	1	2	8
C	0	1	3
利润	300	400	

设产品甲的日产量为 x_1 件，设产品乙的日产量为 x_2 件，显然 $x_1 \geqslant 0, x_2 \geqslant 0$，企业一天所获得总利润为 S，则 S 是 x_1、x_2 的线性函数，即

$$S = 300x_1 + 400x_2$$

这个线性函数称为目标函数。求目标函数的最大值，记为

$$\max S = 300x_1 + 400x_2$$

但在追求目标函数的最大值时，同时要满足问题中的一些限制条件，这些限制条件称为线性规划问题的约束条件，在本例中约束条件为：$x_1 + x_2 \leqslant 6, x_1 + 2x_2 \leqslant 8, x_2 \leqslant 3, x_1 \geqslant 0, x_2 \geqslant 0$。

这样，这个问题的数学模型可写成

$$\max S = 300x_1 + 400x_2$$

$$\text{s. t.} \begin{cases} x_1 + x_2 \leqslant 6 \\ x_1 + 2x_2 \leqslant 8 \\ x_2 \leqslant 3 \\ x_1 \geqslant 0 \\ x_2 \geqslant 0 \end{cases} \tag{7.5}$$

对约束条件中的线性不等式，可以通过适当添加新变量，使其转化为线性等式，如(7.5)式可转化为

$$\max S = 300x_1 + 400x_2$$

$$\text{s. t.} \begin{cases} x_1 + x_2 + x_3 = 6 \\ x_1 + 2x_2 + x_4 = 8 \\ x_2 + x_5 = 3 \\ x_j \geqslant 0, j = 1,2,\cdots,5 \end{cases}$$

这种形式称为线性规划问题的标准形式。一般情况时的标准形式为

$$\max S = c_1x_1 + c_2x_2 + \cdots + c_nx_n$$

$$
\text{s. t.}\begin{cases}a_{11}x_1+a_{12}x_2+\cdots+a_{1n}x_n=b_1\\a_{21}x_1+a_{22}x_2+\cdots+a_{2n}x_n=b_2\\\quad\vdots\qquad\quad\vdots\qquad\qquad\quad\vdots\qquad\quad\vdots\\a_{m1}x_1+a_{m2}x_2+\cdots+a_{mn}x_n=b_m\\x_j\geqslant 0,(j=1,2,\cdots,n)\end{cases}\tag{7.6}
$$

其中 $b_i\geqslant 0, a_{ij}, c_j(i=1,2,\cdots,m;j=1,2,\cdots,n)$ 均为常数。

设 $\boldsymbol{A}=\begin{pmatrix}a_{11}&a_{12}&\cdots&a_{1n}\\a_{21}&a_{22}&\cdots&a_{2n}\\\vdots&\vdots&&\vdots\\a_{m1}&a_{m2}&\cdots&a_{mn}\end{pmatrix}$，$\boldsymbol{C}=(c_1,c_2,\cdots,c_n)$，$\boldsymbol{b}=\begin{pmatrix}b_1\\b_2\\\vdots\\b_m\end{pmatrix}$，$\boldsymbol{x}=\begin{pmatrix}x_1\\x_2\\\vdots\\x_n\end{pmatrix}$，则(7.6)式可用矩阵表示为

$$
\max S=\boldsymbol{C}\boldsymbol{x}
$$
$$
\text{s. t.}\begin{cases}\boldsymbol{Ax}=\boldsymbol{b}\\\boldsymbol{x}\geqslant\boldsymbol{0}\end{cases}
$$

可以看出线性规划问题就是要在非齐次线性方程组 $\boldsymbol{Ax}=\boldsymbol{b}$ 的解空间中找出使目标函数达到最大值的解向量。

对例 7.2 按照线性方程组的方法求解：

$$
\boldsymbol{B}=\begin{pmatrix}1&1&1&0&0&6\\1&2&0&1&0&8\\0&1&0&0&1&3\end{pmatrix}\xrightarrow{r_2-r_1}\begin{pmatrix}1&1&1&0&0&6\\0&1&-1&1&0&2\\0&1&0&0&1&3\end{pmatrix}
$$
$$
\xrightarrow{r_3-r_2}\begin{pmatrix}1&1&1&0&0&6\\0&1&-1&1&0&2\\0&0&1&-1&1&1\end{pmatrix}\xrightarrow[r_1-r_3]{r_2+r_3}\begin{pmatrix}1&1&0&1&-1&5\\0&1&0&0&1&3\\0&0&1&-1&1&1\end{pmatrix}
$$
$$
\xrightarrow{r_1-r_2}\begin{pmatrix}1&0&0&1&-2&2\\0&1&0&0&1&3\\0&0&1&-1&1&1\end{pmatrix}
$$

得到对应的同解方程组

$$
\begin{cases}x_1=-x_4+2x_5+2\\x_2=-x_5+3\\x_3=x_4-x_5+1\end{cases}
$$

所以方程组的通解为

$$\begin{pmatrix}x_1\\x_2\\x_3\\x_4\\x_5\end{pmatrix}=c_1\begin{pmatrix}-1\\0\\1\\1\\0\end{pmatrix}+c_2\begin{pmatrix}2\\-1\\-1\\0\\1\end{pmatrix}+\begin{pmatrix}2\\3\\1\\0\\0\end{pmatrix}\quad(c_1,c_2\in\mathbb{R})$$

令 $x_4=x_5=0$，得到一个特解为

$$x_1=2,x_2=3,x_3=1,x_4=x_5=0$$

这时目标函数值为 $S=2\times300+3\times400=1\,800$。

在线性规划中称方程组通解中的自由未知量为非基变量，如 x_4,x_5；而由它们决定的变量为基变量，如 x_1,x_2,x_3。

由线性方程组的解法知，也可选其他变量为自由未知量，即选其他变量为非基变量，如选 x_3,x_4 为非基变量，则增广矩阵 $\boldsymbol{B}$ 化为如下形式：

$$\begin{pmatrix}1&0&2&-1&0&4\\0&1&-1&1&0&2\\0&0&1&-1&1&1\end{pmatrix}$$

对应的方程组为

$$\begin{cases}x_1=-2x_3+x_4+4\\x_2=x_3-x_4+2\\x_5=-x_3+x_4+1\end{cases}$$

方程组的通解为

$$\begin{pmatrix}x_1\\x_2\\x_3\\x_4\\x_5\end{pmatrix}=c_1\begin{pmatrix}-2\\1\\1\\0\\-1\end{pmatrix}+c_2\begin{pmatrix}1\\-1\\0\\1\\1\end{pmatrix}+\begin{pmatrix}4\\2\\0\\0\\1\end{pmatrix}$$

这时基变量为 x_1,x_2,x_5，非基变量为 x_3,x_4。

令 $x_3=x_4=0$，得方程组的一个特解

$$x_1=4,x_2=2,x_3=x_4=0,x_5=1$$

则目标函数值为 $S=4\times300+2\times400=2\,000$。

可以证明，当 $x_1=4,x_2=2$ 时，目标函数值达到最大值。

在线性规划中，用单纯形法交换基变量和非基变量，从而在方程组的解空间中求出使目标函数值最大的最优解。

7.3 人口模型

在对自然资源进行规划利用时，对各种生物种群的数量和年龄构成进行估测是非常重要的。在教育、生产等领域内，对人口构成的估计和预测也是十分重要和必须的。因此，从18世纪以来，人们不断地提出各种人口模型，有确定性的和随机性的，有离散的和连续的等。

本节介绍的人口模型是莱斯利(Leslie)在20世纪40年代提出的，它是一个预测人口按年龄组发展变化的离散模型。模型以女性人口的发展变化为其研究对象，人口变化的基本因素是生育、老化和死亡，而不考虑人口的迁移。

将某地区女性人口分为 n 个年龄组，例如年龄区间长为15年，则各年龄组为[0,15)、[15,30)、[30,45)、[45,60)、[60,75)和[75,90)(模型不考虑大于或等于90岁以上的人口的变化)。

用 a_i 表示第 i 年龄组女性的存活率(即第 i 年龄组女性能存活到 $i+1$ 年龄组的人数与第 i 年龄组女性人数之比)；用 b_i 表示第 i 年龄组女性的生育率(即第 i 年龄组女性平均每人生女孩数)。假定 a_i，b_i 都是常数。设 $X_i(t)$表示 t 时刻第 i 年龄组的女性人数，$X_i(0)$是初始时刻女性人口数，且为已知量。在 $t+1$ 时刻第1年龄组的人口是由在时刻 t 到时刻 $t+1$ 这段时间内出生，并且能够活到时刻 $t+1$ 的人口构成的，其人口数为：

$$X_1(t+1) = b_1X_1(t) + b_2X_2(t) + \cdots + b_nX_n(t)$$

对第2至第 n 年龄组，在 $t+1$ 时刻，第 i 年龄组的人口数是第 t 时刻的第 $i-1$ 年龄组的人存活到第 $t+1$ 时刻的人数，故

$$X_i(t+1) = a_{i-1}X_{i-1}(t) \quad (i = 2,3,\cdots,n)$$

则可得

$$\begin{cases} X_1(t+1) = b_1X_1(t) + b_2X_2(t) + \cdots + b_nX_n(t) \\ X_2(t+1) = a_1X_1(t) \\ X_3(t+1) = \qquad\qquad a_2X_2(t) \\ \quad\vdots \qquad\qquad\qquad\qquad\qquad \vdots \\ X_n(t+1) = \qquad\qquad\qquad\qquad a_{n-1}X_{n-1}(t) \end{cases}$$

设 $\boldsymbol{x}(t)=\begin{pmatrix} X_1(t) \\ X_2(t) \\ \vdots \\ X_n(t) \end{pmatrix}$，$\boldsymbol{L}=\begin{pmatrix} b_1 & b_2 & \cdots & b_{n-1} & b_n \\ a_1 & & & & \\ & a_2 & & & \\ & & \ddots & & \\ & & & a_{n-1} & 0 \end{pmatrix}$

则上述方程组可写成

$$\boldsymbol{x}(t+1)=\boldsymbol{L}\boldsymbol{x}(t)\quad(t=0,1,2,\cdots,n-1)$$

逐次递推可得

$$\boldsymbol{x}(t)=\boldsymbol{L}^t\boldsymbol{x}(0)\quad(t=1,2,\cdots,n)$$

这样就可根据初始时段女性人口数推算出以后各时段的女性人数。

例 7.3 某农场饲养的某种动物所能达到的最大年龄为 15 岁，将其分成三个年龄组：第一年龄组：0～5 岁；第二年龄组：6～10 岁；第三年龄组：11～15 岁。动物从第二年龄组起开始繁殖后代，经过长期统计，第二年龄组的动物在其年龄段平均繁殖 4 个后代，第三年龄组的动物在其年龄段平均繁殖 3 个后代。第一年龄组和第二年龄组的动物能顺利进入下一个年龄组的存活率分别为$\frac{1}{2}$和$\frac{1}{4}$。假设农场现在有三个年龄段的动物各1 000头，问 15 年后农场三个年龄段的动物各有多少头？

解 因年龄分组为 5 岁一段，故将时间周期也取为 5 年，15 年后就经过了三个时间周期，设 $X_i(t)$表示 t 个时间周期第 i 组年龄段动物的数量($t=1,2,3;i=1,2,3$)，则由题设可知

$$a_1=\frac{1}{2},a_2=\frac{1}{4},b_1=0,b_2=4,b_3=3,\boldsymbol{x}(0)=\begin{pmatrix}1\,000\\1\,000\\1\,000\end{pmatrix}$$

由莱斯利人口模型可得

$$\boldsymbol{x}(3)=\begin{pmatrix}0&4&3\\\frac{1}{2}&0&0\\0&\frac{1}{4}&0\end{pmatrix}^3\begin{pmatrix}1\,000\\1\,000\\1\,000\end{pmatrix}=\begin{pmatrix}\frac{3}{8}&8&6\\1&\frac{3}{8}&0\\0&\frac{1}{2}&\frac{3}{8}\end{pmatrix}\begin{pmatrix}1\,000\\1\,000\\1\,000\end{pmatrix}=\begin{pmatrix}14\,375\\1\,375\\875\end{pmatrix}$$

所以，15 年后，农场饲养的动物总数将达到16 625头，其中 0～5 岁的有 14375 头，占 86.47%；6～10 岁的有1 375头，占 8.27%；11～15 岁的有 875 头，占 5.26%。

7.4 数据的最小二乘处理

一个线性方程组 $\boldsymbol{Ax}=\boldsymbol{b}$ 可能有解，也可能无解。如果无解，也称方程组是不相容的。例如线性方程组

$$\begin{cases}2x=b_1\\3x=b_2\\4x=b_3\end{cases}$$

仅当右边的 $b_1:b_2:b_3=2:3:4$时才有解，否则就是不相容方程组，因而无解。

在实际问题中，大量数据所满足的方程往往构成不相容方程组，而我们又必须去求解。这时我们不能期望求出一组解满足方程组。而是通过求一组解，使得所有方程的误差平方和最小。如在上例中，求 x，使

$$S=(2x-b_1)^2+(3x-b_2)^2+(4x-b_3)^2$$

最小。这样的解称为方程组 $\boldsymbol{Ax}=\boldsymbol{b}$ 的最小二乘解。

一般地，n 个未知数 m 个方程的不相容方程组 $\boldsymbol{Ax}=\boldsymbol{b}$ 的最小二乘解 $\hat{\boldsymbol{x}}$ 满足

$$\boldsymbol{A}^{\mathrm{T}}\boldsymbol{A}\hat{\boldsymbol{x}}=\boldsymbol{A}^{\mathrm{T}}\boldsymbol{b}$$

这个方程称为“正规方程”。

当 $\boldsymbol{A}$ 的秩为 n 时，矩阵 $\boldsymbol{A}^{\mathrm{T}}\boldsymbol{A}$ 可逆，则

$$\hat{\boldsymbol{x}}=(\boldsymbol{A}^{\mathrm{T}}\boldsymbol{A})^{-1}\boldsymbol{A}^{\mathrm{T}}\boldsymbol{b}$$

例 7.4 外出旅行或行军作战等，都可能涉及两地路程的估计问题。从地图上量出的距离却是两地的直线距离 d，由此能估计出两地的实际路程 S 吗？下面是《中国地图册》成渝地区图中，量得彭县到其他几个城市的直线距离，并按比例尺(1cm 为 20km)进行转换和对应实际路程，列表如下：

彭县	成都	郫县	灌县	什邡	德阳	广汉	温江	重庆	新繁
量距	1.8	1.08	1.55	1.32	2.3	1.64	1.7	2.38	0.75
d(km)	36	21.6	31	26.4	46	32.8	34	47.6	15
S(km)	42	30	58	43	68	43	50	65	16

解 将数据放入坐标系中，发现它们大致在一条直线附近，又因为 $d=0$ 时，$S=0$。从而设模型为

$$S=ad$$

将数据代入模型得

$$\begin{cases}42=36a\\30=21.6a\\58=31a\\43=26.4a\\68=46a\\43=32.8a\\50=34a\\65=47.6a\\16=15a\end{cases}$$

这是一个不相容方程组。设

$$\boldsymbol{A} = (36, 21.6, 31, 26.4, 46, 32.8, 34, 47.6, 15)^{\mathrm{T}}$$
$$\boldsymbol{b} = (42, 30, 58, 43, 68, 43, 50, 65, 16)^{\mathrm{T}}$$

故可得

$$\boldsymbol{Aa} = \boldsymbol{b}$$

其最小二乘解为

$$\hat{\boldsymbol{a}} = (\boldsymbol{A}^{\mathrm{T}}\boldsymbol{A})^{-1}\boldsymbol{A}^{\mathrm{T}}\boldsymbol{b}$$

而　$\boldsymbol{A}^{\mathrm{T}}\boldsymbol{A}=10\,259.12$，$\boldsymbol{A}^{\mathrm{T}}\boldsymbol{b}=14\,665.6$，所以

$$\hat{\boldsymbol{a}} = \frac{1}{10\,259.12} \times 14\,665.6 = 1.429\,52$$

由此，得到经验模型

$$S = 1.429\,52d$$

例 7.5　弹簧在弹性限度内，作用在弹簧上的拉力 y 与弹簧的伸长长度 x，满足线性关系

$$y = a + bx$$

其中 b 是弹簧的弹性系数。已知某弹簧，通过实验测得的数据如下表所示：

x_i(cm)	2.6	3.0	3.5	4.3
y_i(N)	0	1	2	3

试求该弹簧的弹性系数 b。

解　将实验数据代入关系式，得

$$\begin{cases} a + 2.6b = 0 \\ a + 3.0b = 1 \\ a + 3.5b = 2 \\ a + 4.3b = 3 \end{cases}$$

这是一个不相容方程组，设 $\boldsymbol{A}=\begin{pmatrix} 1 & 2.6 \\ 1 & 3.0 \\ 1 & 3.5 \\ 1 & 4.3 \end{pmatrix}$，$\boldsymbol{x}=\begin{pmatrix} a \\ b \end{pmatrix}$，$\boldsymbol{b}=\begin{pmatrix} 0 \\ 1 \\ 2 \\ 3 \end{pmatrix}$，则方程组为

$$\boldsymbol{Ax} = \boldsymbol{b}$$

其最小二乘解为

$$\hat{\boldsymbol{x}} = (\boldsymbol{A}^{\mathrm{T}}\boldsymbol{A})^{-1}\boldsymbol{A}^{\mathrm{T}}\boldsymbol{b}$$

其中 $\boldsymbol{A}^{\mathrm{T}}\boldsymbol{A}=\begin{pmatrix}1 & 1 & 1 & 1\\ 2.6 & 3.0 & 3.5 & 4.3\end{pmatrix}\begin{pmatrix}1 & 2.6\\ 1 & 3.0\\ 1 & 3.5\\ 1 & 4.3\end{pmatrix}=\begin{pmatrix}4 & 13.4\\ 13.4 & 46.5\end{pmatrix}$,

$$(\boldsymbol{A}^{\mathrm{T}}\boldsymbol{A})^{-1}=\frac{1}{6.44}\begin{pmatrix}46.5 & -13.4\\ -13.4 & 4\end{pmatrix},\boldsymbol{A}^{\mathrm{T}}\boldsymbol{b}=\begin{pmatrix}6\\ 22.9\end{pmatrix},$$

故
$$\hat{\boldsymbol{x}}=\begin{pmatrix}a^*\\ b^*\end{pmatrix}=\begin{pmatrix}-4.326\\ 1.739\end{pmatrix}。$$

所以弹簧的弹性系数 $b^*=1.739\mathrm{N/cm}$。

第8章 数学软件(MATLAB)的应用

MATLAB是一个具有广泛应用前景的科技应用软件。通过本章的学习,使读者初步掌握利用该软件进行线性代数中有关的运算。

8.1 运用数学软件(MATLAB)计算行列式

在MATLAB中利用det(A)函数可以非常简单地计算矩阵的行列式值。其中A可以是数值矩阵也可以是符号矩阵。由线性代数的知识可以知道,如果方阵A的元素为整数,则计算结果也为整数。

例8.1 计算行列式的值:

(1) $\begin{vmatrix} 1 & 0 & 2 & 5 \\ -1 & 2 & 1 & 3 \\ 2 & 1 & 0 & 1 \\ 1 & 3 & 4 & 2 \end{vmatrix}$

解 (1) 在MATLAB命令窗口中输入如下命令:

```
>> A=[1,0,2,5;-1,2,1,3;2,1,0,1;1,3,4,2];
>> det(A)
ans =
    100
```

(2) $\begin{vmatrix} a & 0 & 0 & 1 \\ 0 & a & 0 & 0 \\ 0 & 0 & a & 0 \\ 1 & 0 & 0 & a \end{vmatrix}$

解 在MATLAB命令窗口中输入如下命令:

```
>> A=sym('[a,0,0,1;0,a,0,0;0,0,a,0;1,0,0,a]');
>> det(A)
ans =
a^4-a^2
```

(3) $\begin{vmatrix} 2 & 1 & 0 & \cdots & 0 \\ 1 & 2 & 1 & \cdots & 0 \\ \vdots & \vdots & \vdots & & \vdots \\ 0 & \cdots & 1 & 2 & 1 \\ 0 & \cdots & 0 & 1 & 2 \end{vmatrix}_{10\times 10}$

解 直接输入该矩阵比较麻烦，可以利用附录中的函数命令方便地创建该矩阵。

```
>> v1=2*ones(1,10);
>> v2=ones(1,9);
>> A=diag(v1)+diag(v2,-1)+diag(v2,1);
>> det(A)
ans =
    11
```

(4) $\begin{vmatrix} 1 & 1 & 1 & 1 & 1 & 1+a_1 \\ 1 & 1 & 1 & 1 & 1+a_2 & 1 \\ 1 & 1 & 1 & 1+a_3 & 1 & 1 \\ 1 & 1 & 1+a_4 & 1 & 1 & 1 \\ 1 & 1+a_5 & 1 & 1 & 1 & 1 \\ 1+a_6 & 1 & 1 & 1 & 1 & 1 \end{vmatrix}$

解 在MATLAB命令窗口中输入如下命令：

```
>> v3=sym('[a1,a2,a3,a4,a5,a6]');
>> A=fliplr(diag(v3))+sym(ones(6));
>> det(A)
ans =
-a3*a4*a5*a2*a1-a3*a4*a5*a2*a6-a3*a4*a2*a5*a1*a6-a4*
a3*a5*a1*a6-a3*a4*a2*a1*a6-a3*a2*a5*a1*a6-a4*a2*a5*
a1*a6
```

例 8.2 问 a 取何值时，齐次线性方程组

$$\begin{cases} (5-a)x_1+2x_2+2x_3 = 0 \\ 2x_1+(6-a)x_2 = 0 \\ 2x_1 \qquad +(4-a)x_3 = 0 \end{cases}$$

有非零解？

解 由克莱姆法则知，齐次线性方程组有非零解的充要条件是系数矩阵的行列式等于零。

```
>> A=sym('[5-a,2,2;2,6-a,0;2,0,4-a]');
>> p=det(A)
p =
80-66*a+15*a^2-a^3
>> solve(p)             %求多项式p的根
ans =
[ 5]
[ 2]
[ 8]
```

即当 $a=8$ 或 $a=5$ 或 $a=2$ 时，该齐次线性方程组有非零解。

8.2 运用数学软件(MATLAB)进行矩阵计算

矩阵的基本运算包括加、减、乘、乘方、转置和求逆。由于 MATLAB 的所有运算是基于矩阵的。因而，这些基本运算在 MATLAB 中可以非常容易的实现。下面将分别介绍这些运算。

8.2.1 矩阵的加法和减法

在 MATLAB 中，利用算术运算符'+'可以实现矩阵的加法和减法。

例 8.3

```
>> A=[1,2,3;4,5,6;7,8,9]
A =
    1     2     3
    4     5     6
    7     8     9
>> B=eye(3)
B =
    1     0     0
    0     1     0
    0     0     1
>> A+B
ans =
    2     2     3
    4     6     6
    7     8    10
```

```
>> A-B
ans =
     0     2     3
     4     4     6
     7     8     8
```

8.2.2 数与矩阵相乘

在 MATLAB 中,利用算术运算符'*'可以实现数与矩阵相乘。

例 8.4

```
>> A=[1,2,3;4,5,6;7,8,9];
>> k=3;
>> k*A
ans =
     3     6     9
    12    15    18
    21    24    27
```

8.2.3 矩阵的乘法

在 MATLAB 中,利用算术运算符'*'还可以实现两个矩阵相乘,但前一个矩阵的列数必须和后一个矩阵的行数相等。否则 MATLAB 将给出出错信息。

例 8.5

```
>> A=[1,0,3,-1;2,1,0,2]
A =
     1     0     3    -1
     2     1     0     2
>> B=[4,1,0;-1,1,3;2,0,1;1,3,4]
B =
     4     1     0
    -1     1     3
     2     0     1
     1     3     4
>> A*B
ans =
     9    -2    -1
```

```
    9      9      11
>> B*A
??? Error using ==> *
Inner matrix dimensions must agree.
```
出错信息表示矩阵 B 不能与矩阵 A 相乘。

8.2.4 矩阵的转置

在 MATLAB 中,矩阵的转置运算就是使用运算符'''且该运算符的级别比加、减、乘等运算要高。

例 8.6

```
>> A=[6,2,7;1,6,3]
A =
    6    2    7
    1    6    3
>> A'
ans =
    6    1
    2    6
    7    3
```

我们还可通过下例来验证 (AB) ′=B′A′。

例 8.7

```
>> A=[2,0,-1;1,3,2]
A =
    2    0    -1
    1    3     2
>> B=[1,7,-1;4,2,3;2,0,1]
B =
    1    7    -1
    4    2     3
    2    0     1
>> (A*B)'
ans =
      0    17
     14    13
```

```
    -3     10
>> B' * A'
ans =
     0     17
    14     13
    -3     10
```

如果 A 为 n 阶方阵且满足 A′=A,则 A 称为对称矩阵。在 MATLAB 中,可以利用 isequal 函数来判断一个矩阵是否是对称矩阵。若 isequal(A, A′)返回 1,则矩阵 A 是对称矩阵。

例 8.8

```
>> X=[1/5,2/5,2/5,4/5]
X =
    0.2000    0.4000    0.4000    0.8000
>> E=eye(4);
>> H=E-2*X*X';
>> isequal(H,H')
ans =
    1
```

即 H 是一个对称矩阵。

8.2.5 矩阵的乘方

在 MATLAB 中,利用算术运算符'^'可以实现矩阵的乘方运算。

例 8.9

```
>> A=[0,1,2;2,4,3;5,3,1]
A =
    0    1    2
    2    4    3
    5    3    1
>> A^3
ans =
     45     67     59
    149    188    146
    140    151    102
```

例 8.10

```
>> A=sym('[a,1,0;0,a,1;0,0,a]')
A =
[ a, 1, 0]
[ 0, a, 1]
[ 0, 0, a]
>> A^4
ans =
[   a^4, 4*a^3, 6*a^2]
[     0,   a^4, 4*a^3]
[     0,     0,   a^4]
```

8.2.6 求矩阵的逆

如果方阵 A 为非奇异方阵，则它存在逆矩阵 A^{-1}，且 $A^{-1}A=E$。手工计算矩阵的逆是非常繁琐的，而利用 MATLAB 提供的函数 inv(A)可以方便的求出方阵的逆。如果 A 为奇异或接近奇异方阵时，MATLAB 会给出警告信息，计算结果将都为 Inf。同函数 det(A)一样，这里的 A 既可以是数值矩阵也可以是符号矩阵。

例 8.11

```
>> A=sym('[a,b;c,d]')              % a*d-b*c≠0
A =
[ a, b]
[ c, d]
>> inv(A)
ans =
[d/(a*d-b*c), -b/(a*d-b*c)]
[ -c/(a*d-b*c),a/(a*d-b*c)]
```

例 8.12 设 $A=\begin{pmatrix} 4 & 3 & 2 \\ 1 & 1 & 0 \\ -1 & 2 & 3 \end{pmatrix}$，且 AB=A+2B，求 B。

解 把上述矩阵式变形为：(A−2E)B=A，即 $B=(A-2E)^{-1}A$。

```
>> A=[4,3,2;1,1,0;-1,2,3];
>> E=eye(3);
>> B=inv(A-2*E)*A
B =
    1.6667   -0.6667   -1.3333
```

```
  0.6667   -1.6667   -1.3333
 -0.6667    4.6667    4.3333
```

再利用 sym 函数可求得矩阵 B 的解析表达式。

```
>> sym(B)
ans =
   [  5/3, -2/3, -4/3]
   [  2/3, -5/3, -4/3]
   [-2/3, 14/3,  13/3]
```

例 8.13 已知 $A=\begin{pmatrix}2 & 5\\1 & 3\end{pmatrix}$, $B=\begin{pmatrix}4 & -6\\2 & 1\end{pmatrix}$, 且 AX=B, 求 X。

解 因为 A 是非奇异矩阵,所以 $X=A^{-1}B$。

```
>> A=[2,5;1,3];
>> B=[4,-6;2,1];
>> X=inv(A) * B
X =
   2     -23
   0       8
```

在 MATLAB 中,还可以用除法来求解上述矩阵方程,其解为 X=A\B。

```
>> A\B
ans =
   2    -23
   0      8
```

类似地,可以利用右除可求解形如 XA=B 的矩阵方程,即 X=B/A,其计算结果基本与 B * inv(A)相同。

例 8.14 已知 $A=\begin{pmatrix}0 & 2 & 1\\2 & -1 & 3\\-3 & 3 & -4\end{pmatrix}$,$B=\begin{pmatrix}1 & 2 & 3\\2 & -3 & 1\end{pmatrix}$,且 AX=B,求 X。

解 在 MATLAB 命令窗口中输入如下命令:

```
>> A=[0,2,1;2,-1,3;-3,3,-4];
>> B=[1,2,3;2,-3,1];
>> X=B/A
X =
    2.0000   -1.0000   -1.0000
   -4.0000    7.0000    4.0000
```

```
>> X=B*inv(A)
X =
    2.0000   -1.0000   -1.0000
   -4.0000    7.0000    4.0000
```

8.2.7 求矩阵的行最简形

利用矩阵的初等行变换将矩阵化成行最简形是求解线性方程组的必要步骤。在 MATLAB 中,利用函数 rref(A)可将矩阵 A 化成行最简形矩阵,其中 A 可以是数值矩阵也可以是符号矩阵。函数 rref(A)是通过高斯消元法产生矩阵 A 的行最简形的,另一个函数 rrefmovie(A)还可按动画方式显示算法的求解过程。

例 8.15

```
>> A=[2,3,1,-3,-7;1,2,0,-2,-4;3,-2,8,3,0;2,-3,7,4,3]
A =
    2     3     1    -3    -7
    1     2     0    -2    -4
    3    -2     8     3     0
    2    -3     7     4     3
>> rref(A)
ans =
    1     0     2     0    -2
    0     1    -1     0     3
    0     0     0     1     4
    0     0     0     0     0
```

8.2.8 求矩阵的秩

在 MATLAB 中,矩阵的秩可以通过函数 rank(A)求得,A 可以是数值矩阵也可以是符号矩阵。

例 8.16

```
>> A=[2,3,1,-3,-7;1,2,0,-2,-4;3,-2,8,3,0;2,-3,7,4,3];
>> rank(A)
ans =
    3
```

8.3 运用数学软件(MATLAB)进行向量运算

在 MATLAB 中,行向量用一个行矩阵来表示,列向量用一个列矩阵来表示。因此,向量是矩阵的一种特殊形式,它满足一切矩阵的运算。

8.3.1 向量的加减与数乘

向量的加减运算必须是同维数的行向量或列向量。

例 8.17

```
>> X=[2,-3,1,5,7,8];
>> Y=[12,-4,-5,3,2,-9];
>> X+Y                          %两个向量相加
ans =
    14    -7    -4    8    9    -1
>> k=2.5;
>> k*X                          %向量与数相乘
ans =
    5.0000    -7.5000    2.5000    12.5000    17.5000    20.0000
```

8.3.2 向量的点积

两个向量的点积是两个向量相应元素的乘积和,由矩阵乘法的运算法则:两个向量的点积即为用一个行向量去乘一个列向量。

例 8.18

```
>> X=[2,-3,1,5,7,8];
>> Y=[12,-4,-5,3,2,-9];
>> X*Y'
ans =
    -12
```

8.3.3 向量组的规范正交化

由线性代数的知识知:利用施密特正交化过程可以对向量组规范正交化。在 MATLAB 中,利用函数 qr 也可对向量组进行规范正交化。它的用法如下:

首先,将向量组按列排构成矩阵 A;然后,输入以下命令:[Q, R]=qr(A),其中 A 只能是数值矩阵。矩阵 Q 的列向量组就是所求的规范正交化向量组。

例 8.19 将向量组 a1=(1,2,−1), a2=(−1,3,1), a3=(4,−1,0) 规范正交化。

```
>> A=[1,-1,4;2,3,-1;-1,1,0]
A =
     1    -1     4
     2     3    -1
    -1     1     0
>> [Q,R]=qr(A);
>> Q
Q =
   -0.4082    0.5774    0.7071
   -0.8165   -0.5774    0.0000
    0.4082   -0.5774    0.7071
```

即 q1=(−0.4082,−0.8165,0.4082),q2=(0.5574,−0.5574,−0.5574),q3=(0.7071,0,0.7071)为所求的规范正交向量组。我们还可以利用下述命令验证 q1,q2,q3 的规范正交性。

```
>> Q'*Q
ans =
    1.0000   -0.0000   -0.0000
   -0.0000    1.0000    0.0000
   -0.0000    0.0000    1.0000
```

即 Q 是一个正交矩阵,所以 q1,q2,q3 是规范正交向量组。

8.3.4 向量组的线性相关性

由第 3 章的定理,利用向量组构成矩阵的秩可判定该向量组是否线性相关。

例 8.20 判定向量组 a1=(1,2,−1,4),a2=(9,100,10,4),a3=(−2,−4,2,−8),a4=(3,1,2,0)的线性相关性。

```
>> A=[1,2,-1,4;9,100,10,4;-2,-4,2,-8;3,1,2,0];
>> rank(A)
ans =
     3
```

因为 rank(A)<4,所以该向量组线性相关。

8.3.5 向量组的秩与最大无关组

向量组的秩等于它构成矩阵 A 的秩，再利用 rref(A)函数将 A 化成行最简型，即可求得向量组的最大无关组。

例 8.21 求向量组 a1=(2,1,4,3)，a2=(−1,1,−6,6)，a3=(−1,−2,2,−9)，a4=(1,1,−2,7)，a5=(2,4,4,9)的一个最大无关组，并把不属于最大无关组的向量用最大无关组线性表示。

```
>> A=[2,-1,-1,1,2;1,1,-2,1,4;4,-6,2,-2,4;3,6,-9,7,9]
A =
    2    -1    -1     1    2
    1     1    -2     1    4
    4    -6     2    -2    4
    3     6    -9     7    9
>> rref(A)
ans =
    1    0    -1    0     4
    0    1    -1    0     3
    0    0     0    1    -3
    0    0     0    0     0
```

即 a1,a2,a4 构成了向量组的一个最大无关组，且 a3=−a1−a2，a5=4 * a1+3 * a2−3 * a4。

8.4 运用数学软件(MATLAB)求解线性方程组

线性方程组包括齐次线性方程组和非齐次线性方程组。

8.4.1 齐次线性方程组的求解

由第 4 章的定理 4.2 知：若齐次线性方程组系数矩阵的秩小于未知数的个数，则该齐次线性方程组有非零解。在 MATLAB 中，可以利用函数 null(A)返回齐次线性方程组 AX=0 的一个基础解系，其中 A 可以是数值矩阵也可以是符号矩阵。若 A 是数值矩阵，则返回的基础解系是规范正交的。

例 8.22 求齐次线性方程组$\begin{cases}3x_1+4x_2-5x_3+7x_4=0\\2x_1-3x_2+3x_3-2x_4=0\\4x_1+11x_2-13x_3+16x_4=0\\7x_1-2x_2+x_3+3x_4=0\end{cases}$的基础解系与通解。

解 在 MATLAB 命令窗口中输入如下命令：

```
>> A=sym('[3,4,-5,7;2,-3,3,-2;4,11,-13,16;7,-2,1,3]')
A =
[ 3,  4, -5,  7]
[ 2,-3,   3,-2]
[ 4, 11,-13, 16]
[ 7,-2,   1,  3]
>> null(A)
ans =
[     0,        1]
[     1,        0]
[13/11, -20/11]
[ 3/11, -19/11]
```

即 $\xi_1=\begin{pmatrix}0\\1\\13/11\\3/11\end{pmatrix}$，$\xi_2=\begin{pmatrix}1\\0\\-20/11\\-19/11\end{pmatrix}$是一个基础解系，通解为 $X=C_1\xi_1+C_2\xi_2(C_1,C_2\in R)$。

8.4.2 非齐次线性方程组的求解

非齐次线性方程组 $Ax=b$ 有解的充要条件是系数矩阵 A 的秩等于增广矩阵 B 的秩，且当 $r(A)=r(B)=n$ 时方程组有唯一解，当 $r(A)=r(B)<n$ 时方程组有无穷多个解。

在 MATLAB 中，矩阵的除法可用来求非齐次线性方程组 $Ax=b$ 的解，即 x=A\b。

当方程组无解时，利用矩阵的除法求解时 MATLAB 会给出警告信息，此时的解都为 Inf。

当方程组有唯一解时，可利用矩阵的除法直接求得，即 x=A\b。

当方程组有无穷多个解时，利用矩阵的除法只能求得其中的一个解。若还想求其通解，则还需利用函数 null(A)求出其对应齐次线性方程组 Ax=0 的基础解系。其通解即为对应齐次线性方程组的通解加上其本身的一个解。

例 8.23 求解下列非齐次线性方程组

$$\begin{cases}2x_1+x_2-5x_3+x_4=8\\x_1-3x_2-6x_4=9\\2x_2-x_3+2x_4=-5\\x_1+4x_2-7x_3+6x_4=0\end{cases}$$

```
>> A=[2,1,-5,1;1,-3,0,-6;0,2,-1,2;1,4,-7,6]
A =
    2     1    -5     1
    1    -3     0    -6
    0     2    -1     2
    1     4    -7     6
>> b=[8;9;-5;0]
b =
     8
     9
    -5
     0
>> x=A\b
x =
     3.0000
    -4.0000
    -1.0000
     1.0000
```

即此方程组有唯一解。注意到系数矩阵 A 是一个方阵。因此，此题还可通过求逆矩阵的方法求其解，即

```
>> x=inv(A) * b
x =
     3.0000
    -4.0000
    -1.0000
     1.0000
```

例 8.24 设线性方程组$\begin{cases}(2-k)x_1+2x_2-2x_3=1\\2x_1+(5-k)x_2-4x_3=2\\-2x_1-4x_2+(5-k)x_3=-1-k\end{cases}$

问 k 为何值时，此方程组有唯一解、无解、或有无穷多组解，并在有无穷多组解时，求出其通解。

解 由克莱姆法则知，当系数矩阵的行列式不等于零时，该方程组有唯一解。

```
>> A=sym('[2-k,2,-2;2,5-k,-4;-2,-4,5-k]')
A =
[2-k,    2,   -2]
[   2, 5-k,   -4]
[  -2,   -4, 5-k]
>> p=det(A)

p =
10-21*k+12*k^2-k^3
>> solve(p)
ans =
[10]
[ 1]
[ 1]
```

即当 k≠10 且 k≠1 时，方程组有唯一解。当 k=10 时，此时 A，b 分别为：

```
>> A=sym('[-8,2,-2;2,-5,-4;-2,-4,-5]')
A =
[-8,  2, -2]
[ 2, -5, -4]
[-2, -4, -5]
>> b=sym('[1;2;-11]')
b =
[  1]
[  2]
[-11]
>> x=A\b
Warning: System is inconsistent. Solution does not exist.       %解不存在
    x =
```

```
[ Inf]
[ Inf]
[ Inf]
```

即当 k=10 时，方程组无解。当 k=1 时，此时 A，b 分别为：

```
>> A=sym('[1,2,-2;2,4,-4;-2,-4,4]')
A =
[  1,  2, -2]
[  2,  4, -4]
[-2, -4,  4]

>> b=sym('[1;2;-2]')
b =
[ 1 ]
[ 2 ]
[ -2]
>> x=A\b
Warning: System is rank deficient. Solution is not unique.        %解不唯一
x =
[1]
[0]
[0]
>> null(A)
ans =
[2, -2]
[0,  1]
[1,  0]
```

所以当 k=1 时，方程组有无穷多个解。其通解为

$$X=c_1\begin{pmatrix}2\\0\\1\end{pmatrix}+c_2\begin{pmatrix}-2\\1\\0\end{pmatrix}+\begin{pmatrix}1\\0\\0\end{pmatrix}\quad(c_1,c_2\in R)$$

8.5 运用数学软件(MATLAB)求解特征值与特征向量

8.5.1 特征值与特征向量

矩阵 A 的特征值 k 和特征向量 x 满足 Ax=kx。以特征值构成矩阵 D,相应的特征向量构成矩阵 V,则有 AV=VD。在 MATLAB 中,函数 eig()可以用来求解矩阵的特征值与特征向量。它的基本用法有:

(1) d=eig(A) 返回由矩阵 A 特征值组成的列向量。

(2) [V, D]=eig(A) 返回特征值矩阵 D 和特征向量矩阵 V。特征值矩阵 D 是以 A 的特征值为对角线元素生成的对角阵。矩阵 A 的第 i 个特征值所对应的特征向量是矩阵 V 的第 i 列列向量,即满足 AV=VD,其中 A 可以是数值矩阵也可以是符号矩阵。若 A 是数值矩阵,则矩阵 V 中的列向量还是规范的(长度为 1)。

例 8.25 求矩阵 $A=\begin{pmatrix}-2 & 1 & 1\\ 0 & 2 & 0\\ -4 & 1 & 3\end{pmatrix}$ 的特征值和特征向量。

解 在 MATLAB 命令窗口中输入如下命令:

```
>> A=sym('[-2,1,1;0,2,0;-4,1,3]');
>> d=eig(A)
d =
[ -1 ]
[  2 ]
[  2 ]
>> [V, D]=eig(A)
V =
[1,  0,1]
[0,  1,0]
[4,-1,1]
D =
[2,0,  0]
[0,2,  0]
[0,0,-1]
```

即对应于 k1=k2=2 的全部特征向量为 c1 * (1,0,4)+c2 * (0,1,-1) (c1,c2

不同时为 0)，对应于 k3=-1 的全部特征向量为 c3 * (1,0,1) (c3 0)。

8.5.2 特征多项式

由线性代数的知识知：特征值是特征多项式的根。在 MATLAB 中可以利用 poly 函数计算矩阵的特征多项式，再利用 solve 函数即可求得矩阵的特征值。

例 8.26

```
>> A=sym('[-2,1,1;0,2,0;-4,1,3]');
>> p=poly(A)
p =
x^3-3*x^2+4
>> solve(p)                    %求特征多项式的根

ans =
[ -1]
[  2]
[  2]
```

8.5.3 矩阵的迹

矩阵的迹就是矩阵对角线元素的和，它也等于矩阵特征值的和。在 MATLAB 中，可以利用函数 trace(A)返回矩阵的迹。

例 8.27

```
>> A=[-2,1,1;0,2,0;-4,1,3];
>> trace(A)
ans =
3
```

8.5.4 利用 MATLAB 对角化矩阵

1. 矩阵对角化的判断

由第 5 章定理 5.9 可知：对于 n 阶方阵 A，它可对角化的条件是具有 n 个线性无关的特征向量。若矩阵 A 可对角化，则存在一个可逆矩阵 P，使得 $P^{-1}AP$ 为对角阵，对角阵的对角线元素为矩阵 A 的特征值。在 MATLAB 中，利用[V, D]=eig(A)可求得特征向量矩阵 V，且满足 AV=VD。

若 V 中列向量的个数等于矩阵 A 特征值的个数。则 A 可对角化，且 V 就是所要求的可逆矩阵P。

例 8.28 判断下列矩阵是否可对角化,若可对角化求矩阵P。

(1) $A=\begin{pmatrix}-1&1&0\\-4&3&0\\1&0&2\end{pmatrix}$;(2) $B=\begin{pmatrix}-2&1&1\\0&2&0\\-4&1&3\end{pmatrix}$。

解 (1) 在MATLAB命令窗口中输入如下命令:

```
>> A=sym('[-1,1,0;-4,3,0;1,0,2]');
>> [V, D]=eig(A)
V =
[0, -1]
[0, -2]
[1,  1]
D =
[ 2, 0, 0]
[ 0, 1, 0]
[ 0, 0, 1]
```

因为V中列向量的个数小于矩阵A特征值的个数,所以矩阵A不能对角化。

(2) 在MATLAB命令窗口中输入如下命令:

```
>> B=sym('[-2,1,1;0,2,0;-4,1,3]');
>> [V, D]=eig(B)
V =
[1,   0,1]
[4, -1,0]
[0,   1,1]
D =
[2,0,  0]
[0,2,  0]
[0,0,-1]
```

因为V中列向量的个数等于矩阵A特征值的个数,所以矩阵A可对角化,且

```
>> inv(V)*B*V
ans =
[2,0,  0]
[0,2,  0]
[0,0,-1]
```

2. 实对称矩阵的对角化

实对称矩阵 A 都是可对角化,并且存在正交矩阵 Q 使得 $Q'AQ$ 为对角阵,对角阵的对角线元素为矩阵 A 的特征值。对于实对称矩阵 A,[V, D]=eig(A)返回的特征向量矩阵就是正交阵,其中 A 须是数值矩阵。

例 8.29 设 $A=\begin{pmatrix}4&0&0\\0&3&1\\0&1&3\end{pmatrix}$,求一个正交矩阵 Q,使得 $Q'AQ$ 为对角阵。

```
>> A=[4,0,0;0,3,1;0,1,3];
>> [V, D]=eig(A)
V =
          0          0     1.0000
    -0.7071     0.7071          0
     0.7071     0.7071          0
D =
     2     0     0
     0     4     0
     0     0     4
>> V' * V
ans =
    1.0000          0          0
         0     1.0000          0
         0          0     1.0000
>> inv(V) * A * V
ans =
    2.0000          0          0
         0     4.0000          0
         0          0     4.0000
```

所以 V 即为所要求的正交矩阵 Q。

8.6 运用数学软件(MATLAB)进行二次型的运算

8.6.1 化二次行为标准型

对于二次型 $Q=X'AX$,其中 $X=(x_1,x_2,\cdots,x_n)'$,A 是一个对称矩阵。若要将其化为标准型,即 $f=k_1y_1^2+k_2y_2^2+\cdots+k_ny_n^2$,就是要找到一个矩阵 P,使得 $P'AP=\text{diag}(k_1,k_2,\cdots,k_n)$。令 $X=PY$,则 $Q=X'AX=Y'P'APY=Y'\text{diag}(k_1,k_2,\cdots,k_n)Y=k_1y_1^2+k_2y_2^2+\cdots+k_ny_n^2$。

例 8.30 化简二次型 $f=2x_1x_2+2x_1x_3-2x_1x_4-2x_2x_3+2x_2x_4+2x_3x_4$。

解 在 MATLAB 命令窗口中输入如下命令:

```
>> A=[0,1,1,-1;1,0,-1,1;1,-1,0,1;-1,1,1,0]
A =
     0     1     1    -1
     1     0    -1     1
     1    -1     0     1
    -1     1     1     0
>> [P, D]=eig(A)
P =
   -0.5000    0.2887    0.7887    0.2113
    0.5000   -0.2887    0.2113    0.7887
    0.5000   -0.2887    0.5774   -0.5774
   -0.5000   -0.8660         0         0
D =
   -3.0000         0         0         0
         0    1.0000         0         0
         0         0    1.0000         0
         0         0         0    1.0000
```

P 就是所求的正交矩阵,令 $X=PY$,化简后的二次型为 $f=-3y_1^2+y_2^2+y_3^2+y_4^2$。

8.6.2 正定二次型的判定

由第 6 章定理 6.4 的推论可知:对称矩阵 A 为正定的充要条件是 A 的特征值全为正,A 为负定的充要条件是 A 的特征值全为负。

例 8.31 判定二次型 $f=-5x_1^2-6x_2^2-4x_3^2+4x_1x_2+4x_1x_3$ 的正定性。

解 在 MATLAB 命令窗口中输入如下命令：

```
>> A=[-5,2,2;2,-6,0;2,0,-4]
A =
    -5     2     2
     2    -6     0
     2     0    -4

>> d=eig(A)
d =
    -8.0000
    -5.0000
    -2.0000
```

因为 A 的特征值全为负，所以 f 是负定的。

附录 MATLAB 简介

MATLAB 是由美国的 Math Works 软件公司推出的一个具有广泛应用前景的科技应用软件。它的首创者是在数值线性代数领域颇有影响的 Cleve Moler 博士，他在讲授线性代数课程时，深感使用高级语言编程的诸多不便之处，于是开发了新的软件平台，即为 MATLAB(Matrix Laboratory 矩阵实验室）。早期的版本主要用于矩阵运算和其他一些问题的计算。如今，它已发展成为适合多学科多工作平台的大型软件，包含众多功能各异的工具箱，涉及数字信号处理、控制系统、神经网络、模糊逻辑、系统仿真等诸多领域。作为一个功能强大的数学工具软件，近年来已逐渐列入许多大学理工科学生的教学内容，成为广大师生、研究人员的重要数学分析工具和有力助手。

MATLAB 之所以受到大家的喜爱，是因为它具有其他语言所不具备的特点。

(1) MATLAB 以矩阵运算为基本运算，而且矩阵无须定义即可使用，可随时改变矩阵的尺寸，这在其他高级语言中是很难实现的。

(2) MATLAB 语句书写简单，表达式的书写如同在稿纸演算一样。因此有“电子草稿纸”的美誉。

(3) MATLAB 系统具有很强的图形表现能力。

(4) MATLAB 还具有易扩展的特性。用户可以很容易编写出适用于自己专业的程序供自己或同伴使用。

1. MATLAB6.0 的启动和退出

启动 MATLAB6.0 比较简单的方法是双击桌面上的 MATLAB 图标。此时，就会出现 MATLAB 的命令窗口(Command Window）。

要退出 MATLAB6.0 可直接单击命令窗口右上角的“关闭”按钮或在窗口命令中输入 quit。

2. 常量和变量

如 2.3、0.0023、3e+8 、pi、1+2i 都是 MATLAB 的合法常量。其中 3e+8 表示 $3*10^8$，1+2i 是复数常量。

MATLAB 的变量无须事先定义，在遇到新的变量名时，MATLAB 会自动建立该变量并分配存储空间。当遇到已存在的变量时，MATLAB 将改变它的内容。

如 a=2.5 定义了一个变量 a 并给它赋值 2.5，如果在输入 a=4，则变量 a 的值就变为 4。

变量名由字母、数字、或下画线构成，并且必须以字母开头，最长为 31 个字符。MATLAB 可以区分大小些。如 MY_NAME、MY_name、my_name 分别表示不同的变量。

另外，MATLAB 还提供了一些用户不能清除的固定变量：

(1) ans：缺省变量，以操作中最近的应答作为它的值。

(2) eps：浮点相对精度。eps=2^{-52}。

(3) pi：即圆周率 π。

(4) Inf：表示正无穷大，当输入 1/0 时会产生 Inf。

(5) Nan：代表不定值(或称非数)，它由 Inf/Inf 或 0/0 运算而产生。

3. 矩阵的输入

MATLAB 的基本数据结构是矩阵。向量、常量可看作是特殊的矩阵。MATLAB 提供了多种方法输入和产生矩阵。

(1) 直接写出矩阵。直接输入矩阵时，整个矩阵须用[ ]括起来，用空格或逗号分隔各行，用分号或换行分隔各列。

例如：在 MATLAB 命令窗口中输入如下命令：

```
>> A=[1,2,3;4,5,6;7,8,9]
```

按回车键后 MATLAB 在工作空间(内存)中建立矩阵 A 同时显示输入矩阵：

```
A =
     1     2     3
     4     5     6
     7     8     9
```

若在上述命令后面添上分号，则表示只在内存中建立矩阵 A，屏幕上将不再显示其结果。又如，在 MATLAB 命令窗口中输入如下命令：

```
>> x=[1,2,3,4,5]
x =
     1     2     3     4     5
```

x 也可看作为一个行向量。

```
>> y=[1;2;3]
y =
     1
     2
```

```
    3
```

y 也可看作为一个列向量。

(2) 利用冒号产生矩阵。冒号是 MATLAB 中最常用的操作符之一。下面是几个利用冒号产生矩阵的例子：

```
>> x=1:5
x =
    1     2     3     4     5
>> x=1:0.5:3
x =
    1    1.5    2    2.5    3
>> A=[1:3;4:6;7:9]
A =
    1     2     3
    4     5     6
    7     8     9
```

(3) 利用函数命令创建矩阵。MATLAB 提供了许多生成和操作矩阵的函数，可以利用他们来创建一些特殊形式的矩阵。

① zeros：产生一个元素全为零的矩阵，用法如下：

zeros(n)：产生一个 n 阶元素全为零的矩阵。

zeros(m,n)：产生一个 m * n 阶元素全为零的矩阵。

例如：

```
>> A1=zeros(3,4)   %生成一个 3 * 4 的全零矩阵
A1 =
    0     0     0     0
    0     0     0     0
    0     0     0     0
```

② ones：产生一个元素全为 1 的矩阵，用法同上。

③ eye：产生一个单位矩阵，用法同上。

例如：

```
>> A2=eye(3)   %生成一个 3 阶单位阵
A2 =
    1     0     0
    0     1     0
    0     0     1
```

④ rand：产生一个元素在 0 和 1 之间均匀分布的随机矩阵，用法同上。

⑤ randn：产生一个零均值，单位方差正态分布的随机矩阵，用法同上。

⑥ diag：产生对角矩阵，用法如下：

diag(V)：其中 V 是一个 n 元向量（行向量或列向量），diag(V)是一个 n 阶方阵，主对角线上元素为 V，其他元素均为 0。

diag(V,k)：是一个 n+abs(k)阶方阵，其第 k 条对角线上元素为 V，k>0 时，在主对角线之上，k<0 时，在主对角线之下。

例如：
```
>> V=[7,-5,3];
>> A3=diag(V)
A3 =
     7     0     0
     0    -5     0
     0     0     3
>> A4=diag(V,1)
A4 =
     0     7     0     0
     0     0    -5     0
     0     0     0     3
     0     0     0     0
```

(4) 利用 M 文件来创建矩阵。在菜单中选择“File”—〉“New”—〉“M-file”，或在命令窗口中输入“edit”，即可打开 MATLAB 的编辑窗口。在此窗口中输入如下内容：

```
A=[1,2,3;4,5,6;7,8,9];
```

然后保存到 MATLAB 的工作目录中，文件名为“My_matrix.m”，在 MATLAB 中运行这个文件，就在 MATLAB 的工作空间中建立了矩阵 A，以供用户使用。

4. 矩阵的下标

例如：已在 MATLAB 工作空间中建立了如下矩阵：

```
A =
     1     2     3
     4     5     6
     7     8     9
```

若要修改该矩阵中的个别元素时，利用下标就很方便。例如：输入下列命令

```
>> A(2,3)=15;
>> A(2,1:2)=[5,10];
```

此时,A 变成:

```
A =
    1     2     3
    5    10    15
    7     8     9
```

当访问不存在的矩阵元素时,会产生出错信息,如:

```
>> A(4,2)
??? Index exceeds matrix dimensions.
```

另一方面,如果用户在矩阵下标以外的元素中存储了数值,那么矩阵的行数和列数会相应自动增加,如:

```
>> A(4,2)=19
A =
    1     2     3
    5    10    15
    7     8     9
    0    19     0
```

5. 矩阵的基本操作

(1) 矩阵的连接。通过连接操作符[ ],可将矩阵连接成大矩阵,例如:

```
>> A=[1,2,3;4,5,6];
>> B=[7,8,9;10,11,12];
>> C=[A,B]
C =
    1     2     3     7     8     9
    4     5     6    10    11    12
>> D=[A;B]
D =
    1     2     3
    4     5     6
    7     8     9
   10    11    12
```

(2) 矩阵行列的删除。利用空矩阵可从矩阵中删除指定行或列,例如:

```
>> A(2,:)=[];          %表示删除 A 的第二行
>> A(:,2)=[];          %表示删除 A 的第二列
```

```
>> A(:,[1,2])=[];  %表示删除 A 的第一、二列
```

(3) 利用 diag() 函数抽取矩阵的对角元素。若 A 是一个矩阵，则 diag(A) 是一个列向量，其元素为 A 的主对角线元素。diag(A,k) 是一个列向量，其元素为 A 的第 k 条对角线元素，当 k>0 时，在主对角线之上，k<0 时，在主对角线之下。

(4) 利用 rot90() 函数旋转矩阵。rot90(A)可将矩阵 A 按反时针方向旋转 90，rot90(A,k) k 为整数，可将矩阵 A 按反时针方向旋转 k*90。

(5) 利用 fliplr() 函数左右翻转矩阵。

(6) 利用 flipud() 函数上下翻转矩阵。

(7) 利用 tril() 函数抽取下三角矩阵。tril(A) 产生下三角矩阵，阶数同 A，非零元素与 A 的下三角部分相同。tril(A,k) 抽取 A 的第 k 条对角线及其下部的三角部分(k 的正负含义同上）。

(8) 利用 triu() 函数抽取上三角矩阵。triu(A) 产生上三角矩阵，阶数同 A，非零元素与 A 的上三角部分相同。triu(A,k) 的用法同上。

例如：输入下列命令：

```
>> A=[1,2,3;4,5,6;7,8,9];
>> B1=diag(A)
B1 =
    1
    5
    9
>> B2=diag(A,1)
B2 =
    2
    6
>> B3=rot90(A)
B3 =
    3    6    9
    2    5    8
    1    4    7
>> B4=fliplr(A)
B4 =
    3    2    1
    6    5    4
    9    8    7
```

```
>> B5=flipud(A)
B5 =
    7     8     9
    4     5     6
    1     2     3
>> B3=tril(A)
B3 =
    1     0     0
    4     5     0
    7     8     9
```

(9) 利用冒号从大矩阵中抽取小矩阵。

例如：设 A 是一个 8 阶方阵，则

>> B=A(2:4,3:7);　产生一个 3 * 5 矩阵，元素是 A 的第 2 行到第 4 行，第 3 列到第 7 列的元素。

>> B=A(2:4,:);　产生一个 3 * 8 矩阵，元素是 A 的第 2 行到第 4 行的元素。

>> B=A(:);　表示将 A 的元素按列排列后放入一个列向量中(A 本身保持不变)。

6. 操作符

(1) MATLAB 的算术运算符：

加法　+	除法/	元素对元素乘法　.*
减法　－	左除\	元素对元素除法　./
乘法　*	乘方^	元素对元素左除　.\

元素对元素乘方.^

其中元素对元素的运算符是对矩阵或向量中的每个元素进行操作。例如：

```
>> A=[1,2,3;4,5,6;7,8,9]
A =
    1     2     3
    4     5     6
    7     8     9
>> A.^2
ans =
     1     4     9
    16    25    36
```

```
    49    64    81
>> B=[1,2,3];
>> C=[2,4,6];
>> D=B./C
D =
    0.5000    0.5000    0.5000
>> E=B.\C
E =
    2    2    2
```

(2) MATLAB的关系运算符：

小于	<	小于等于	<=
大于	>	大于等于	>=
等于	==	不等于	~=

对大小相同的两个矩阵运行关系运算符时，是对相应的每一个元素进行比较。如果能满足指定关系，则返回1，否则返回0。若其中一个是标量，则关系运算符将标量与另一个矩阵中的每个元素一一比较。例如：

```
>> A=[1,2;3,4];
>> B=[1,0;3,5];
>> A<=B
ans =
    1    0
    1    1
>> A==B
ans =
    1    0
    1    0
>> B>2
ans =
    0    0
    1    1
```

(3) MATLAB的逻辑运算符：

与	&	非	~
或	|	逻辑异或	XOR

同关系运算符一样，当逻辑表达式的值为真时，返回1，否则返回0。例如：

```
>> A=[1 0;2 3];
>> B=[1 1;2 2];
>> A & B
ans =
    1    0
    1    1
>> A | B
ans =
    1    1
    1    1
>> ~ A
ans =
    0    1
    0    0
>> XOR(A,B)
ans =
    0    1
    0    0
>> A & 3
ans =
    1    0
    1    1
```

7. 基本数学函数

(1) 三角函数与反三角函数:

sin(X);cos(X);tan(X);asin(X)(反正弦);acos(X);atan(X)。

(2) 双曲函数与反双曲函数:

sinh(X)(双曲正弦);cosh(X);tanh(X);asinh(X)(反双曲正弦);acosh(X);atanh(X)。

(3) 指数函数和对数函数:

exp(X)(指数函数);log(X)(以 e 为底的自然对数);log10(X)(以 10 为底的常用对数);log2(X)(以 2 为底的常用对数)。

(4) 取整和求余函数:

fix(X)(取 X 的整数部分);floor(X)(朝负无穷大方向取整);ceil(X)(朝正无

穷大方向取整）；round(X)(朝与X最近的整数取整，即四舍五入）；rem(X,Y)(求X除以Y的余数）；mod(X,Y)(模数，即有符号数的除后余数）。

(5) 其他常用函数：

abs(X)(取绝对值或复数模）；sqrt(X)(求X的平方根）；sign(X)(符号函数）。

上述函数中的X可以是标量，也可以是一个矩阵。例如：

```
>> sin(pi/3)
ans =
    0.8660
>> A=[0,1;3,-2];
>> exp(A)
ans =
     1.0000    2.7183
    20.0855    0.1353
>> sign(A)
ans =
    0       1
    1      -1
```

(6) 表达式

将变量、数值、函数用操作符连接起来就构成了表达式。例如：

```
>> a=(1+sqrt(10))/2;
>> b=sin(exp(-2.3))+eps;
>> c=pi*b;
```

行末的分号表示不显示结果。因此，上述表达式将计算后的结果赋给左边相应的变量，但并不在屏幕上显示结果。如果要察看变量的值，只需键入相应的变量名。

8. MATLAB的符号计算

在数学、物理和工程应用中常常会遇到符号计算的问题。此时的操作对象不是数值而是数学符号和符号表达式。例如：

$$\begin{vmatrix} a & b \\ c & d \end{vmatrix} = ad - bc$$

符号计算就是将符号表达式按照微积分，线性代数等课程中的规则进行运算，且尽可能地给出解析表达式结果。

1993年，Math Works公司从加拿大的Waterloo Maple公司购买了Maple软

件的使用权。随后，Math Works 公司以 Maple 的内核作为 MATLAB 符号计算的引擎，依赖 Maple 已有的数据库，开发了实现符号计算的工具箱。下面，我们简述如何创建一个符号对象。

在 MATLAB 中，可以采用 sym 函数来创建符号变量、符号表达式和符号矩阵等符号对象。例如：

```
>> a=sqrt(2)                    % a 是一个数值变量
a =
   1.4142
>> b=sym(a)                     % 将 a 转换成一个符号变量
b =
sqrt(2)
>> c=sym('sin^(t)+log(t)')      % 创建一个符号表达式
c =
sin^(t)+log(t)
>> A=sym('[a,b;c,d]')           % 创建一个符号矩阵
A =
[ a, b]
[ c, d]
```

9. MATLAB 的绘图功能

(1) 二维图形的绘制。函数 plot 是最基本、最重要的二维图形命令。下面简要介绍 plot 的使用方法：

plot(x,y) 绘制二元数组的曲线图形。

其中 x 为横坐标数据，y 为纵坐标数据，若 x，y 是同规模的向量，则绘制一条曲线。若 x 是向量而 y 是矩阵，则绘制多条曲线，它们具有相同的横坐标数据。例如：

```
>> x=0:pi/100:2*pi;             %确定自变量 x 的变化范围
>> y=sin(x);
>> plot(x,y);                   %绘制 y=sin(x)的图形，如附图 1 所示。
>> z=cos(x);
>> w=0.2*x-0.3;
>> plot(x,[y;z;w]);             %在同一坐标轴里，绘制三个函数的图形，如附
                                 图 2 所示。
```

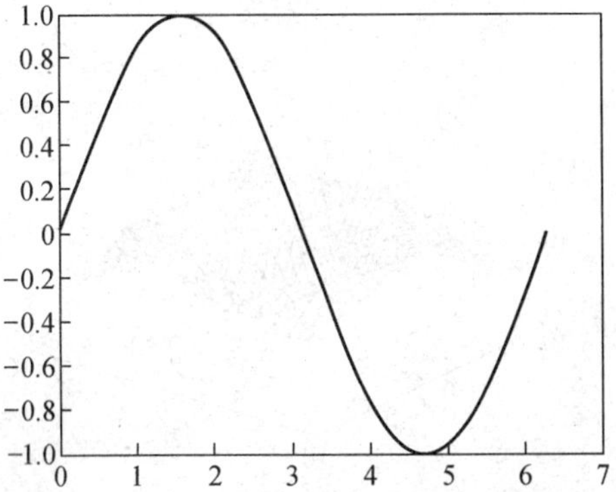

附图 1　y=sin(x) 的图形

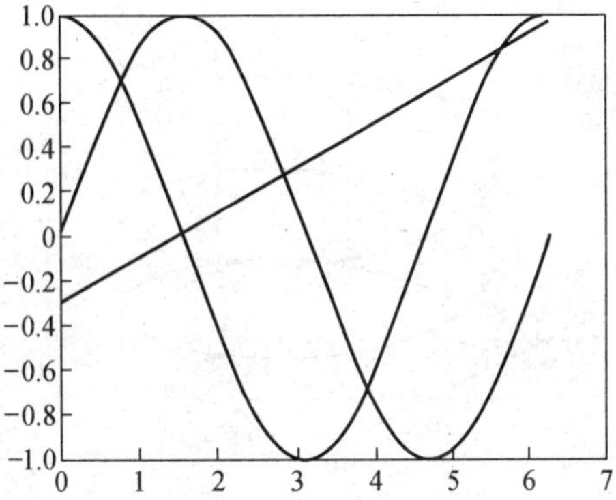

附图 2　y=sin(x),z=cos(x),
w=0.2 * x−0.3 的图形

(2) 三维图形的绘制。绘制三维曲线最常用的函数是 plot3,它的一般格式为 plot3(x,y,z)。

例如:要绘制 x=sin(t),y=cos(t),z=1.5 * t,t∈(0,5π)的三维曲线图可输入下列命令:

```
>> t=0:pi/50:5 * pi;
>> plot3(sin(t),cos(t),1.5 * t);
>> grid on
```

其效果如附图 3 所示。

MATLAB 除了能够绘制曲线图形外,还能够绘制网格图形和曲面图。

例如:可以利用 mesh(x,y,z)函数绘制三维网格图形,可以利用 surf(x,y,z)函数绘制曲面图。

下面利用 mesh 函数来绘制曲面 $z=\sin(\sqrt{x^2+y^2})/\sqrt{x^2+y^2}$ 的三维网格图:

```
>> x=-8:0.5:8;
>> y=x;
>> [x,y]=meshgrid(x,y);
>> r=sqrt(x.^2+y.^2)+eps;
>> z=sin(r)./r;
>> mesh(x,y,z);
```

其效果如附图 4 所示。

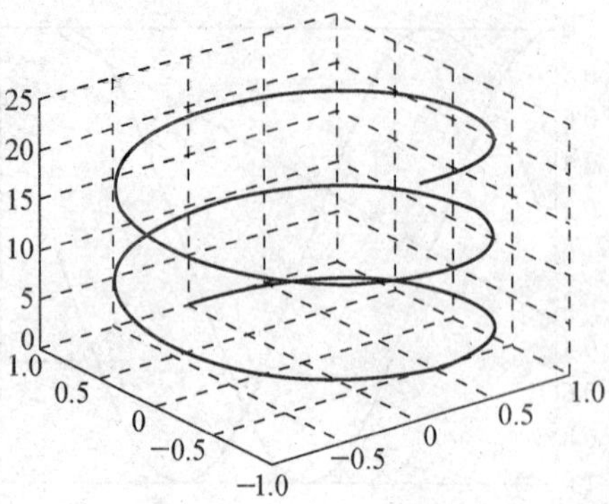

附图 3　三维曲线的图形

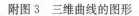

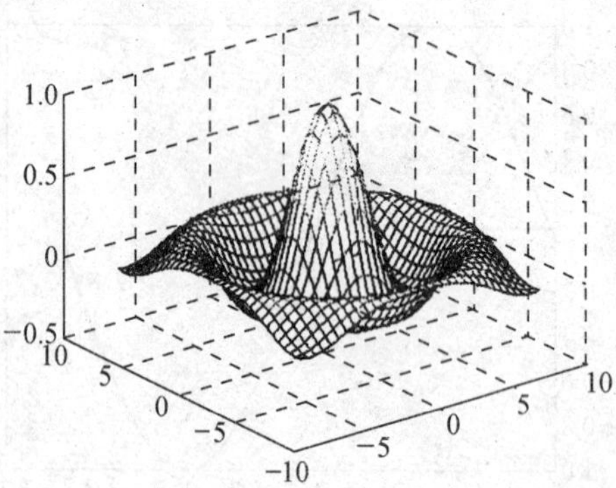

附图 4　曲面的三维网格图

习题答案

习题 1

1. (1) -4;(2) $3abc-a^3-b^3-c^3$;(3) $(x-y)(y-z)(z-x)$;(4) $-2(a^3+b^3)$。

2. (1) 5;(2) 30;(3) 16;(4) $\frac{1}{2}n(n-1)$;(5) $\frac{1}{2}n(3n-1)$。

3. 15。

4. $i=8, j=3$。

5. $-a_{11}a_{32}a_{23}a_{44}$, $-a_{14}a_{43}a_{21}a_{32}$。

6. $-5, 10$。

7. (1) -9;(2) 18;(3) 150;(4) 5。

8. (1) $x^3(x+4)$;(2) $(-1)^n(x-1)(x-2)\cdots(x-n)$;(3) $(-1)^{\frac{n(n+1)}{2}}(n+1)^{n-1}$;
   (4) $(-1)^{\frac{n^2-n+2}{2}}2(n-2)!$;(5) $[a+(n-1)b](a-b)^{n-1}$;(6) $\prod\limits_{n+1\geqslant i>j\geqslant 1}(i-j)$。

9. (1) $x_1=-9, x_2=1, x_3=-1, x_4=19$;(2) $x_1=-2, x_2=0, x_3=1, x_4=-1$;
   (3) $x_1=1, x_2=2, x_3=2, x_4=0$。

10. $f(x)=2x^3-5x^2+7$。

11. $\lambda=-\frac{4}{5}$或$\lambda=1$。

习题 2

1. (1) $\begin{pmatrix} 1 & 2 & 6 \\ -1 & 1 & 3 \end{pmatrix}$;(2) $\begin{pmatrix} 0 & 6 \\ -8 & -1 \end{pmatrix}$。

2. (1) $\begin{bmatrix} 6 & 5 & 4 & 8 \\ 7 & 2 & 7 & 2 \\ 2 & 9 & 8 & 5 \end{bmatrix}$;(2) $\begin{bmatrix} 11 & 8 & 7 & 14 \\ 12 & 3 & 12 & 3 \\ 3 & 15 & 12 & 9 \end{bmatrix}$;(3) $-\begin{bmatrix} -2 & 3 & 0 & 0 \\ 1 & 2 & 1 & 2 \\ 2 & 3 & 8 & -1 \end{bmatrix}$;

   (4) $\frac{2}{3}\begin{bmatrix} 5 & 3 & 3 & 6 \\ 5 & 1 & 5 & 1 \\ 1 & 6 & 4 & 4 \end{bmatrix}$。

3. $x=-5, y=-6, u=4, v=-2$。

4. (1) $\begin{pmatrix}-1 & 0\\ 0 & -1\end{pmatrix}$；(2) $\begin{pmatrix}5 & 2 & 7\\ 4 & 1 & 5\end{pmatrix}$；(3) $\begin{pmatrix}9 & -3 & 5\\ 21 & -9 & 14\end{pmatrix}$；(4) $a_1^2+a_2^2+a_3^2$；

(5) $\begin{pmatrix}x^2 & xy & xz\\ yx & y^2 & yz\\ zx & zy & z^2\end{pmatrix}$；(6) $x^2+2y^2+z^2+2xz+8yz$。

5. (1) $\begin{pmatrix}5 & 5 & 4\\ 9 & 10 & 3\\ 4 & -1 & -1\end{pmatrix}$；(2) $\begin{pmatrix}5 & 9 & 2\\ 5 & 8 & -1\\ 2 & 3 & -1\end{pmatrix}$；(3) $\begin{pmatrix}-20 & -20 & -7\\ -36 & -31 & -12\\ -7 & 4 & 4\end{pmatrix}$；

(4) $\begin{pmatrix}-20 & -36 & -7\\ -20 & -31 & 4\\ -7 & -12 & 4\end{pmatrix}$。

6. $\begin{cases}x_1=4z_1\\ x_2=9z_1+z_2\\ x_3=4z_1-2z_2\end{cases}$。

7. (1) $\begin{pmatrix}-35 & -30\\ 45 & 10\end{pmatrix}$；(2) $\begin{pmatrix}1 & 2 & 1\\ 1 & 1 & 2\\ 2 & 1 & 1\end{pmatrix}$；(3) $\begin{pmatrix}1 & 1\\ 0 & 0\end{pmatrix}$；(4) $\begin{pmatrix}2^{n-1} & 2^{n-1}\\ 2^{n-1} & 2^{n-1}\end{pmatrix}$；

(5) $\begin{pmatrix}a^n & 0 & 0\\ 0 & b^n & 0\\ 0 & 0 & c^n\end{pmatrix}$；(6) $\begin{pmatrix}0 & 0 & 0\\ 0 & 0 & 0\\ 0 & 0 & 0\end{pmatrix}$。

8. $\boldsymbol{A}^k=\begin{pmatrix}1 & 0\\ k\lambda & 1\end{pmatrix}$。

9. (1) $\begin{pmatrix}0 & 0 & 9\\ 0 & 0 & 0\\ -9 & 0 & 0\end{pmatrix}$；(2) $\begin{pmatrix}0 & 0 & 9\\ 0 & 0 & 0\\ -9 & 0 & 0\end{pmatrix}$。

10. (1) $\begin{pmatrix}3 & 1 & 2\\ 3 & -2 & -4\\ 0 & 3 & -3\end{pmatrix}$；(2) $\begin{pmatrix}0 & 0\\ 0 & 40\end{pmatrix}$。

11. 略。

12. 略。

13. (1) $\begin{pmatrix}-5 & 4\\ 4 & -3\end{pmatrix}$；(2) $\begin{pmatrix}1 & 0 & 0\\ -\frac{1}{2} & \frac{1}{2} & 0\\ 0 & -\frac{1}{3} & \frac{1}{3}\end{pmatrix}$；(3) $\begin{pmatrix}\frac{3}{4} & \frac{1}{2} & -\frac{1}{4}\\ -\frac{1}{4} & \frac{1}{2} & -\frac{1}{4}\\ -1 & -1 & 1\end{pmatrix}$；

(4) $\begin{pmatrix} 1 & 0 & -1 & 0 \\ 0 & \frac{3}{4} & \frac{1}{2} & -\frac{1}{4} \\ 0 & -\frac{1}{4} & \frac{1}{2} & -\frac{1}{4} \\ 0 & -1 & -1 & 1 \end{pmatrix}$；(5) $\begin{pmatrix} 3 & -5 & -8 & 13 \\ -1 & 2 & 3 & -5 \\ 0 & 0 & 1 & -1 \\ 0 & 0 & -1 & 2 \end{pmatrix}$。

14. (1) $\begin{pmatrix} -24 & 42 \\ 19 & -33 \end{pmatrix}$；(2) $\begin{pmatrix} 2 & -\frac{1}{3} & \frac{1}{3} \\ -\frac{1}{2} & \frac{7}{6} & \frac{1}{3} \end{pmatrix}$；(3) $\begin{pmatrix} -\frac{29}{4} & -\frac{7}{2} & \frac{3}{4} \\ \frac{11}{4} & \frac{3}{2} & -\frac{1}{4} \end{pmatrix}$。

15. 略。

16. 略。

17. 证明略，$\boldsymbol{A}-\boldsymbol{E}$。

18. 略。

19. (1) $\begin{pmatrix} -2 & 1 \\ 1 & -2 \\ 3 & -2 \end{pmatrix}$；(2) $\begin{pmatrix} 3 & 0 & -2 \\ 5 & -1 & -2 \\ 0 & 3 & 2 \end{pmatrix}$；(3) $\begin{pmatrix} a_{11}x_1+a_{12}x_2+a_{13}x_3 \\ a_{21}x_1+a_{22}x_2+a_{23}x_3 \\ a_{31}x_1+a_{32}x_2+a_{33}x_3 \end{pmatrix}$；

(4) $\begin{pmatrix} a & 0 & ac & 0 \\ 0 & a & 0 & ac \\ 1 & 0 & c+bd & 0 \\ 0 & 1 & 0 & c+bd \end{pmatrix}$。

20. 略。

21. $\begin{pmatrix} 3 & -5 & -8 & 13 \\ -1 & 2 & 3 & 5 \\ 0 & 0 & 1 & -1 \\ 0 & 0 & -1 & 2 \end{pmatrix}$。

22. (1) $\begin{pmatrix} 1 & 0 & \frac{7}{2} & \frac{5}{2} \\ 0 & 1 & -\frac{1}{4} & \frac{3}{4} \\ 0 & 0 & 0 & 0 \end{pmatrix}$；(2) $\begin{pmatrix} 1 & 0 & 0 \\ 0 & 1 & 0 \\ 0 & 0 & 1 \\ 0 & 0 & 0 \end{pmatrix}$。

23. $\begin{pmatrix} 1 & 0 & 0 & 0 & 0 \\ 0 & 1 & 0 & 0 & 0 \\ 0 & 0 & 1 & 0 & 0 \end{pmatrix}$。

24. $\boldsymbol{A}=\begin{pmatrix}1&0&0\\2&1&0\\0&0&1\end{pmatrix}\begin{pmatrix}1&0&0\\0&1&0\\2&0&1\end{pmatrix}\begin{pmatrix}1&0&0\\0&0&1\\0&1&0\end{pmatrix}\begin{pmatrix}1&0&0\\0&1&0\\0&3&1\end{pmatrix}\begin{pmatrix}1&0&1\\0&1&0\\0&0&1\end{pmatrix}\begin{pmatrix}1&0&0\\0&1&-1\\0&0&1\end{pmatrix}$。

25. (1) 2;(2) 4。

26. (1) $a\neq1$ 且 $a\neq-2$,$r(\boldsymbol{A})=3$;(2) 当 $a=1$ 时,$\mathrm{r}(\boldsymbol{A})=1$,当 $a=-2$ 时,$\mathrm{r}(\boldsymbol{A})=2$。

27. (1) $\begin{pmatrix}\frac{7}{10}&\frac{3}{5}&-\frac{9}{10}\\\frac{1}{10}&-\frac{1}{5}&\frac{3}{10}\\-\frac{1}{2}&0&\frac{1}{2}\end{pmatrix}$;(2) $\begin{pmatrix}0&\frac{1}{3}&\frac{1}{3}&\frac{1}{3}\\\frac{1}{3}&0&\frac{1}{3}&\frac{1}{3}\\\frac{1}{3}&\frac{1}{3}&0&\frac{1}{3}\\\frac{1}{3}&\frac{1}{3}&\frac{1}{3}&0\end{pmatrix}$;

(3) $\begin{pmatrix}&&&\frac{1}{a_n}\\&&\frac{1}{a_{n-1}}&\\&\iddots&&\\\frac{1}{a_1}&&&\end{pmatrix}$。

28. 证明略,$\frac{1}{|\boldsymbol{A}|}\boldsymbol{A}$。

习题 3

1. $(-5,2,-1)^{\mathrm{T}}$,$(0,4,3)^{\mathrm{T}}$。

2. $\boldsymbol{a}_4=\frac{1}{2}\begin{pmatrix}9\\29\\37\end{pmatrix}$。

3. $(1,2,3,4)^{\mathrm{T}}$。

4. 解:$\boldsymbol{v}_1=4\boldsymbol{\alpha}_1+4\boldsymbol{\alpha}_2-17\boldsymbol{\alpha}_3$,$\boldsymbol{v}_2=23\boldsymbol{\alpha}_2-7\boldsymbol{\alpha}3$。

5. 线性相关:$\alpha_1=\alpha_2+\frac{1}{2}\alpha_3-\frac{1}{2}\alpha_4$。

6. (1) $a=-1$ 且 $b\neq0$;(2) $a\neq-1$,$b\in R$。

7. $a\neq-bc$

8. (1) 错;(2) 错;(3) 对;(4) 错;(5) 错;(6) 对。

9. $a=2$,$b=5$。

10. (1) 秩为 2，$\boldsymbol{v}_1,\boldsymbol{v}_2$ 为一个最大无关组，$\boldsymbol{v}_3=-2\boldsymbol{v}_1$；(2) 秩为 3，$\boldsymbol{v}_1,\boldsymbol{v}_2,\boldsymbol{v}_4$ 为一个最大无关组，$\boldsymbol{v}_3=-\frac{11}{9}\boldsymbol{v}_1+\frac{5}{9}\boldsymbol{v}_2$；(3) 秩为 4，$\alpha_1,\alpha_2,\alpha_3,\alpha_4$ 为最大无关线；(4) 秩为 3，$\alpha_1,\alpha_2,\alpha_4$ 为一个最大无关组，$\alpha_3=\alpha_1-5\alpha_2$。

11. 略。

12. 略。

13. 略。

14. 略。

15. 略。

16. 略。

17. 略。

18. 略。

19. 略。

20. V_1 是向量空间，V_2 不是向量空间。

21. 略。

22. $\boldsymbol{v}_1=-\frac{6}{7}\boldsymbol{\alpha}_1-\frac{4}{7}\boldsymbol{\alpha}_2+\frac{9}{7}\boldsymbol{\alpha}_3$，$\boldsymbol{v}_2=-\frac{8}{7}\boldsymbol{\alpha}_1+\frac{39}{7}\boldsymbol{\alpha}_2-\frac{16}{7}\boldsymbol{\alpha}_3$。

23. 略。

习题 4

1. (1) $x_1=-8,x_2=3,x_3=6,x_4=0$；(2) $x_1=\frac{139}{93},x_2=-\frac{37}{93},x_3=\frac{230}{93},x_4=\frac{19}{31}$。

2. (1) $\begin{pmatrix}1\\1\\1\\0\end{pmatrix}$；(2) 只有零解。

3. (1) $C\begin{pmatrix}-1\\ \frac{4}{3}\\ 1\end{pmatrix}(C\in\mathbb{R})$；(2) $C_1\begin{pmatrix}-\frac{3}{2}\\ \frac{7}{2}\\ 1\\ 0\end{pmatrix}+C_2\begin{pmatrix}-1\\-2\\0\\1\end{pmatrix}(C_1,C_2\in\mathbb{R})$；

$$(3)\ C_1\begin{pmatrix}-\frac{5}{14}\\ \frac{3}{14}\\ 1\\ 0\end{pmatrix}+C_2\begin{pmatrix}\frac{1}{2}\\ -\frac{1}{2}\\ 0\\ 1\end{pmatrix}(C_1,C_2\in\mathbb{R})\ ;(4)\ C\begin{pmatrix}0\\2\\1\\0\end{pmatrix}(C\in\mathbb{R})。$$

4. 略。
5. 略。
6. 略。
7. (1) 错;(2) 错;(3) 对。

$$8.\ (1)\ C_1\begin{pmatrix}1\\-5\\11\\0\end{pmatrix}+C_2\begin{pmatrix}-9\\1\\0\\11\end{pmatrix}+\begin{pmatrix}-\frac{2}{11}\\ \frac{10}{11}\\ 0\\ 0\end{pmatrix}(C_1,C_2\in\mathbb{R})\ ;(2)\ C\begin{pmatrix}-2\\1\\1\end{pmatrix}+\begin{pmatrix}-1\\2\\0\end{pmatrix}(C\in\mathbb{R});$$

$$(3)\ C\begin{pmatrix}-3\\3\\-1\\2\end{pmatrix}+\begin{pmatrix}1\\0\\1\\0\end{pmatrix}(C\in\mathbb{R})\ ;(4)\ C_1\begin{pmatrix}-2\\1\\0\\0\end{pmatrix}+C_2\begin{pmatrix}1\\0\\0\\1\end{pmatrix}+\begin{pmatrix}3\\0\\1\\0\end{pmatrix}(C_1,C_2\in\mathbb{R})。$$

9. (1) $\lambda\neq2$ 且 $\lambda\neq-3$ 时有唯一解,$\lambda=-3$ 时无解,$\lambda=2$ 时无穷多解;(2) $\lambda\neq1$ 且 $\lambda\neq0$ 时有唯一解,$\lambda=0$ 或 $\lambda=1$ 时无解;(3) $\lambda\neq1$ 且 $\lambda\neq3$ 时有唯一解,$\lambda=3$ 时无解,$\lambda=1$ 时无穷多解。

10. 略。

$$11.\ C\begin{pmatrix}1\\2\\4\\7\end{pmatrix}+\begin{pmatrix}1\\2\\3\\4\end{pmatrix}(C\in\mathbb{R})。$$

12. (1) $\lambda=-3$ 且 $\mu\neq1$ 时无解,$\lambda\neq-3$ 或 $\lambda=-3$ 且 $\mu=1$ 时无穷多解;(2) $\lambda\neq2$ 时唯一解,$\lambda=2,\mu\neq2$ 时无解,$\lambda=2$ 且 $\mu=2$ 时无穷多解。

13. 证明略。$$\begin{pmatrix}x_1\\x_2\\x_3\\x_4\\x_5\end{pmatrix}=k\begin{pmatrix}1\\1\\1\\1\\1\end{pmatrix}+\begin{pmatrix}a_1+a_2+a_3+a_4\\a_2+a_3+a_4\\a_3+a_4\\a_4\\0\end{pmatrix}(k\in\mathbb{R})。$$

14. 略。

习题 5

1. (1) $\boldsymbol{b}_1=\begin{pmatrix}1\\1\\1\end{pmatrix},\boldsymbol{b}_2=\begin{pmatrix}-1\\0\\1\end{pmatrix},\boldsymbol{b}_3=\begin{pmatrix}\frac{5}{6}\\-\frac{5}{3}\\\frac{5}{6}\end{pmatrix}$;

(2) $\boldsymbol{b}_1=(1,0,-1,1)^{\mathrm{T}},\boldsymbol{b}_2=\frac{1}{3}(1,-3,2,1)^{\mathrm{T}},\boldsymbol{b}_3=\frac{1}{5}(-1,3,3,4)^{\mathrm{T}}$。

2. (1) 是;(2) 不是;(3) 是。

3. 略。

4. 略。

5. (1) $\lambda_1=-3,\lambda_2=5,\begin{pmatrix}1\\-2\end{pmatrix},\begin{pmatrix}1\\2\end{pmatrix}$;

(2) $\lambda_1=-1,\lambda_2=\lambda_3=2,\begin{pmatrix}1\\0\\1\end{pmatrix},\begin{pmatrix}1\\0\\4\end{pmatrix},\begin{pmatrix}0\\1\\-1\end{pmatrix}$;

(3) $\lambda_1=-1,\lambda_2=0,\lambda_3=9,\begin{pmatrix}1\\-1\\0\end{pmatrix},\begin{pmatrix}1\\1\\-1\end{pmatrix},\begin{pmatrix}1\\1\\2\end{pmatrix}$;

(4) $\lambda_1=\lambda_2=\lambda_3=0,\lambda_4=4,\begin{pmatrix}-1\\1\\0\\0\end{pmatrix},\begin{pmatrix}-1\\0\\1\\0\end{pmatrix},\begin{pmatrix}-1\\0\\0\\1\end{pmatrix},\begin{pmatrix}1\\1\\1\\1\end{pmatrix}$。

6. $x=4,y=5$。

7. $\boldsymbol{A}$ 可以对角化,$\boldsymbol{A}=\begin{pmatrix}3&-2&2\\0&1&0\\-1&1&0\end{pmatrix},\boldsymbol{\Lambda}=\begin{pmatrix}1&&\\&1&\\&&2\end{pmatrix},\boldsymbol{P}=\begin{pmatrix}1&1&2\\2&1&0\\1&0&-1\end{pmatrix}$。

8. $\boldsymbol{A}=\begin{pmatrix}4&1&1\\1&4&1\\1&1&4\end{pmatrix}$。

9. $a=-1, b=-3$, $\begin{pmatrix} 1 \\ 1 \\ -1 \end{pmatrix}$。

10. (1) $-6, -4, -12$;(2) $|\boldsymbol{B}|=-288$, $|\boldsymbol{A}-5\boldsymbol{E}|=-72$。

11. (1) $\begin{pmatrix} 0 & 1 & 0 \\ -\frac{1}{\sqrt{2}} & 0 & \frac{1}{\sqrt{2}} \\ \frac{1}{\sqrt{2}} & 0 & \frac{1}{\sqrt{2}} \end{pmatrix}$, $\begin{pmatrix} 1 & & \\ & 2 & \\ & & 5 \end{pmatrix}$;(2) $\begin{pmatrix} -\frac{2}{\sqrt{5}} & \frac{2}{3\sqrt{5}} & \frac{1}{3} \\ \frac{1}{\sqrt{5}} & \frac{4}{3\sqrt{5}} & \frac{2}{3} \\ 0 & \frac{5}{3\sqrt{5}} & -\frac{2}{3} \end{pmatrix}$, $\begin{pmatrix} 1 & & \\ & 1 & \\ & & 10 \end{pmatrix}$。

12. $2\begin{pmatrix} 1 & 1 & -2 \\ 1 & 1 & -2 \\ -2 & -2 & 4 \end{pmatrix}$。

13. $\begin{pmatrix} 5+2^{100} \\ 2+2^{101} \\ 5+2^{101} \end{pmatrix}$。

习题 6

1. (1) $f=(x,y)\begin{pmatrix} 4 & -3 \\ -3 & -7 \end{pmatrix}\begin{pmatrix} x \\ y \end{pmatrix}$;

(2) $f=(x,y,z)\begin{pmatrix} 1 & 2 & 1 \\ 2 & 4 & 2 \\ 1 & 2 & 1 \end{pmatrix}\begin{pmatrix} x \\ y \\ z \end{pmatrix}$;

(3) $f=(x,y,z)\begin{pmatrix} 1 & -1 & -2 \\ -1 & 1 & -2 \\ -2 & -2 & -7 \end{pmatrix}\begin{pmatrix} x \\ y \\ z \end{pmatrix}$;

(4) $f=(x_1,x_2,x_3,x_4)\begin{pmatrix} 1 & -1 & 2 & -1 \\ -1 & 1 & 3 & -2 \\ 2 & 3 & 1 & 0 \\ -1 & -2 & 0 & 1 \end{pmatrix}\begin{pmatrix} x_1 \\ x_2 \\ x_3 \\ x_4 \end{pmatrix}$。

2. $f=x_1^2+x_2^2+\cdots+x_n^2-2x_1x_2-2x_2x_3-\cdots-2x_{n-1}x_n$。

3. (1) $\begin{pmatrix} x_1 \\ x_2 \\ x_3 \end{pmatrix} = \begin{pmatrix} 1 & 0 & 0 \\ 0 & \frac{1}{\sqrt{2}} & \frac{1}{\sqrt{2}} \\ 0 & \frac{1}{\sqrt{2}} & -\frac{1}{\sqrt{2}} \end{pmatrix} \begin{pmatrix} y_1 \\ y_2 \\ y_3 \end{pmatrix}, f = 2y_1^2 + 5y_2^2 + y_3^2$;

(2) $\begin{pmatrix} x_1 \\ x_2 \\ x_3 \\ x_4 \end{pmatrix} = \begin{pmatrix} \frac{1}{2} & \frac{1}{2} & \frac{1}{\sqrt{2}} & 0 \\ -\frac{1}{2} & \frac{1}{2} & 0 & \frac{1}{\sqrt{2}} \\ -\frac{1}{2} & -\frac{1}{2} & \frac{1}{\sqrt{2}} & 0 \\ \frac{1}{2} & -\frac{1}{2} & 0 & \frac{1}{\sqrt{2}} \end{pmatrix} \begin{pmatrix} y_1 \\ y_2 \\ y_3 \\ y_4 \end{pmatrix}, f = -y_1^2 + 3y_2^2 + y_3^2 + y_4^2$。

4. 略。

5. (1)负定;(2)正定。

6. 略。

7. 略。

8. $\begin{pmatrix} \frac{2}{\sqrt{5}} & 0 & 0 & 0 & \frac{1}{\sqrt{5}} \\ -\frac{1}{\sqrt{5}} & 0 & 0 & 0 & \frac{2}{\sqrt{5}} \\ 0 & 0 & 1 & 0 & 0 \\ 0 & \frac{2}{\sqrt{13}} & 0 & \frac{3}{\sqrt{13}} & 0 \\ 0 & \frac{3}{\sqrt{13}} & 0 & -\frac{2}{\sqrt{13}} & 0 \end{pmatrix}, \begin{pmatrix} 5 & & & & \\ & 5 & & & \\ & & 5 & & \\ & & & -8 & \\ & & & & 0 \end{pmatrix}$。

9. (1) $y_1^2 - 4y_2^2 + \frac{9}{16}y_3^2$; $\begin{cases} x_1 = y_1 - 2y_2 + \frac{3}{4}y_3, \\ x_2 = y_2 - \frac{3}{8}y_3, \\ x_3 = y_3; \end{cases}$

(2) $z_1^2 - \frac{1}{2}z_2^2 + 3z_3^2$; $\begin{cases} x_1 = z_1 + \frac{1}{2}z_2 - 3z_3, \\ x_2 = z_1 + \frac{1}{2}z_2 - z_3, \\ x_3 = z_3; \end{cases}$

(3) $2y_1^2+3y_2^2+\frac{2}{3}y_3^2$；$\begin{cases} x_1=y_1-y_2+\frac{1}{3}y_3, \\ x_2=y_2+\frac{2}{3}y_3, \\ x_3=y_3。\end{cases}$

10. 不一定，当 $\boldsymbol{C}$ 为正交矩阵时，一定是。

11. (1) 正定；(2) 正定；(3) 正定。

12. (1) $t>2$；(2) $|t|<\sqrt{\frac{5}{3}}$。

13. $a=2$，$\begin{pmatrix} 0 & 1 & 0 \\ \frac{1}{\sqrt{2}} & 0 & \frac{1}{\sqrt{2}} \\ -\frac{1}{\sqrt{2}} & 0 & \frac{1}{\sqrt{2}} \end{pmatrix}$。

14. (1) 极小值点 $\left(-9,\frac{7}{4},\frac{23}{4}\right)$，极小值 $-24\frac{3}{8}$；(2) (0,0)是驻点，无极值；(3) 极小值点(0,0,1)，极小值 $2-\mathrm{e}$。

15. $x=\frac{2}{3}\left(\frac{m_1-r_1-4r_2}{3r_1+r_2}\right)^2$，$y=\frac{2}{3}\left(\frac{m_2-3r_1-5r_2}{2r_1+4r_2}\right)^2$，$z=\frac{2}{3}\left(\frac{m_3-2r_1-5r_2}{r_1+3r_2}\right)^2$。

16. 椭球面。

参 考 书 目

[1] 同济大学数学教研室.线性代数[M].北京:高等教育出版社,2000.

[2] 谢国瑞.线性代数及应用[M].北京:高等教育出版社,1999.

[3] 田根宝.线性代数[M].上海:上海大学出版社,1999.

[4] 居余马等.线性代数[M].北京:清华大学出版社,2002.

[5] 梅家斌,孙清华,等.线性代数——应用与模型[M].长沙:湖南大学出版社,2001.

[6] 王晓峰.线性代数及其应用[M].山东:山东科学技术出版社,2002.

[7] 李海涛,邓樱,等.MATLAB 程序设计与教程[M].北京:高等教育出版社,2002.

[8] 许波,刘征.MatLab 工程数学应用[M].北京:清华大学出版社,2000.